"十三五"职业教育国家规划教材

高职高专**名校名师精品**"十三五"规划教材

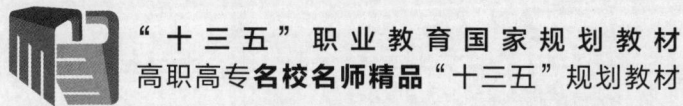

U0265044

Web Design with HTML5
and CSS3

HTML5+CSS3

网页设计与制作实战

项目式 | 第4版

颜珍平 陈承欢 ◉编著

人民邮电出版社

北京

图书在版编目（CIP）数据

HTML5+CSS3网页设计与制作实战：项目式 / 颜珍平，
陈承欢编著. -- 4版. -- 北京：人民邮电出版社，
2019.11（2022.5重印）
高职高专名校名师精品"十三五"规划教材
ISBN 978-7-115-51800-2

Ⅰ. ①H… Ⅱ. ①颜… ②陈… Ⅲ. ①超文本标记语言
－程序设计－高等职业教育－教材②网页制作工具－高等
职业教育－教材 Ⅳ. ①TP312.8②TP393.092.2

中国版本图书馆CIP数据核字（2019）第172958号

内 容 提 要

本书使用网页制作工具 Dreamweaver CC、Web 技术标准 HTML5 和 CSS3 设计与制作网页。

本书将教学内容划分为 8 个教学单元，理论知识分为"站点创建－超链接应用－表格应用－表单应用－网页布局－模板应用－网页特效－网站整合" 8 个部分，选取购物网站作为网页设计载体，将训练任务分为"制作商品简介页面－制作帮助信息页面－制作购物车页面－制作注册登录页面－制作商品筛选页面－制作商品推荐页面－制作商品详情页面－制作购物网站首页" 8 类。每个教学单元设置了两个教学层次（渐进训练和探索训练），"渐进训练"部分循序渐进地练习 PC 版网页的制作，"探索训练"部分主要训练触屏版网页的制作。全书围绕 25 个真实的网页设计制作任务展开，采用"任务驱动、案例教学、理论实践一体化"的教学模式组织内容，全方位帮助读者提升网页设计的技能，以满足职业岗位的需求。

本书可以作为院校各专业"网页设计与制作"课程的教材，也可以作为网页设计与制作的培训用书及技术参考书。

◆ 编　著　颜珍平　陈承欢
　　责任编辑　桑　珊
　　责任印制　王　郁　马振武
◆ 人民邮电出版社出版发行　　北京市丰台区成寿寺路 11 号
　　邮编　100164　　电子邮件　315@ptpress.com.cn
　　网址　http://www.ptpress.com.cn
　　三河市君旺印务有限公司印刷
◆ 开本：787×1092　1/16
　　印张：19　　　　　　　　　2019 年 11 月第 4 版
　　字数：522 千字　　　　　2022 年 5 月河北第 8 次印刷

定价：59.80 元

读者服务热线：(010)81055256　印装质量热线：(010)81055316
反盗版热线：(010)81055315
广告经营许可证：京东市监广登字 20170147 号

第4版前言 FOREWORD

目前，HTML5和CSS3已成为Web应用开发中的热门技术，它们不仅是两项新的Web技术标准，更代表了下一代HTML和CSS技术，是Web开发世界的一次重大改变。HTML5具有更多的描述性标签、良好的多媒体支持、强大的Web应用、先进的选择器、精美的视觉效果、方便的操作、跨文档消息通信、客户端存储等诸多优势。HTML5必将被越来越多的Web开发人员所使用，各大主流浏览器厂家已经积极更新自己的产品，以更好地支持HTML5。

本书具有以下特色和创新。

（1）精心设计、整体优化，打造网页设计教材的升级版。

我们认真调研网页设计与制作工作岗位的需求，对教学内容、教学流程、教学案例、教学方法进行系统设计和整体优化，努力提升教学效率，满足教学需求。

（2）使用新的网页开发工具，紧跟网页开发新技术。

本书使用网页制作工具Dreamweaver CC、Web技术标准HTML5和CSS3设计与制作网页，让知识和技术不过时，让院校学习与技术发展同步，使读者能用主流的工具和技术开发精美的网页，充分满足职业岗位的需求。

（3）兼顾知识学习系统化、技能训练任务化和案例实施真实化，合理设计教学单元。

本书综合考虑知识学习和技能训练两方面的需求，将教学内容划分为8个教学单元，理论知识分为"站点创建—超链接应用—表格应用—表单应用—网页布局—模板应用—网页特效—网站整合"8个部分，选取应用广泛的购物网站作为网页设计载体，选取购物网站中最典型的8类功能网页作为技能训练案例，将训练任务分为"制作商品简介页面—制作帮助信息页面—制作购物车页面—制作注册登录页面—制作商品筛选页面—制作商品推荐页面—制作商品详情页面—制作购物网站首页"8类。使读者在设计与制作网页的过程中熟悉网页制作主流技术，体验Dreamweaver完善的功能，逐步积累网页设计与制作经验，培养网页制作兴趣，养成规范的职业习惯。本书通过对真实网页的设计制作训练，让读者充分体会HTML语言和CSS样式的功能及JavaScript程序的神奇，并逐步掌握Dreamweaver CC的常用功能，熟悉创建站点、应用表格与表单、布局与美化网页、创建与应用模板、制作网页特效、整合与测试网站的方法。将网页设计与制作的知识和技能合理地分配到各个网页制作任务中，在真实的开发环境中，按照职业化要求设计与制作真实的网页，在完成各个网页设计制作任务的过程中增长知识、训练技能、积累经验、养成习惯、固化能力。

（4）采用任务驱动教学方法，全方位促进网页设计技能的提升。

全书围绕25个真实的网页设计制作任务展开，课堂教学以完成任务为主线，采用"任务驱动、案例教学、理论实践一体化"的教学方法，全方位帮助学生提升网页设计技能，以满足职业岗位的需求。

（5）每个教学单元设置两个教学层次，制作PC版和触屏版两类网页，满足教学的多样性需求。

每个教学单元设置了两个教学层次：渐进训练和探索训练。渐进训练层次循序渐进地训练PC版网页的制作，为了方便教学的组织与实施，每项任务细分为多项子任务；探索训练层次主要训练触屏版网页的制作，教学步骤相对简洁，主要介绍网页对应的HTML代码和CSS代码。教师可以根据各个专业的教学需求和课时限制，合理选取教学案例和教学内容，以充分满足不同学校、不同专业、不同课时教学的多样性需求。

本书由颜珍平、陈承欢老师共同编著，湖南铁道职业技术学院的侯伟、吴献文、颜谦和、肖素华、林保康、王欢燕、王姿、张丽芳等多位老师参与了教学案例的设计、优化和部分章节的编写、校对、整理工作。

由于编者水平有限，书中难免存在疏漏之处，敬请各位读者批评指正，作者的QQ号为1574819688。感谢您使用本书，期待本书能成为您的良师益友。

编著者

2019年5月

目 录 CONTENTS

单元 3

单元 4

单元 5

单元 6

模板应用与制作商品推荐页面 167

单元 7

网页特效与制作商品详情页面 198

单元 8

网站整合与制作购物网站首页...233

附录

单元 1
站点创建与制作商品简介页面

01

　　制作网页之前，应该先在本地计算机磁盘上建立一个站点，使用站点对网页文档、样式表文件、网页素材进行统一管理。如果使用了外部文件，Dreamweaver就会自动检测并提示是否将外部文件复制到站点内，以保持站点的完整性。如果某个文件夹或文件重新命名，系统会自动更新所有的链接，以保证原有链接关系的正确性。

　　网页中的基本组成元素有文字、图像和动画等，网页中的信息主要是通过文字来表达的，文字是网页的主体和构成网页最基本的元素，它具有准确快捷地传递信息、存储空间小、易复制、易保存、易打印等优点，其优势很难被其他元素所取代。在Dreamweaver CC中输入文本与在Word中输入文本很相似，都可以对文本的格式进行设置。图像也是网页中的主要元素之一，图像不但能美化网页，而且能够更直观地表达信息。在页面中恰到好处地使用图像，能使网页更加生动、形象和美观。

教学导航

教学目标	（1）学会创建本地站点和管理本地站点
	（2）熟悉Dreamweaver CC的工作界面
	（3）熟悉浏览器窗口的基本组成和网页的基本组成元素
	（4）学会管理网站中的文件和文件夹
	（5）学会新建网页文档和设置网页的页面属性
	（6）熟悉打开网页文档、浏览网页、保存网页文档和关闭网页文档等基本操作
	（7）学会设置首选项
	（8）学会在网页中输入文字、编辑文本、设置文本属性
	（9）学会在网页中插入空格、文本换行符和特殊字符
	（10）学会在网页中插入与编辑图像、设置图像属性
	（11）学会使用【资源】面板管理网站中的资源
	（12）学会设置页面头部内容
	（13）熟悉HTML的基本结构
	（14）了解网页的相关概念和术语
	（15）了解网页中div标签的插入方法，了解网页中CSS样式的简单应用
	（16）了解网页中文本、图像等网页元素样式属性的定义
教学方法	任务驱动法、分组讨论法、理论实践一体化、讲练结合
建议课时	6课时

渐进训练

任务1-1 制作电脑版商品简介页面0101.html

■ 任务描述

制作电脑版商品简介页面0101.html，其浏览效果如图1-1所示。

图1-1　网页0101.html的浏览效果

【任务1-1-1】启动Dreamweaver CC与初识其工作界面

■ 任务描述

① 启动Dreamweaver CC。

② Dreamweaver CC的工作界面主要包括菜单栏、工具栏、文档窗口、【属性】面板、面板组等，熟悉Dreamweaver CC工作界面各个组成部分的主要功能。

■ **任务实施**

1. 启动Dreamweaver CC

执行【开始】→【所有程序】→【Adobe Dreamweaver CC】菜单命令，即可启动
Dreamweaver CC。Dreamweaver CC的启动画面如图1-2所示。启动成功后，会出现图1-3
所示的工作界面。

图1-2　Dreamweaver CC的启动画面

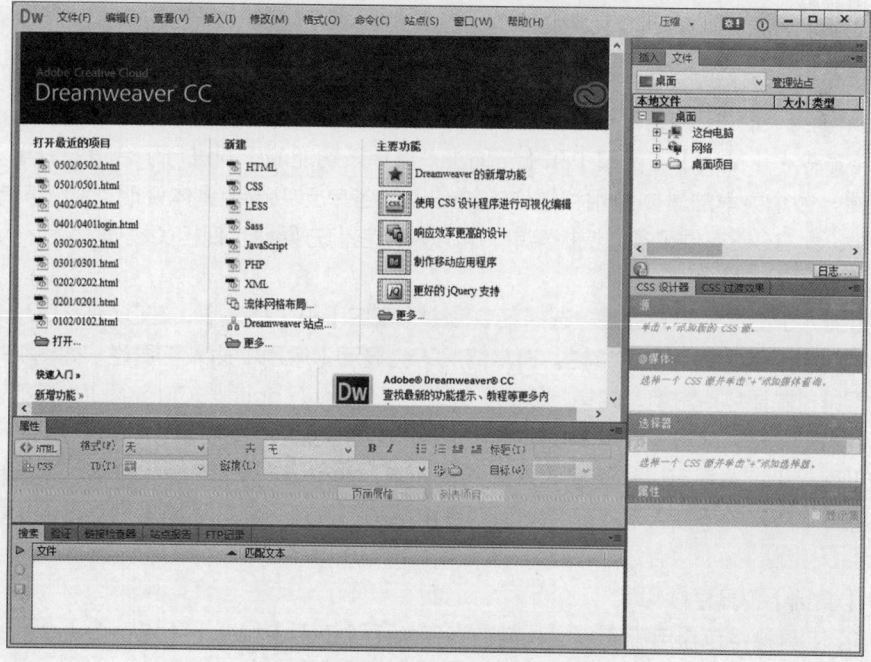

图1-3　Dreamweaver CC的工作界面

2. 熟悉Dreamweaver CC工作界面的基本组成及其功能

Dreamweaver CC的界面布局和组成如图1-4所示。

图1-4　Dreamweaver CC的界面布局与组成

（1）标题栏

标题栏显示网页的标题和网页文档的存储位置。

（2）菜单栏

Dreamweaver CC的菜单栏包含10类菜单：【文件】【编辑】【查看】【插入】【修改】【格式】【命令】【站点】【窗口】和【帮助】。菜单按功能的不同进行了合理的分类，使用起来非常方便，各个菜单的具体作用和操作方法在以后各单元中将会具体说明。除了菜单栏外，Dreamweaver CC还提供了多种快捷菜单，可以利用它们方便地实现相关操作。

（3）【插入】工具栏

显示【插入】工具栏的方法是：选择菜单命令【窗口】→【插入】，在Dreamweaver CC主界面的右侧将显示【插入】工具栏。通常情况下会显示【常用】插入工具栏，如图1-5所示。【插入】工具栏主要包括常用、结构、媒体、表单、jQuery Mobile、jQuery UI、模板、收藏夹等多种类型的工具栏，单击【常用】按钮即可显示其类型，如图1-6所示。

利用【插入】工具栏可以快速插入多种网页元素，如div标签、图像、表格、表单和表单控件等。在图1-6所示的【插入】工具栏类型列表中单击各选项，即可切换不同类型的【插入】工具栏。

（4）【文档】工具栏

【文档】工具栏中包含用于切换文档窗口视图的【代码】【拆分】【设计】【实时视图】按钮和一些常用操作按钮，如图1-7所示。

（5）【标准】工具栏

【标准】工具栏中包含网页文档的基本操作按钮，如【新建】【打开】【保存】【剪切】【复制】【粘贴】等按钮，如图1-8所示。

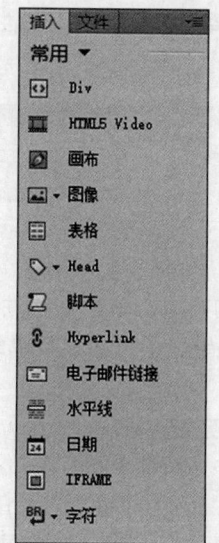

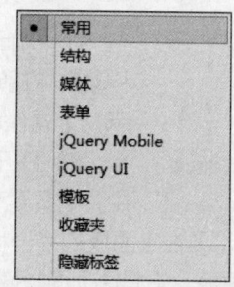

图1-5 【常用】插入工具栏按钮　　　　　图1-6 【插入】工具栏的类型

图1-7 【文档】工具栏

图1-8 【标准】工具栏

> **提示** 如果【标准】工具栏处于隐藏状态，可以在已显示工具栏的位置单击鼠标右键，弹出图1-9所示的快捷菜单，在该快捷菜单中选择【标准】命令即可显示【标准】工具栏。

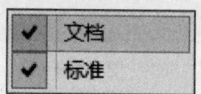

图1-9 显示【标准】工具栏的快捷菜单

（6）"文档"窗口

"文档"窗口也称为文档编辑区，该窗口所显示的内容可以是代码、网页，或者两者的共同体。在【设计】视图中，"文档"窗口中显示的网页近似于浏览器中的显示情形；在【代码】视图中，显示当前网页的HTML文档内容；两种视图共同显示的界面同时满足了上述两种不同的设计要求。用户可以在【文档】工具栏中单击【代码】【拆分】或【设计】按钮，切换窗口视图。

Dreamweaver CC提供了【实时视图】，【实时视图】与【设计】视图的不同之处在于它提供了页面在浏览器中的非可编辑的、逼真的呈现外观。

（7）【属性】面板

【属性】面板用于查看和更改所选取的对象或文本的各种属性，每个对象有不同的属性。【属性】面板比较灵活，它随着选择对象的不同而改变。例如，选择了一幅图像，【属性】面板上就会出现该图像的对应属性，如图1-10所示。如果选择了表格，则【属性】面板会显示对应表格的相关属性。

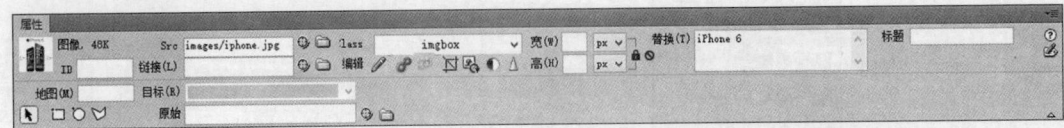

图1-10 【属性】面板

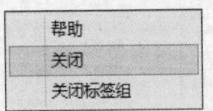

图1-11 关闭【属性】面板的菜单

① 关闭【属性】面板的方法：单击【属性】面板右上角的图标，在弹出的下拉菜单中单击【关闭】菜单命令，如图1-11所示，【属性】面板将被关闭。

② 打开【属性】面板的方法：在Dreamweaver CC主界面中，选择菜单命令【窗口】→【属性】即可。

③ 显示或隐藏【属性】面板的另一种简便方法：双击【属性】面板左上角的"属性"标题，就会隐藏【属性】面板。【属性】面板隐藏时，单击该"属性"标题，就会显示【属性】面板。

（8）面板组

Dreamweaver CC包括多个面板，这些面板都有不同的功能，将它们叠加在一起便形成了面板组，如图1-12所示。面板组主要包括【插入】面板、【文件】面板、【CSS设计器】面板、【CSS过渡效果】面板等。各个面板可以打开或关闭，平常不使用时可以关闭，要使用时再显示出来，这样可以充分利用有限的屏幕空间。

图1-12 面板组

① 显示面板的方法：单击【窗口】菜单选择相应的菜单选项即可，如图1-13所示。要单独关闭某一个面板，在对应面板的标题位置单击鼠标右键，打开图1-14所示的快捷菜单，然后单击【关闭】选项即可。

② 显示或隐藏各个面板的另一种简便方法：双击面板的标题就可以实现显示或隐藏面板。

查看页面设计的整体效果时，可以直接按快捷键【F4】，或者选择菜单命令【窗口】→【隐藏面板】隐藏全部面板，再次按快捷键【F4】，则可以重新显示全部面板。

（9）【文件】面板

网站是多个网页、图像、程序等文件有机联系的整体，要有效地管理这些文件及其联系，需要有一个有效的工具，【文件】面板便是这样的工具。该面板主要有3个方面的功能：① 管理本地站点，包括建立文件夹和文件，对文件夹和文件进行重命名等操作，也可以管理本地站点的结构；② 管理远程站点，包括文件上传、文件更新等；③ 连接远程服务器。

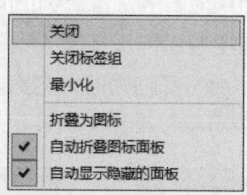

图1-13 【窗口】菜单   图1-14 关闭面板的快捷菜单

打开【文件】面板的方法：选择菜单命令【窗口】→【文件】，或者按快捷键【F8】，可以显示【文件】面板。【文件】面板的组成如图1-15所示，在该面板中显示了当前站点的内容。

使用【文件】面板中的按钮可以设置站点窗口显示的内容和显示形式，实现本地站点和远程站点之间的来回传递。【文件】面板中的"站点列表"列出了Dreamweaver CC中定义的所有站点。"视图列表"中显示了可以选择的站点视图类型：本地视图、远程服务器、测试服务器、存储库视图。

（10）标签选择器

在文档窗口底部的状态栏中，显示环绕当前选定内容标签的层次结构，单击该层次结构中的任何标签，可以选择该标签及网页中对应的内容。在标签选择器栏还可以设置网页的显示比例，如图1-16所示。

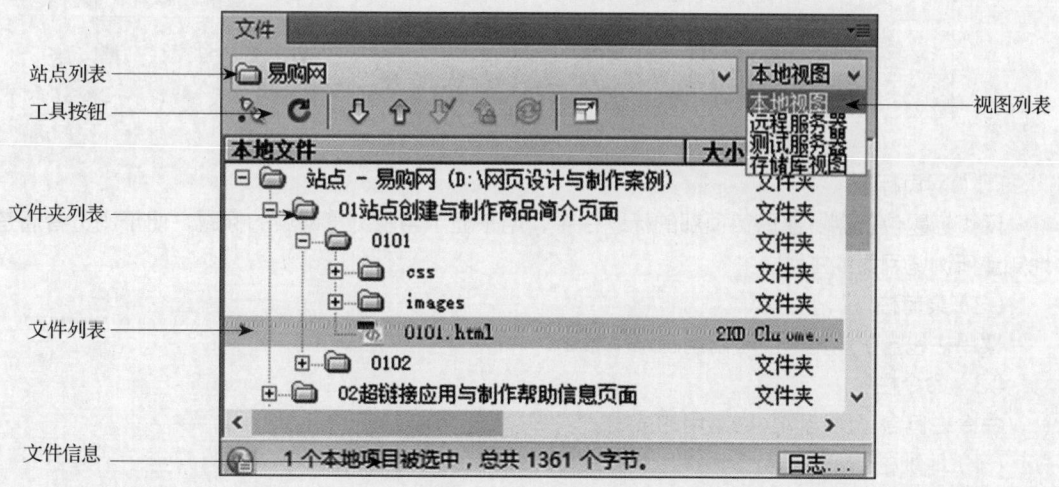

图1-15 【文件】面板

<body><div.content><div.imgbox><img>   ☐ ▣ ▭ 1002 x 647 ⌄

图1-16 标签选择器

【任务1-1-2】认识浏览器的基本组成和网页的基本组成元素

■ 任务描述

① 认识浏览器窗口的基本组成。

② 认识网页的基本组成元素。

■ 任务实施

1. 认识浏览器窗口的基本组成

浏览器是用户浏览网页的软件，支持多种具有交互性的网络服务，是人们通过网络进行交流的主要工具。目前流行的浏览器为Internet Explorer、Google Chrome、Firefox等。

浏览器窗口主要由网页标题、菜单栏、命令栏、地址栏和网页窗口等部分组成，微软公司的Internet Explorer（简称为IE）浏览器窗口如图1-17所示，谷歌公司的Google Chrome浏览器窗口如图1-18所示。

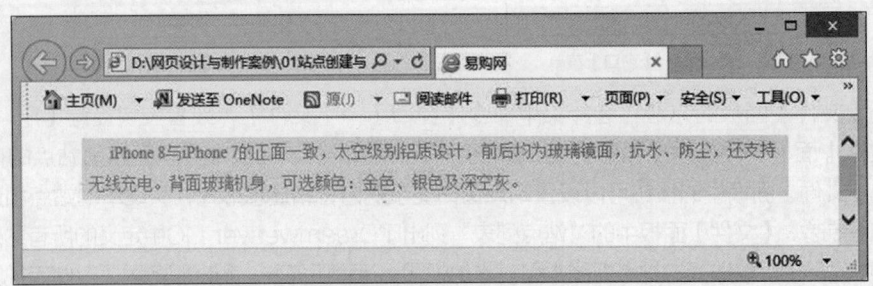

图1-17　IE浏览器窗口的基本组成

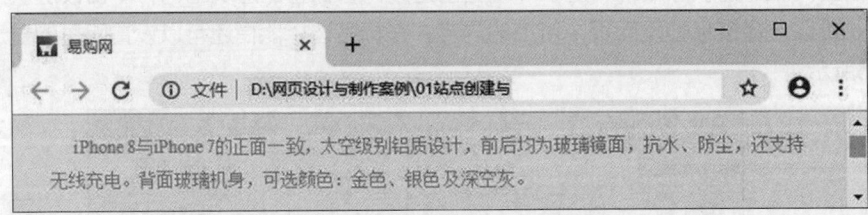

图1-18　Chrome浏览器窗口的基本组成

（1）网页标题

网页标题位于浏览器窗口顶部的标题栏中，用来显示当前浏览网页的标题，便于浏览者清楚地知道所浏览网页的主题。

（2）菜单栏

菜单栏包含了浏览网页时常用的菜单命令。

（3）命令栏

命令栏包含了浏览网页时常用的按钮。

（4）地址栏

使用地址栏可以查看当前浏览网页的网址，在地址栏中输入网址并按【Enter】键，可以浏览相应的网页。

（5）网页窗口

网页窗口用于显示所浏览的网页。

2. 认识网页的基本组成元素

当我们打开浏览器，在地址栏中输入网站的地址时，精美的网页便呈现在我们眼前。网页的最终目的是给浏览者显示有价值的信息，并留下深刻的印象。网页中包含了多种形式的内容，如文字、图片、动画、超链接、导航栏、网页特效等，如图1-19所示。

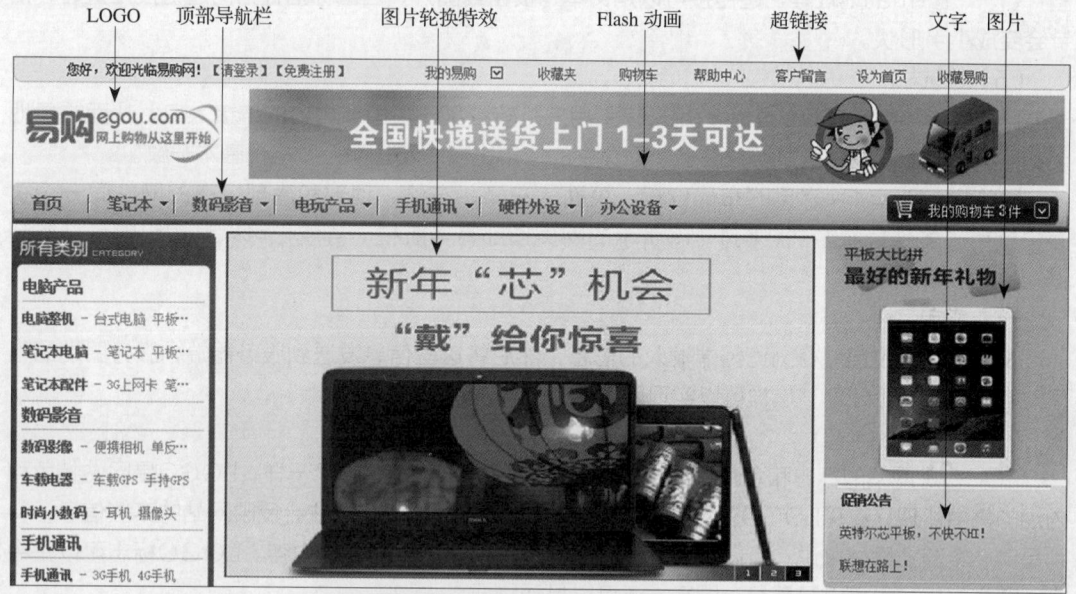

图1-19 网页的基本组成元素

（1）文字

文字是网页传递信息的主要元素，不但传输速度快，而且可以根据需要对其字体、大小、颜色等属性进行设置，设置的风格独特的网页文本会给浏览者带来赏心悦目的感受。建议用于网页正文的文字一般不要太大，也不要使用过多的字体，中文文字一般可使用宋体，大小一般使用9磅或12像素左右即可。

注 意 这里所说的文本并非指图片中的文字。

（2）图片

丰富多彩的图片是美化网页必不可少的元素，用于网页上的图像一般为jpg格式和gif格式，即以jpg和gif为扩展名的图像文件。网页的图片根据用途可以分为表示网站标识的LOGO图片、用于广告宣传的Banner图片、用于修饰的小图片、产品图片或风景图片、背景图片、按钮图片等。图1-19中包括了LOGO图片、产品图片、按钮图片等。

注 意 虽然图像在网页中不可缺少，但不宜太多，否则会让人眼花缭乱，也会使网页的浏览速度降低。

（3）动画

创意出众、制作精致的动画是吸引浏览者眼球的有效方法之一，目前网页中经常使用Flash

动画和GIF格式的图片。

（4）超链接

超链接是Web网页的主要特色，是指从一个网页指向另一个目的端的链接。这个"目的端"通常是另一个网页，但也可以是下列情况之一：相同网页上的不同位置、一个下载的文件、一幅图片、一个E-mail地址等。超链接可以是文本、按钮或图片，当鼠标指针指向超链接位置时，指针会变成小手形状。

（5）导航栏

导航栏是一组超链接的集合，用来指引用户跳转到某一页面或内容的链接入口，从而方便地浏览网页。一般网站中的导航栏在各个网页中的位置比较固定，而且风格也基本一致。

导航栏一般有4种常见的布局位置：页面的左侧、右侧、顶部和底部。有的网站同一个页面中运用了多种导航方式，图1-19所示的网页顶部有导航栏。导航栏可以是按钮或者文本超链接。

（6）表单

表单用来接收用户在浏览器端输入的信息，然后将这些信息发送到服务器端，服务器端的程序对数据进行加工处理，这样可以实现网页的交互性。

（7）网站的LOGO

LOGO是网站的标志和名片，如搜狐网站的狐狸标志。如同商标一样，LOGO是网站特色和内涵的集中体现，看见LOGO就会联想起网站。一个好的LOGO往往会反映网站的某些信息，特别是对一个商业网站来说，可以从中基本了解到这个网站的类型或者内容。LOGO标志可以是中文、英文字母，也可以是符号、图案，还可以是动物或者人物等。

（8）视频

在网页中插入视频文件会使网页变得更加精彩且富有动感。常用的视频文件格式有flv、rm、avi等。

（9）其他元素

网页中除了上述这些最基本的构成元素外，还包括横幅广告、字幕、计数器、音频等其他元素，它们不但能点缀网页，而且在网页中起到十分重要的作用。

【任务1-1-3】创建站点"易购网"

■ 任务描述

① 在本地硬盘（如D盘）中创建一个文件夹"网页设计与制作案例"。

② 创建一个名称为"易购网"的站点，保存在文件夹"网页设计与制作案例"中。

■ 任务实施

1. 创建所需的文件夹

在本地硬盘（如D盘）中创建一个文件夹"网页设计与制作案例"。

2. 创建站点"易购网"

在Dreamweaver CC的主界面中，选择【站点】→【新建站点】菜单命令，如图1-20所示，打开图1-21所示的【站点设置】对话框。

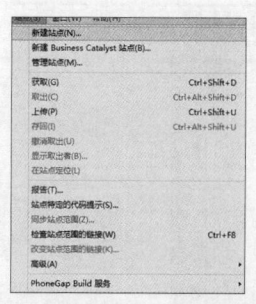

图1-20 【新建站点】菜单命令

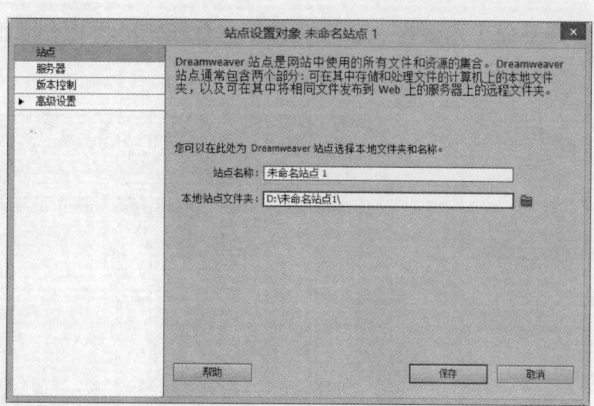

图1-21 【站点设置】对话框

在"站点名称"文本框中输入要创建的网站名称"易购网",在"本地站点文件夹"文本框中设置保存网站文档的路径。可以在文本框中直接输入已有的文件夹路径及其名称,也可以单击其后的 按钮,在弹出的【选择根文件夹】对话框中选择文件夹"网页设计与制作案例",然后单击【选择文件夹】按钮返回【站点设置】对话框,如图1-22所示。

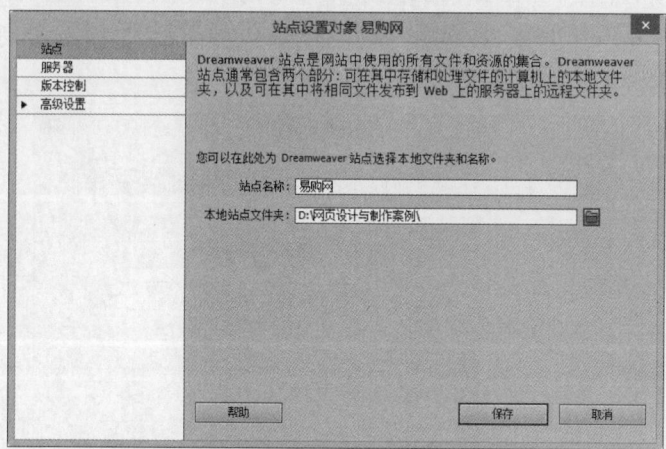

图1-22 输入站点名称和设置本地站点文件夹

至此,在Dreamweaver CC中创建了一个本地站点"易购网",然后在该站点中创建文件夹"01站点创建与制作商品简介页面",并在该文件夹中创建子文件夹"0101",【文件】面板中也显示了刚才新建的站点及其文件夹。

【任务1-1-4】管理本地站点

■ 任务描述

① 利用【管理站点】对话框创建一个名称为"快乐购"的站点。
② 利用【管理站点】对话框实现站点的编辑、复制、删除、导出和导入等操作。

■ 任务实施

如果需要对多个站点进行管理,就需要专门的工具完成站点的切换、编辑、删除等操作。在Dreamweaver CC的主界面中,选择【站点】→【管理站点】菜单命令,打开图1-23所示的

【管理站点】对话框。在【文件】面板左边的下拉列表框中单击【管理站点】命令，也可以打开图1-23所示的【管理站点】对话框。

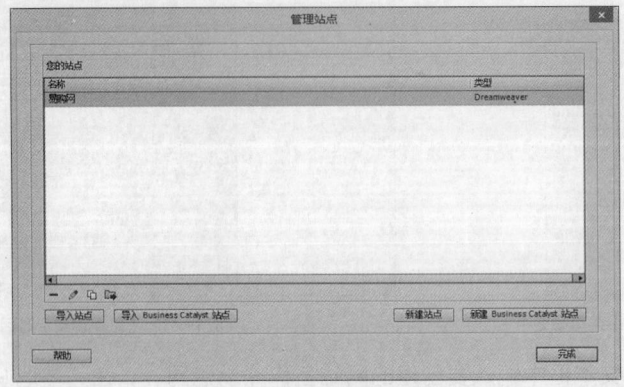

图1-23 【管理站点】对话框

1. 利用【管理站点】对话框创建一个名称为"快乐购"的站点

在【管理站点】对话框中单击右下角的【新建站点】按钮，打开图1-24所示的【站点设置对象】对话框。参照"任务1-1-3"所述的步骤创建一个名称为"快乐购"的站点，该站点创建完成后，包含两个站点的【管理站点】对话框如图1-25所示。

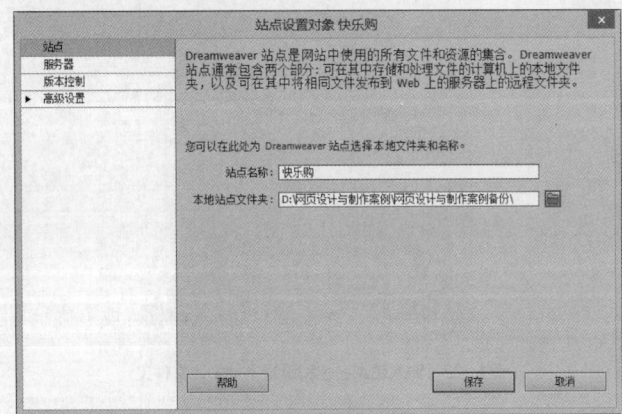

图1-24 创建"快乐购"站点

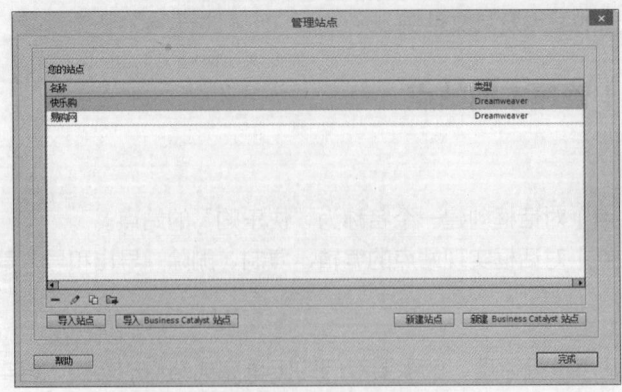

图1-25 包含两个站点的【管理站点】对话框

2. 站点的切换操作

用Dreamweaver CC编辑网页或进行网站管理时，每次只能操作一个站点，这样有时就需要在各个站点之间进行切换，打开另一个站点。在【文件】面板左边的下拉列表框中选中一个已创建的站点，如图1-26所示，如单击选中"快乐购"，就可切换到对这个站点进行操作的状态。

在图1-25所示的【管理站点】对话框中选中要切换的站点，如"快乐购"，然后单击【完成】按钮，这样在【文件】面板中也会显示所选择的站点。

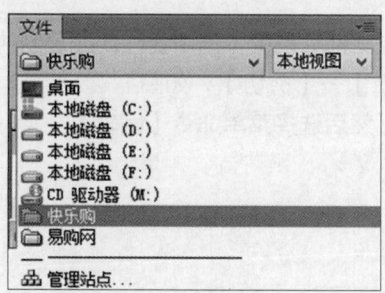

图1-26　切换站点

3. 利用【管理站点】对话框实现站点的多项操作

（1）编辑站点

如果要对站点进行编辑，可以在图1-25所示的【管理站点】对话框中选择要编辑的站点，然后单击该对话框中的【编辑】按钮✐，重新打开【站点设置】对话框，根据需要进行相应的编辑操作。

（2）复制站点

复制站点就是对某一个站点进行复制操作。复制站点可以省去重复建立多个结构相同的站点的操作，从而提高工作效率，也可以让这些站点保持一定的相似性。在【管理站点】对话框中先选中一个待复制站点，然后单击【复制当前选定的站点】按钮，即可完成站点的复制操作。

（3）删除站点

删除站点就是对某一个站点进行删除操作，注意只是从Dreamweaver的站点管理器中删除，网站中的文件仍保存在硬盘原来的位置，并没被删除。在【管理站点】对话框中先选中一个待删除站点，然后单击【删除当前选定的站点】按钮，即可完成站点的删除操作。

（4）导出站点

导出站点就是将选中的站点导出为一个站点定义文件，需要的时候还可以再次导入。在【管理站点】对话框中先选中一个待导出站点，然后单击【导出当前选定的站点】按钮，即可完成站点的导出操作。

（5）导入站点

导入站点就是将导出站点所设置的站点定义文件再次导入。在【管理站点】对话框中单击【导入文件】按钮，打开【导入站点】对话框，在该对话框中选择一个"站点定义文件"，然后单击【打开】按钮，即可完成站点的导入操作。

【任务1-1-5】管理网站中的文件和文件夹

■ 任务描述

利用【文件】面板，对本地站点中的文件夹和文件进行创建、删除、移动和复制等操作。

■ **任务实施**

1. 新建文件夹和文件

在【文件】面板中的站点根目录上单击鼠标右键，然后从弹出的快捷菜单中选择菜单选项【新建文件夹】或【新建文件】，如图1-27所示，再为新的文件夹或文件命名，这里的文件夹名称为"01创建站点与制作商品简介页面"，接着在该文件夹中创建子文件夹"0101"。

2. 移动和复制文件

从【文件】面板的本地站点文件列表中，选中要移动或复制的文件夹或文件，如果要进行移动操作，则选择菜单命令【编辑】→【剪切】，如图1-28所示；如果要进行复制操作，则选择菜单命令【编辑】→【拷贝】；然后选择菜单命令【编辑】→【粘贴】，将文件夹或文件移动或复制到相应的文件夹中即可。

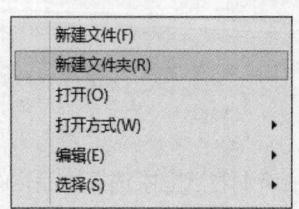

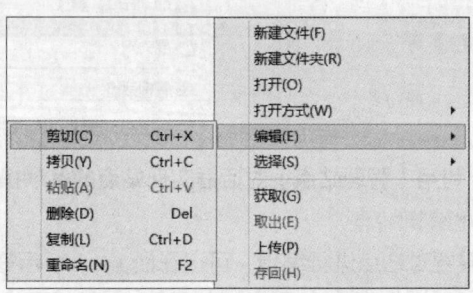

图1-27　新建文件夹或文件的快捷菜单　　　　图1-28　执行文件夹或文件的剪切操作

注 意 如果直接选择菜单命令【编辑】→【复制】，则会在当前选中的文件夹中复制一个选中文件或文件夹的副本。

使用鼠标拖动的方法，也可以实现文件夹或文件的移动操作，其方法如下：先从【文件】面板的本地站点文件列表中选中要移动的文件夹或文件，再拖动选中的文件夹或文件，将其移动到目标文件夹中，最后释放鼠标即可。

3. 重命名文件夹或文件

先选中需要重命名的文件夹或文件，然后单击快捷菜单中的【编辑】→【重命名】命令或者按【F2】快捷键，文件夹或文件的名称变为可编辑状态，重新输入新的名称，按【Enter】键确认即可。

提 示 无论是进行重命名操作还是进行移动文件夹或文件的操作，都应该在站点管理器中进行，因为站点管理器有动态更新链接的功能，可以确保站点内部不会出现链接错误。

4. 删除文件夹或文件

要从本地站点文件列表中删除文件夹或文件，先选中要删除的文件夹或文件，然后选择菜单命令【编辑】→【删除】，或按【Delete】键，这时系统会弹出一个提示对话框，询问是否要真正删除文件夹或文件，单击【是】按钮确认后，即可将文件夹或文件从本地站点中删除。

【任务1-1-6】设置网页的首选项

为了更好地使用Dreamweaver CC，建议在使用Dreamweaver CC之前，首先根据自己的工作方式和爱好进行相关参数的设置。

■ 任务描述

① 设置启动Dreamweaver CC时不再显示欢迎屏幕。

② 设置新建网页文档的默认扩展名为"html",默认编码为"Unicode (UTF-8)"。

③ 设置复制文本时的参数为"带结构的文本以及全部格式(粗体、斜体、样式)"。

■ 任务实施

1. 打开【首选项】对话框

在Dreamweaver CC主界面中,选择菜单命令【编辑】→【首选项】,或者使用快捷键【Ctrl+U】,即可打开【首选项】对话框,如图1-29所示。

【首选项】对话框左边的"分类"列表中列出了19种不同的类别,选择一种类别后,该类别中所有可用的选项将会显示在对话框右边的参数设置区域。根据需要修改参数,并单击【确定】按钮即可完成参数设置。

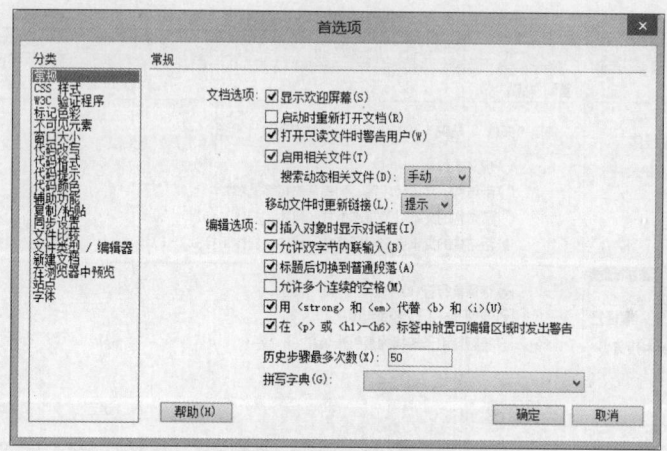

图1-29 【首选项】对话框

2. 设置启动Dreamweaver CC时不再显示欢迎屏幕

打开【首选项】对话框,在该对话框左边的"分类"列表中选择"常规"选项,如图1-29所示,取消选中右边"文档选项"组中的"显示欢迎屏幕"复选框☑,然后单击【确定】按钮。下次启动Dreamweaver CC时将不再显示欢迎屏幕。

3. 设置新建网页文档的默认扩展名和默认编码

打开【首选项】对话框后,在该对话框的左边"分类"列表中选择"新建文档"选项,然后在右边设置"默认文档"为"HTML",设置"默认扩展名"为"html",设置"默认编码"为"Unicode (UTF-8)"即可,如图1-30所示。

4. 设置"复制/粘贴"参数

打开【首选项】对话框后,在该对话框左边的"分类"列表中选择"复制/粘贴"选项,如图1-31所示。然后在右边选中单选按钮"带结构的文本以及全部格式(粗体、斜体、样式)"即可。在"复制/粘贴"选项中,还可以设置"复制/粘贴"时,是否保留换行符,是否清理Word段落间距等属性。

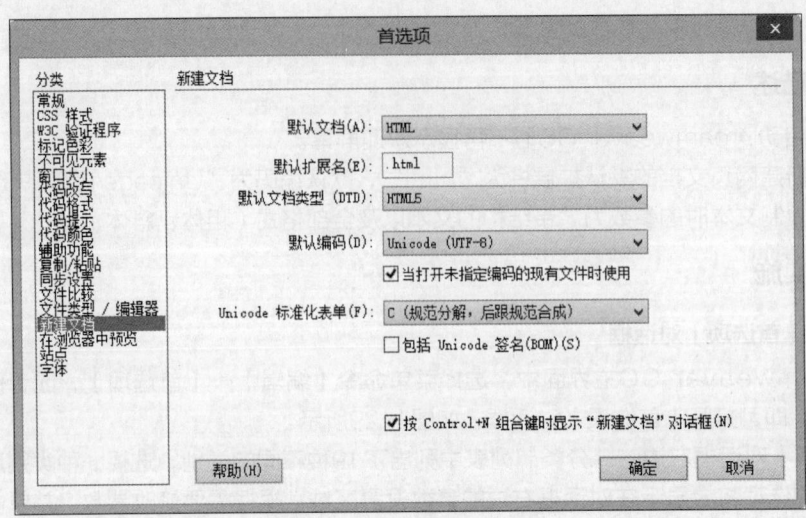

图1-30 设置"新建文档"参数

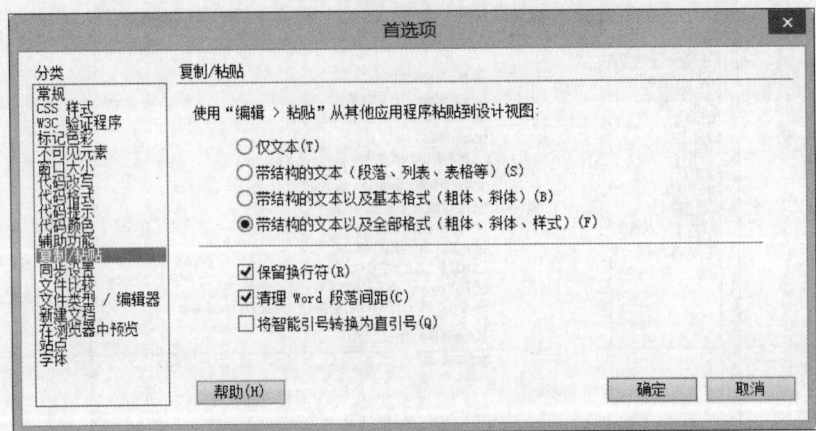

图1-31 设置"复制/粘贴"参数

【任务1-1-7】新建网页文档0101.html与设置页面属性

■ 任务描述

① 新建一个网页文档，并将其保存在文件夹"0101"中，命名为"0101.html"。

② 网页的"外观"属性设置要求如下所述。

网页的"页面字体"为"宋体"，"大小"为"12px"；"文本颜色"为"#333"，"背景颜色"为"#ccf2f1"；"左边距"和"右边距"为"30px"，"上边距"和"下过距"为"10px"。

③ 网页的"标题"属性设置要求如下所述。

网页的标题字体为"黑体"。标题1的大小为"24px"，颜色为"#00F"；标题2的大小为"18px"，颜色为"#F0F"；标题3的大小为"14px"，颜色为"black"。

④ 网页的"标题/编码"属性设置要求如下所述。

网页的标题为"易购网"，文档类型为"HTML5"，编码为"Unicode (UTF-8)"。

■ 任务实施

1. 创建网页文档且保存

在Dreamweaver CC主窗口中选择【文件】菜单中的【新建】命令，或者在【标准】工具栏中直接单击【新建】按钮，弹出【新建文档】对话框，在最左侧选择"空白页"，然后在"页面类型"列表中选择"HTML"，在"布局"列表中选择"<无>"，文件类型默认选择"HTML5"，如图1-32所示，单击【创建】按钮，即可创建一个网页文档。

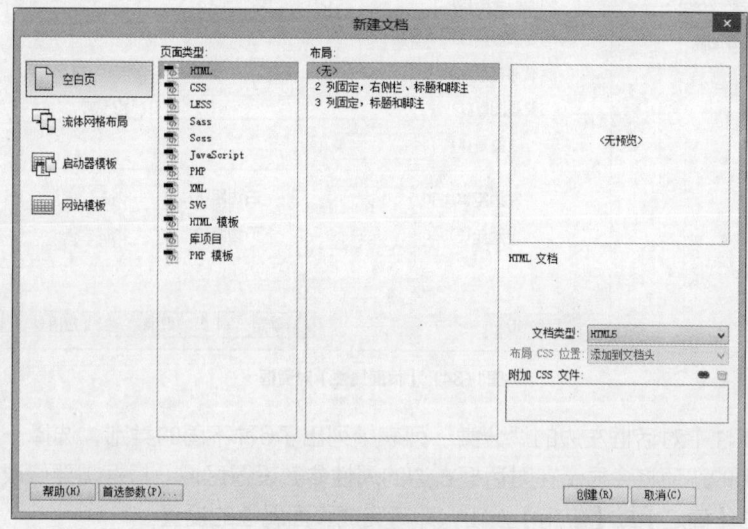

图1-32 【新建文档】对话框

然后在Dreamweaver CC主界面中，选择菜单命令【文件】→【保存】，弹出图1-33所示的【另存为】对话框，在该对话框中选择文件夹"0101"，且输入网页文档的名称"0101.html"，然后单击【保存】按钮，新建的网页文档便会以名称"0101.html"保存在对应的文件夹"0101"中，这样便创建了一个空白网页文档。

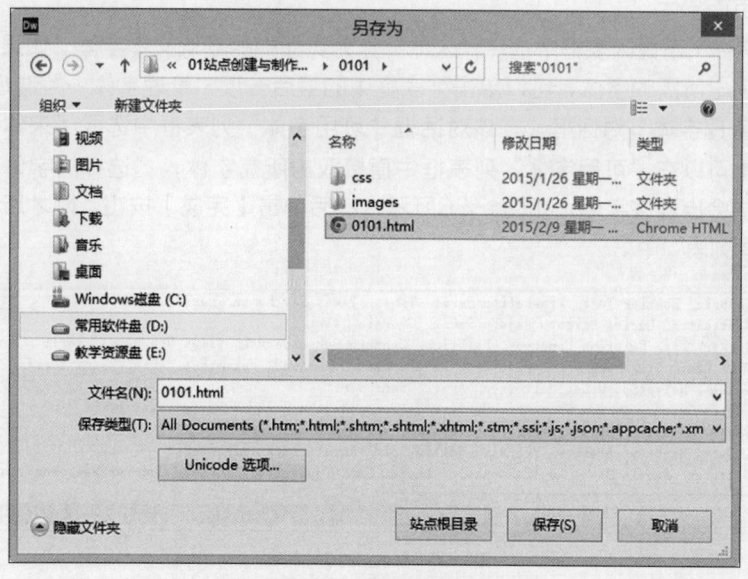

图1-33 【另存为】对话框

2. 打开【页面属性】对话框

在Dreamweaver CC主窗口中，选择菜单命令【修改】→【页面属性】，或者在【属性】面板中单击【页面属性】按钮，都可以打开【页面属性】对话框，如图1-34所示。

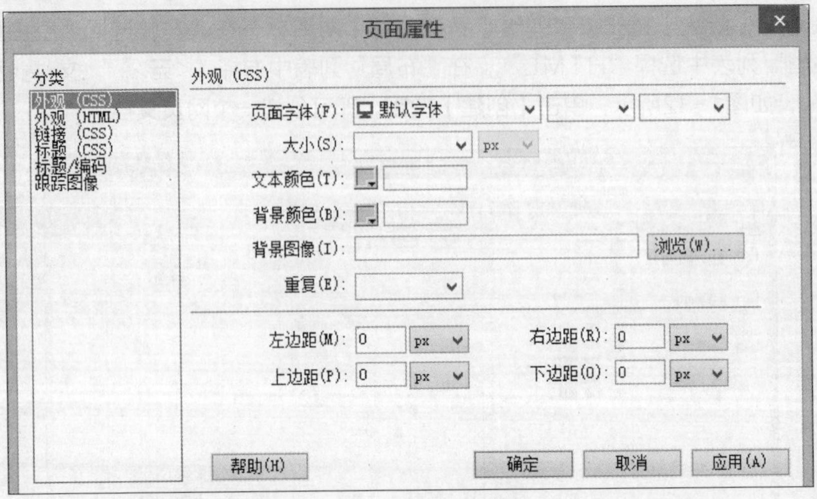

图1-34 【页面属性】对话框

在【页面属性】对话框左边的"分类"列表中列出了6种不同的类别，选择一种类别后，该类别中所有可用的选项将会显示在对话框右边的属性参数设置区域。根据需要修改相应类别的属性参数，并单击【确定】或【应用】按钮，即可完成页面属性的设置。

网页的页面属性可以控制网页的标题、背景颜色、背景图片、文本颜色等，主要对外观进行整体上的控制，以保证页面属性的一致性。

3. 设置"外观"属性

（1）选择"外观（CSS）"选项

在【页面属性】对话框左边的"分类"列表中选择"外观（CSS）"选项。

（2）设置页面字体

从"页面字体"下拉列表框中选择"宋体"作为页面中的默认文本字体。如果"字体"下拉列表框中没有列出所需的字体，可以单击列表框中的最后一项"管理字体…"选项，如图1-35所示，打开【管理字体】对话框，在该对话框"可用字体"列表框中选取"宋体"，然后单击 << 按钮。也可以在"可用字体"列表框中直接双击所需字体，"选择的字体"和"字体列表"列表框中便会出现该字体，如图1-36所示，然后单击【完成】按钮，刚才所选取的字体便会出现在"字体列表"中。

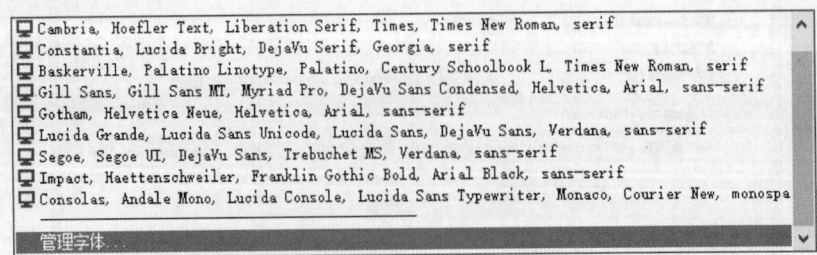

图1-35 供选择的字体列表

（3）设置页面字体大小

在"大小"列表框中单击选择"12"，其单位为"px"。

（4）设置网页的文本颜色

单击"文本颜色"文本框旁边的 ■ 按钮，弹出颜色选择器，从中选择合适的颜色，这里为"#333"，如图1-37所示。

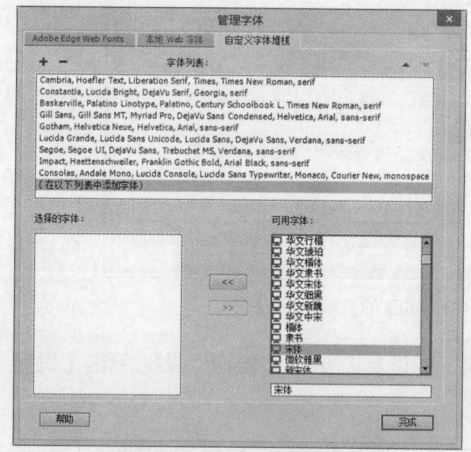

图1-36　【管理字体】对话框

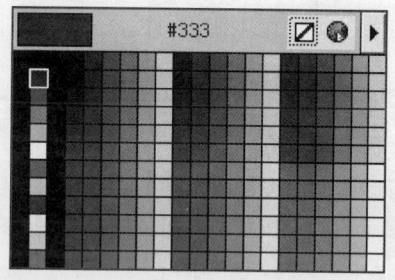

图1-37　利用颜色选择器选择合适的颜色

HTML预设了一些颜色名称，在"颜色"文本框里直接输入这个颜色的名称设置相应的颜色，如在"颜色"文本框中输入"blue"，可以设置颜色为蓝色。常用的预设颜色名称有16种，即aqua（水绿）、black（黑）、olive（橄榄）、teal（深青）、red（红）、blue（蓝）、maroon（褐）、navy（深蓝）、gray（灰）、lime（浅绿）、fuchsia（紫红）、white（白）、green（绿）、purple（紫）、silver（银）、yellow（黄）。

（5）设置网页的背景颜色

一般情况下，背景颜色都设置成白色，如果不设置背景颜色，常用的浏览器也会默认网页的背景颜色为白色。为了增强网页背景效果，可以对背景颜色进行设置。

在"背景颜色"文本框中输入以十六进制RGB值表示的颜色值，如"#ccf2f1"，十六进制RGB值的背景颜色以符号"#"开头，由6位数字组成，每个数字取从"1"到"f"的十六进制数值。

（6）设置页面边距

在"左边距"文本框中输入网页左边空白的宽度：30px，表示网页内容的左边起始位置距浏览器左边框为30像素。在"右边距"文本框中输入网页右边空白的宽度：30px，表示网页内容的右边末尾位置距浏览器右边框为30像素。"上边距"和"下边距"设置为10px。

"外观"属性的设置值如图1-38所示。此时单击【确定】按钮或者【应用】按钮，即可完成外观属性的设置。

4. 设置"标题"属性

① 打开【页面属性】对话框，在左边的"分类"列表中选择"标题"。

② 在"标题字体"列表框中选择"黑体"，如果"标题字体"下拉列表框中没有列出所需的字体，可以单击列表框中的最后一项"管理字体…"，添加所需的字体。

③ 在"标题1"的"大小"列表框中选择"24"，单位默认为"px"，在"颜色"文本框中输入"#00F"。

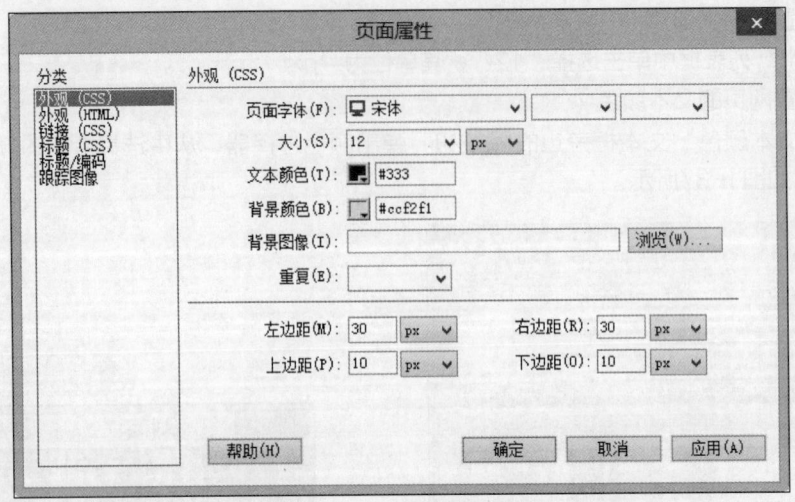

图1-38　在【页面属性】对话框中设置页面的"外观"属性

标题属性的设置值如图1-39所示，其他"标题"的设置方法与此类似。此时单击【确定】按钮或者【应用】按钮，即可完成标题属性的设置。

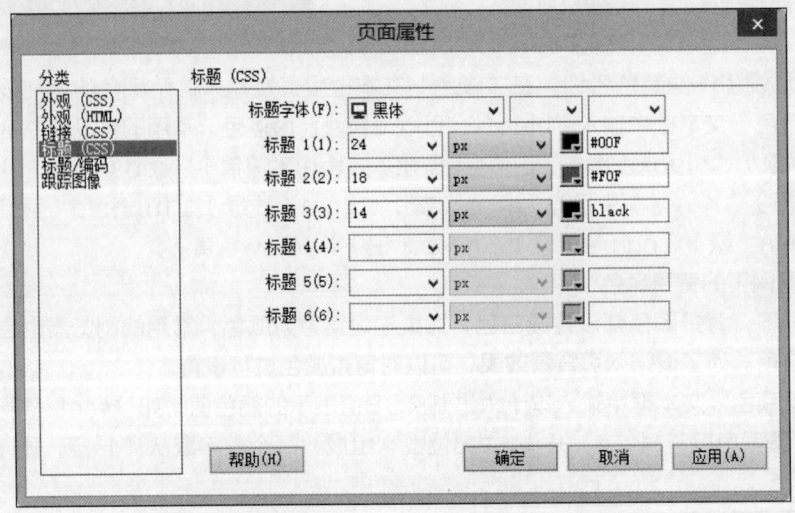

图1-39　在【页面属性】对话框中设置页面的"标题"属性

5. 设置"标题/编码"属性

"标题/编码"选项用于设置网页标题和文档类型等属性。网页标题可以是中文、英文或其他符号，它显示在浏览器的标题栏位置。当网页被加入收藏夹时，网页标题又作为网页的名字出现在收藏夹中。

① 打开【页面属性】对话框，在左边的"分类"列表中选择"标题/编码"。

② 在"标题"文本框中输入"易购网"。

③ 在"文档类型"列表框中选择"HTML5"。

④ 在"编码"列表框中选择"Unicode (UTF-8)"。

"标题/编码"属性的设置值如图1-40所示。此时单击【确定】按钮或者【应用】按钮，即可完成"标题/编码"属性的设置。

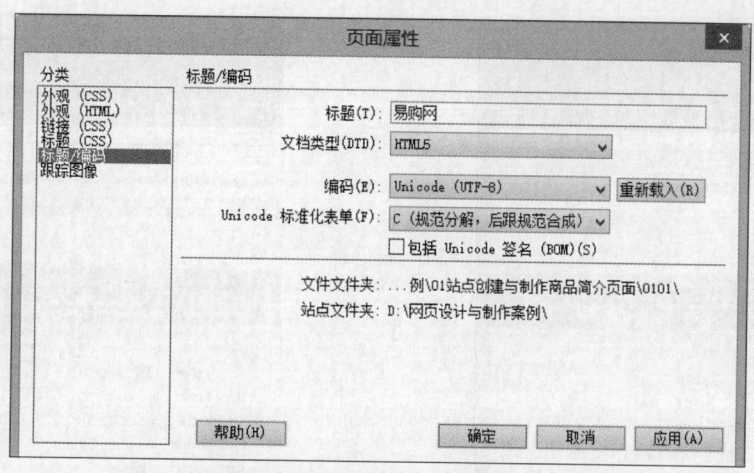

图1-40　在【页面属性】对话框中设置页面的"标题/编码"属性

> **提 示** 在【页面属性】对话框中也可以设置页面的"跟踪图像"属性，在正式制作网页之前，可以先绘制一幅网页设计草图，Dreamweaver CC可以将这种草图设置成跟踪图像，作为辅助的背景，用于引导网页的设计。跟踪图像的文件格式必须为JPEG、GIF或PNG。在Dreamweaver CC中跟踪图像是可见的，但在浏览器中浏览网页时，跟踪图像不会被显示。

6. 保存网页的属性设置

单击【标准】工具栏中的【保存】按钮或【全部保存】按钮，保存网页的属性设置。网页0101.html的页面属性设置完成后，对应的CSS样式代码如表1-1所示。

表1-1　网页0101.html页面属性设置对应的CSS样式代码

序号	CSS代码	序号	CSS代码
01	body {	15	h1 {
02	font-family: "宋体";	16	font-size: 24px;
03	font-size: 12px;	17	color: #00F;
04	color: #333;	18	}
05	background-color: #ccf2f1;	19	
06	margin-left: 30px;	20	h2 {
07	margin-top: 10px;	21	font-size: 18px;
08	margin-right: 30px;	22	color: #F0F;
09	margin-bottom: 10px;	23	}
10	}	24	
11		25	h3 {
12	h1,h2,h3,h4,h5,h6 {	26	font-size: 14px;
13	font-family: "黑体";	27	color: black;
14	}	28	}

　　【CSS设计器】面板中标签<body>的"布局"属性设置如图1-41所示，标签<h1>的"文本"属性设置如图1-42所示。在【CSS设计器】-【属性】面板中，单击【布局】按钮可以显示或设置"布局"属性，单击【文本】按钮则可以显示或设置"文本"属性。

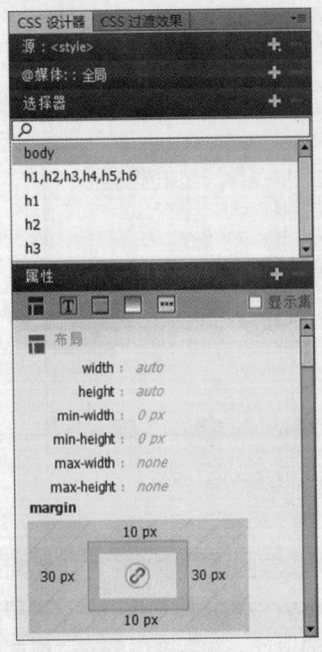

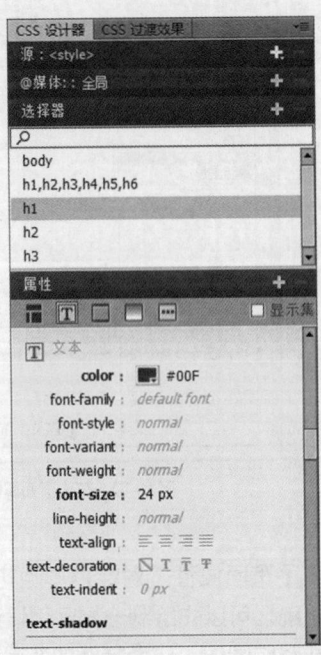

图1-41　标签<body>的"布局"属性设置　　　　图1-42　标签<h1>的"文本"属性设置

【任务1-1-8】在网页中输入与编辑文本

■ 任务描述

① 打开网页0101.html，并在该网页中输入如下所示的多行文本。

---

iPhone 8的简介

iPhone 8浑然一体的创新设计

iPhone 8与iPhone 7的正面一致，太空级别铝质设计，前后均为玻璃镜面，抗水、防尘，还支持无线充电。背面玻璃机身，可选颜色：金色、银色及深空灰。

iPhone 8搭载2个性能芯片，2个性能核心，4个高性能核心；采用A11处理器，支持无线充电；配置了新一代A11 Bionic处理器，运行速度比上一代A10处理器快30%，还集成了神经网络引擎；支持Touch ID，还有一个特点是其图形传感器加入了对AR技术的支持。

---

② 将网页中的标题"iPhone 8的简介"设置为"标题1"。

③ 将网页中小标题"iPhone 8浑然一体的创新设计"设置为"标题2"。

网页0101.html的浏览效果如图1-43所示。

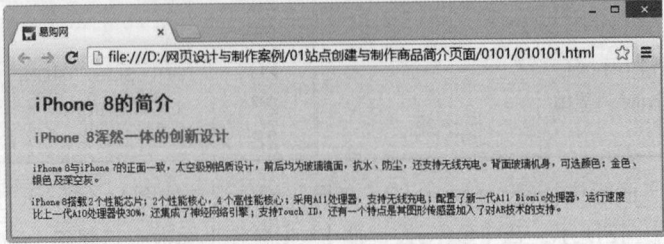

图1-43　网页0101.html的浏览效果

■ 任务实施

1. 打开网页0101.html，并在该网页中输入文本

（1）确定文字输入位置

单击网页编辑窗口中的空白区域，窗口中随即出现闪动的光标，标识输入文字的起始位置，如图1-44所示。

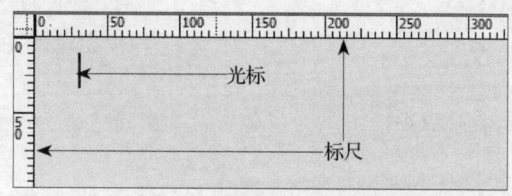

图1-44　文档窗口的光标与标尺

> **提 示**　网页编辑窗口显示标尺的方法是，在Dreamweaver CC的主窗口中选择菜单命令【查看】→【标尺】→【显示】，如图1-45所示，即可在网页编辑窗口中显示标尺，如图1-44所示。

（2）输入标题文本

选择适当的输入法，并在适当的位置输入一行文字"iPhone 8的简介"，如图1-46所示，然后按【Enter】键换行。

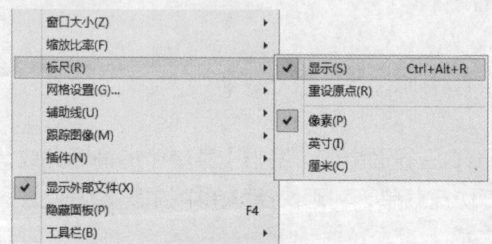

图1-45　网页编辑窗口显示标尺的菜单

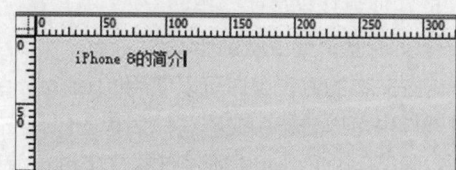

图1-46　输入页面文本的标题

（3）输入文本内容

在新的一行输入小标题文字"iPhone 8浑然一体的创新设计"，然后按【Enter】键换行。

接下来输入文字内容"iPhone 8与iPhone 7的正面一致，太空级别铝质设计，前后均为玻璃镜面、抗水、防尘，还支持无线充电。背面玻璃机身，可选颜色：金色、银色及深空灰。"然后按【Enter】键换行。

> **提 示**　在网页中输入文字内容时，按【Ctrl+Shift+空格键】组合键可以输入空格，如果需要插入引号之类的特殊字符，如要插入左引号，则可以选择菜单命令【插入】→【字符】→【左引号】，如图1-47所示。然后以同样的方法插入右引号。

在新的一行输入小标题文字"iPhone 8搭载2个性能芯片，2个性能核心，4个高性能核心；采用A11处理器，支持无线充电；配置了新一代A11 Bionic处理器，运行速度比上一代A10处理器快30%，还集成了神经网络引擎；支持Touch ID，还有一个特点是其图形传感器加入了对AR技术的支持。"

网页0101.html中输入多个标题和多行文本内容后，如图1-48所示。

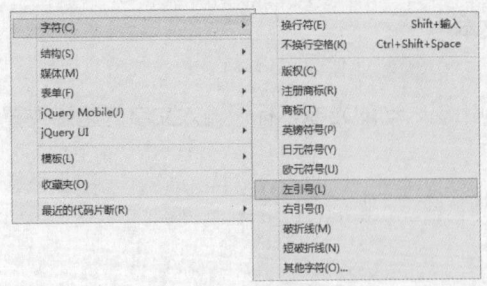
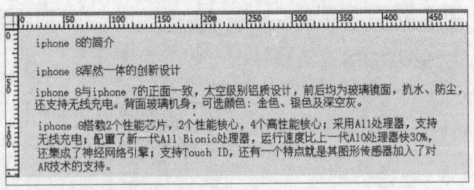

图1-47　插入特殊字符的菜单命令　　　　图1-48　输入多个空格和多行文本内容

> **提示**　网页中实现换行时，如果按【Enter】键，换行的行距较大，换行会形成不同的段落；而按【Shift+Enter】组合键，换行的行距较小，仍为同一个段落。

（4）保存所输入的文本

单击【标准】工具栏中的【保存】按钮或【全部保存】按钮，保存所输入的文本。

2．编辑网页中的文本

在网页中输入的文本与Word文本一样，也能进行编辑，常见的文本编辑操作有以下几项。

① 拖动鼠标选中一个或多个文字、一行或多行文本，也可以选中网页中的全部文本。

② 按【BackSpace】键或【Delete】键实现删除文本的操作。

③ 将光标移动到需要插入文本的位置，输入新的文本。

④ 实现复制、剪切、粘贴等操作。

⑤ 实现查找与替换操作。

⑥ 实现撤销或重做操作。

这些文本的编辑操作可以使用Dreamweaver CC主界面中的【编辑】菜单中的命令完成；部分操作也可以先选中文本，然后单击鼠标右键打开快捷菜单，利用快捷菜单中的命令完成。

对网页0101.html中所输入的文字进行编辑和校对。

3．格式化网页中的文本

Dreamweaver CC中专门提供了对文本进行格式化的【格式】菜单和【属性】面板，文本的字体、大小和颜色等属性的设置可以通过【属性】面板来完成。

（1）显示【属性】面板

在Dreamweaver CC编辑窗口中，选择菜单命令【窗口】→【属性】，打开【属性】面板，如图1-49所示。如果选中了页面的文本，则【属性】面板将会显示当前选中文字的格式属性。

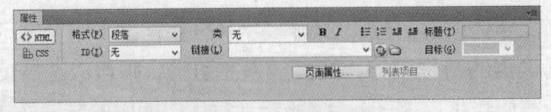

图1-49　【属性】面板

（2）设置网页文本标题的格式属性

选中网页的文本标题"iPhone 8的简介"，在【属性】面板的"格式"下拉列表框中选择"标题1"。接着使用同样的方法将网页中的文本标题"iPhone 8浑然一体的创新设计"设置为

"标题2"。

（3）保存对网页文本的格式设置

单击【标准】工具栏中的【保存】按钮 或【全部保存】按钮 ，保存对网页文本的格式设置。

4. 浏览网页效果

按快捷键【F12】，网页的浏览效果如图1-43所示。

【任务1-1-9】网页文档的基本操作

■ 任务描述

① 关闭网页0101.html。

② 打开一个网页文档0101.html。

③ 浏览网页0101.html。

④ 保存对网页0101.html的修改。

■ 任务实施

1. 关闭网页文档

在Dreamweaver CC主窗口中，如果需要关闭打开的网页文档，选择菜单命令【文件】→【关闭】或者【全部关闭】即可。如果页面尚未保存，则会弹出一个对话框，确认是否保存。

2. 打开网页文档

在Dreamweaver CC主窗口中，选择菜单命令【文件】→【打开】，会弹出【打开】对话框，在该对话框中可以打开多种类型的文档，如HTML文档、JavaScript文档、XML文档、库文档、模板文档等。在【打开】对话框中选择需要打开的网页文档，如0101.html，如图1-50所示，然后单击【打开】按钮即可。

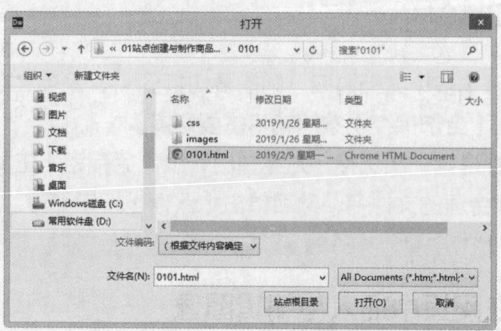

图1-50 【打开】对话框

> **提示** 在Dreamweaver CC中打开最近曾打开过的网页文档的方法如下：在Dreamweaver CC主窗口中单击菜单【文件】，将鼠标指针指向【打开最近的文件】菜单选项，在弹出的级联菜单中选择需要打开的文件，就可以打开最近编辑过的网页文档。如果选择了【启动时重新打开文档】命令，则下次启动Dreamweaver CC后将自动打开上次退出时处于打开状态的文档。

3．浏览网页

在浏览器中浏览网页的方法有以下3种。

方法一：按快捷键【F12】。

方法二：选择菜单命令【文件】→【在浏览器中预览】→【Google Chrome】或者【IEXPLORE】，如图1-51所示。

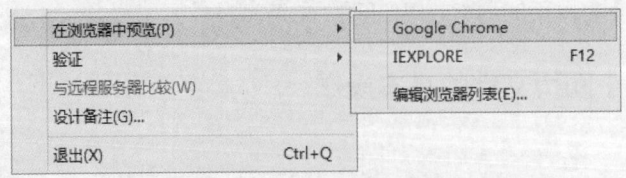

图1-51　浏览网页的菜单命令

方法三：单击【文档】工具栏中的【在浏览器中预览/调试】按钮，在弹出的快捷菜单中选择【预览方式：Google Chrome】或者【预览方式：IEXPLORE】命令，如图1-52所示。

图1-52　浏览网页的快捷菜单项

观察页面中标题、段落文字的字体、大小、颜色和对齐方式。

4．保存网页文档

保存网页文档的方法主要有以下3种。

方法一：单击【标准】工具栏中的【保存】按钮或【全部保存】按钮。

方法二：选择Dreamweaver CC主窗口的菜单【文件】→【保存】或者【保存全部】命令。

方法三：按【Ctrl+S】组合键。

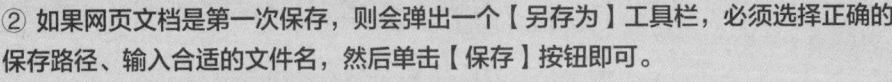

提　示　① 如果同时打开了多个文档窗口，则需要切换到需要保存文档所在的窗口中进行保存。当然，单击【全部保存】按钮就不需要切换。

② 如果网页文档是第一次保存，则会弹出一个【另存为】工具栏，必须选择正确的保存路径、输入合适的文件名，然后单击【保存】按钮即可。

【任务1-1-10】在网页中插入与编辑图像

■ 任务描述

① 打开网页0101.html，在该网页中小标题"iPhone 8搭载2个性能芯片"之前插入图片iphone 8.jpg，且设置该图片的宽度为364px，高度为421px，替换文本为"iPhone 8"。

② 在网页0101.html中的底部插入一幅图像icp.gif，且设置该图片的宽度为108px，高度为40px，替换文本为"经营性网站备案"。

③ 在网页0101.html中的底部插入另一幅图像trusted.jpg，且设置该图片的宽度为112px，高度为40px，替换文本为"可信网站"。

网页0101.html的浏览效果如图1-53所示。

图1-53　网页0101.html的浏览效果

▪ 任务实施

1. 插入第1幅图像iphone 8.jpg

打开网页0101.html，切换到网页的【设计】视图，将光标置于页面文字"iPhone 8搭载2个性能芯片"之前的位置，选择菜单命令【插入】→【图像】→【图像】，在弹出的【选择图像源文件】对话框中选择images文件夹中的图像文件"iphone 8.jpg"，如图1-54所示。

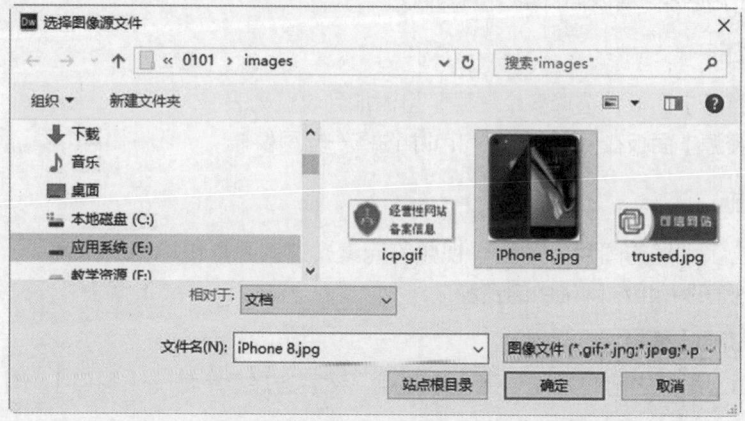

图1-54　在【选择图像源文件】对话框中选择图像文件iphone 8.jpg

在【选择图像源文件】对话框中单击【确定】按钮，即可在网页中指定位置插入一幅图像。

在网页的【设计】视图中选中刚插入的第1幅图像iphone 8.jpg，在【属性】面板的"宽"文本框中输入"364"，"高"文本框中输入"421"，默认单位均为"px"。【属性】面板的设置如图1-55所示。

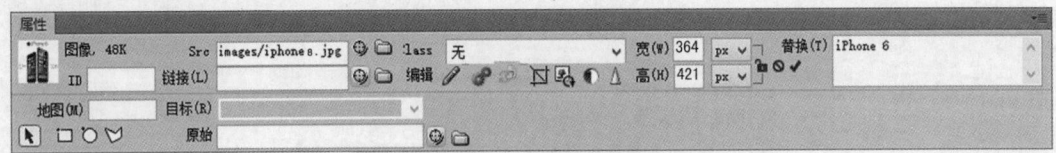

图1-55　图像iphone 8.jpg的属性设置

切换到网页的【代码】视图，查看第1幅图像对应的HTML代码如下。

```
<img src="images/iphone8.jpg" width="364" height="421" alt="iPhone 8"/>
```

2. 插入第2幅图像icp.gif

将光标置于最后一个段落之后，按1次组合键【Shift+Enter】，输入1个换行标记
。然后插入第2幅图像icp.gif。

选中插入的第2幅图像icp.gif，在【属性】面板的"宽"文本框中输入"108"，"高"文本框中输入"40"，默认单位均为"px"。在"替换"列表框中输入"经营性网站备案"作为替换文本。

3. 插入第3幅图像trusted.jpg

将光标置于网页中第2幅图像icp.gif的右侧，然后插入第3幅图像trusted.jpg。

选中插入的第3幅图像trusted.jpg，在【属性】面板的"宽"文本框中输入"112"，"高"文本框中输入"40"，默认单位均为"px"。在"替换"列表框中输入"可信网站"作为替换文本。

4. 保存网页与浏览网页效果

单击【标准】工具栏中的【保存】按钮或【全部保存】按钮，保存网页0101.html，然后按快捷键【F12】，网页的浏览效果如图1-53所示。

【任务1-1-11】使用【资源】面板管理网站中的资源

制作网页时，利用【资源】面板可以方便、快捷地添加各种资源，可以通过拖动资源到文档窗口的【设计】视图为页面添加大多数资源。

■ 任务描述

① 打开【资源】面板，选择多个资源，且添加到收藏列表。

② 利用【资源】面板在网页0101.html中选择一幅图像。

■ 任务实施

网页中包含了大量的图片、动画、视频等元素，这些元素统称为"资源"，使用"资源面板"可以有效地管理和组织网站中的资源。

1. 认识【资源】面板

使用【资源】面板之前必须先创建一个站点。然后选择菜单命令【窗口】→【资源】，将会打开图1-56所示的【资源】面板。

2. 选择一个或多个资源

【资源】面板允许用户一次选择多个资源，并且提供了一个简便的方法对资源进行编辑。可以单击选择一个资源，也可以采用下列方法选择多个资源。

① 先单击选择一个资源，然后按住【Shift】键单击其他资源，选择多个资源。

② 按住【Ctrl】键，然后依次单击逐个选择多个资源。

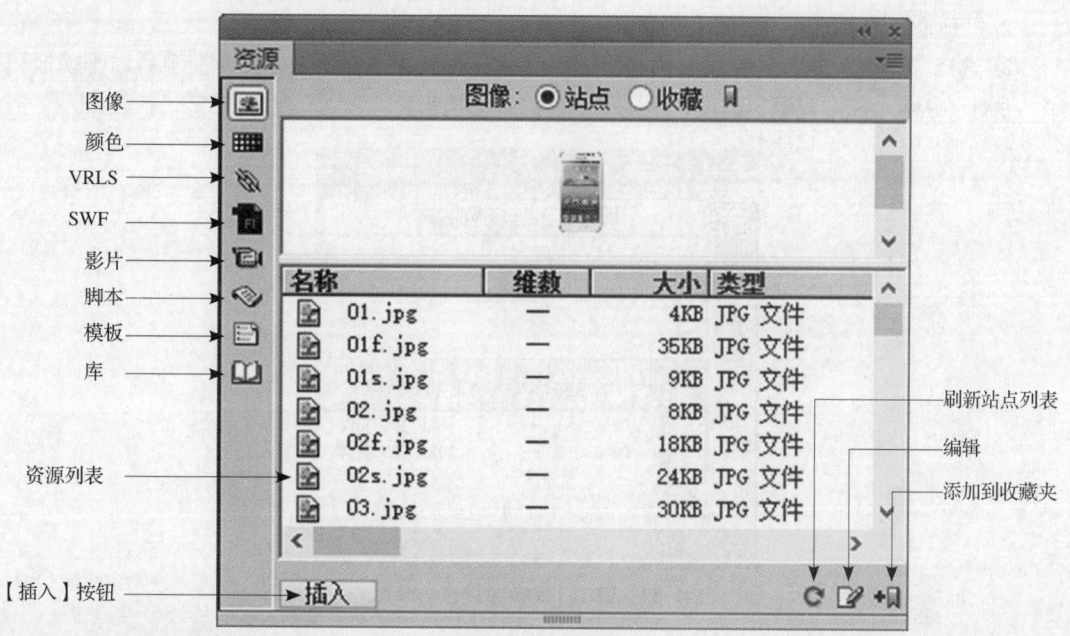

图1-56 【资源】面板

3. 将资源加入收藏列表

在【资源】面板的上方，有两个单选按钮："站点""收藏"。如果选择"站点"，则以资源列表的方式显示站点中的所有资源；如果选择"收藏"，则以"收藏"资源列表的方式进行显示。"收藏"资源实际上是"站点"资源的一个子集。在开始时，"收藏"方式是空的，当站点中某个资源经常被用到，希望加入收藏列表时，单击【资源】面板右下角的【添加到收藏夹】按钮 即可。当把一个资源加入收藏列表以后，就可以以收藏的方式显示出来了。

如图1-57所示，选择了3幅图像文件，然后单击【资源】面板右下角的 按钮，弹出图1-58所示的提示信息对话框，在该对话框中单击【确定】按钮即可。

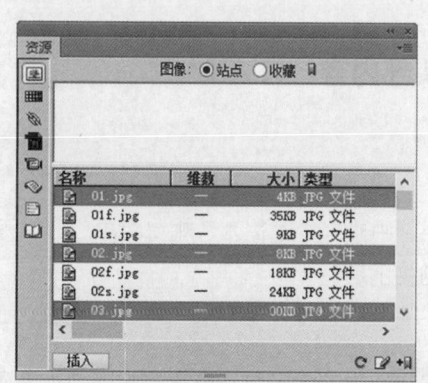

图1-57 在【资源】面板中选择多幅图像文件

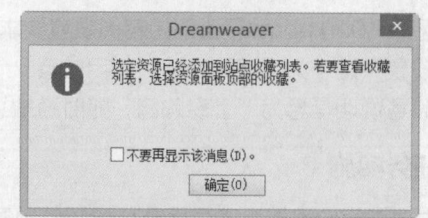

图1-58 添加资源到收藏列表时弹出的提示信息对话框

将多个图像文件成功添加到【资源】面板中的收藏列表中，单击【资源】面板顶部的"收藏"单选按钮，可以查看资源收藏列表中的资源文件，如图1-59所示。

4. 向网页文档中添加资源

① 将光标定位于网页0101.html中想要加入资源的位置。

② 打开【资源】面板，选择【图像】按钮 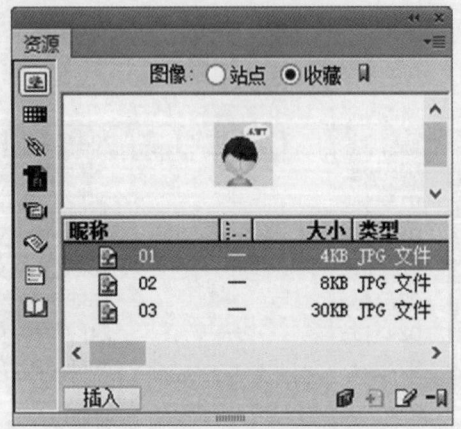。

③ 选择"站点"或者"收藏"单选按钮，然后在列表中选择所需的图像资源。对于模板和库，没有"站点"和"收藏"选项，所以不必选择单选按钮。

图1-59　【资源】面板中的资源收藏列表

④ 从【资源】面板中拖动资源到【设计】视图中，或者单击【资源】面板左下角的 插入 按钮，这样资源就被插入到网页文档中了。如果所要插入的资源是颜色，那么它将被显示在光标插入点，以后所输入的文字都会应用这种颜色。

5. 编辑一个资源

① 打开要编辑的资源。

先选择一个资源，然后单击【编辑】按钮 ，打开要编辑的资源。对于颜色和链接，编辑它们时可以在【资源】面板中直接改变它们的值。对于图片，编辑资源时可以使用外部编辑器进行编辑，如Photoshop、Fireworks等。

② 对打开的资源进行编辑。

③ 编辑完成后进行保存即可。

【任务1-1-12】设置页面0101.html的头部内容

■ 任务描述

对网页"0101.html"头部内容的设置要求如下。

① 设置关键字为"易购网""家用电器""手机""电脑""笔记本"和"数码"。

② 设置说明信息为"上易购网，随时随地，尽享购物乐趣！"

■ 任务实施

文件头内容的设置属于页面整体设置的范畴，虽然它们中的大多数不能直接在网页上看到效果，但从功能上看，很多都是必不可少的，能够帮助网页实现一些特殊功能。

下面根据文件头内容的设置要求完成网页"0101.html"文件头内容属性的设置。如果网页处于关闭状态，先打开网页"0101.html"。

1. 插入关键字

关键字的作用是协助Internet上的搜索引擎寻找网页，网站中的来访者大多是由搜索引擎引导而来的。

插入关键字的步骤如下所述。

在Dreamweaver CC主窗口中，选择菜单命令【插入】→【Head】→【关键字】，如图1-60所示。

打开图1-61所示的【关键字】对话框，在该对话框中输入关键字"易购网，家用电器，手机，电脑，笔记本，数码"，单击【确定】按钮后，关键字就设置好了。

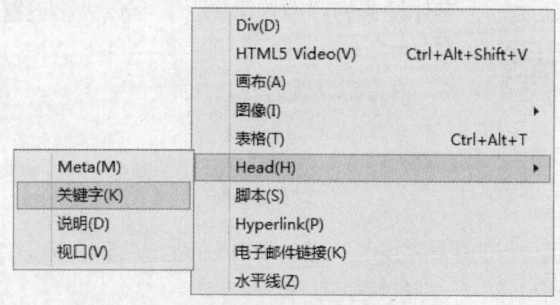

图1-60 插入【关键字】菜单命令

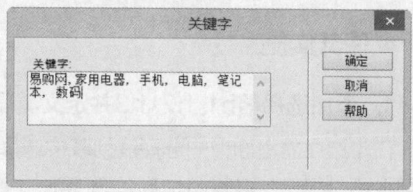

图1-61 【关键字】对话框

> **提 示** 在【常用】插入工具栏中单击【Head】按钮，然后在"Head"的快捷菜单列表中单击【关键字】按钮，如图1-62所示，也可以打开【关键字】属性设置对话框。

插入关键字后，浏览者通过搜索引擎搜索关键字"易购网""家用电器""手机""电脑""笔记本"和"数码"，这个网页的网址就可能被搜索到，同时描述文字会给浏览者更多关于此网页的信息。

要想编辑"关键字"的属性，切换到【代码】视图，将光标置于需要编辑的"关键字"代码位置，然后【属性】面板上进行更改即可，如图1-63所示。

图1-62 【常用】插入工具栏"Head"的快捷菜单列表项

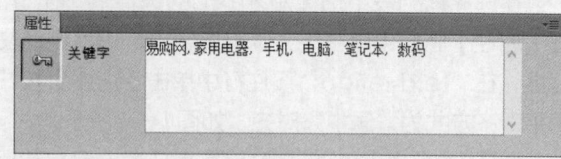

图1-63 "关键字"【属性】面板

2. 插入说明

插入说明的方法与插入关键字相似，在图1-62所示的菜单列表中选择【说明】菜单命令，弹出【说明】对话框，在该对话框中输入对页面的说明信息"上易购网，随时随地，尽享购物乐趣！"如图1-64所示，然后单击【确定】按钮即可。

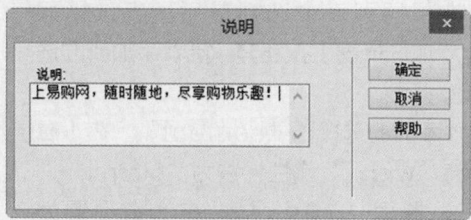

图1-64 【说明】对话框

【任务1-1-13】定义CSS代码美化网页的文本与图片

■ **任务描述**

按以下要求定义CSS代码美化网页0101.html中的文本与图片。

① 将标题1、标题2和标题3设置为居中对齐。

② 将正文内容的宽度设置为"600px"，上、下外边距设置为"10px"，左、右外边距设置为"auto"，文本颜色设置为"#47a3da"，字体设置为"微软雅黑"，字体大小设置为"14px"，行高设置为"25px"，首行缩进设置为"2em"。

③ 将正文图片区域的宽度设置为100%，居中对齐，内边距设置为5px。

■ **任务实施**

1. 添加选择器h1, h2, h3并定义其属性

在【选择器】面板的选择器列表中选择最后一行选择器"h3"，然后单击【添加选择器】按钮，如图1-65所示。接着添加新的选择器"h1,h2,h3"，如图1-66所示。

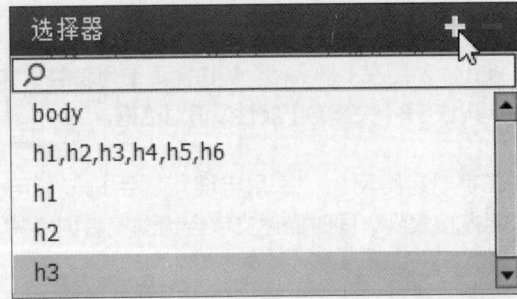

图1-65　在【选择器】面板中单击【添加选择器】按钮

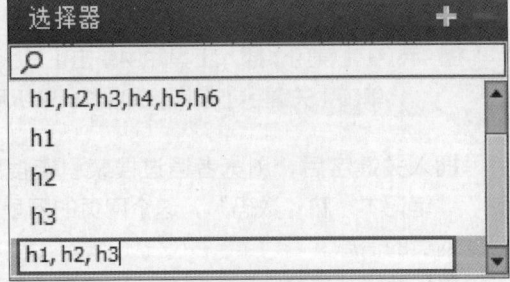

图1-66　添加新的选择器

在选择器列表中选择刚才添加的选择器"h1,h2,h3"，然后在【属性】面板中单击【文本】按钮，切换到"文本"属性设置区域，在"text-align"属性行中单击【居中】按钮，设置文本水平对齐方式为"居中"对齐，如图1-67所示。

选择器h1, h2, h3的属性设置完成后，会自动添加如下所示的CSS代码。

```
h1, h2, h3 {
        text-align: center;
}
```

2. 添加选择器content并定义其属性

在【选择器】面板的选择器列表中选择最后一行选择器"h1,h2,h3"，然后单击【添加选择器】按钮，接着添加新的选择器"content"，如图1-68所示。

在选择器列表中选择刚才添加的选择器"content"，在【属性】面板中设置布局属性，将"width"属性设置为"600px"，"margin"属性上、下设置为"10px"，左、右设置为"auto"，设置结果如图1-69所示。

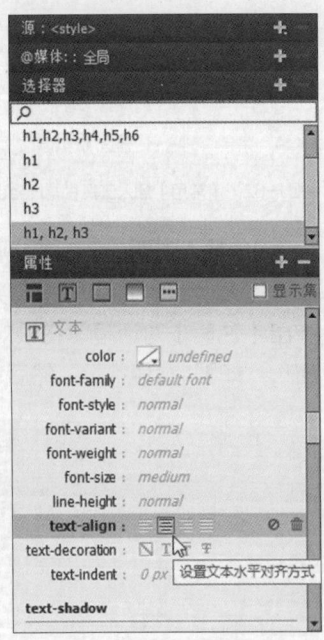

图1-67　设置文本居中对齐属性

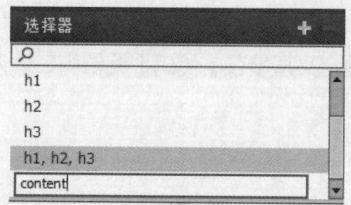

图1-68　添加新的选择器content

　　然后单击【文本】按钮，切换到"文本"属性设置区域，分别设置"color"属性为"#47a3da"，"font-family"属性为"微软雅黑"，"font-size"属性为"14px"，"line-height"属性为"25px"，"text-indent"属性为"2em"，设置结果如图1-70所示。

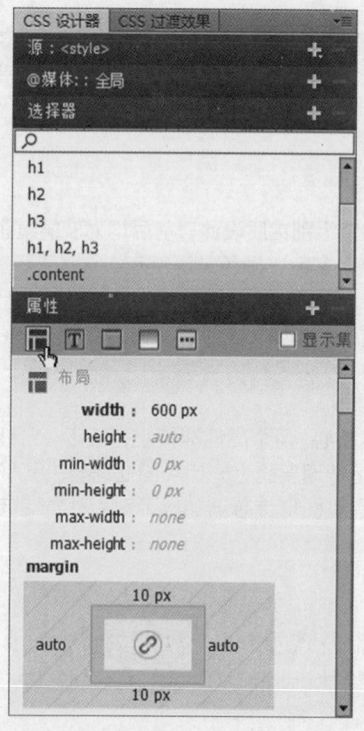

图1-69　设置选择器content的布局属性

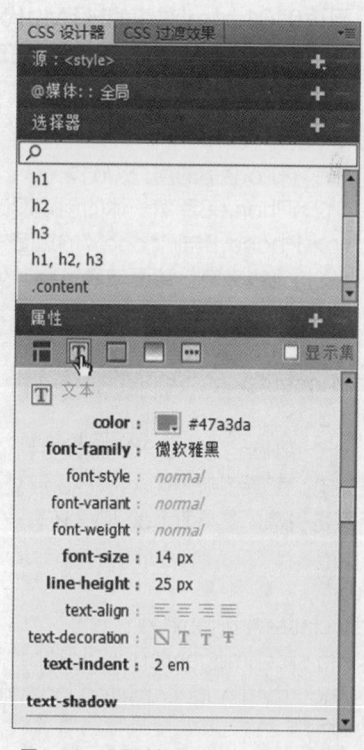

图1-70　设置选择器content的文本属性

选择器content的属性设置完成后，会自动添加如下所示的CSS代码。

```
.content{
    width: 600px;
    margin: 10px auto;
    color: #47a3da;
    font-family: "微软雅黑";
    font-size: 14px;
    line-height: 25px;
    text-indent: 2em;
}
```

3．添加选择器imgbox并定义其属性

选择器imgbox的添加及其属性定义直接在【代码】编辑窗口输入CSS代码实现，代码如下所示。

```
.imgbox{
    width:100%; ;
    text-align:center;
    padding:5px;
}
```

4．编写HTML代码插入div标签

切换到【代码】编辑窗口，编写HTML代码插入div标签，实现文本和图片的美化，网页0101.html对应的HTML代码如表1-2所示。

表1-2　网页0101.html对应的HTML代码

序号	HTML代码
01	`<body>`
02	`  <div class="content">`
03	`    <h1>iPhone 8的简介</h1>`
04	`    <h2>iPhone 8浑然一体的创新设计</h2>`
05	`    <p> Phone 8与iPhone 7的正面一致，太空级别铝质设计，前后均为玻璃镜面，抗水、防`
06	`尘，还支持无线充电。背面玻璃机身，可选颜色：金色、银色及深空灰。`
07	`    </p>`
08	`    <div class="imgbox"><img src="images/iphone8.jpg" width="364" height="421" alt="iPhone8"/>`
09	`    </div>`
10	`    <p> Phone 8搭载2个性能芯片，2个性能核心，4个高性能核心；采用A11处理器，支持`
11	`无线充电；配置了新一代A11 Bionic处理器，运行速度比上一代A10处理器快30%，还集成了`
12	`神经网络引擎；支持Touch ID，还有一个特点是其图形传感器加入了对AR技术的支持。`
13	`    </p>`
14	`  </div>`
15	`  <div class="imgbox">`
16	`    <img src="images/icp.gif" width="108" height="40" alt="经营性网站备案"/>`
17	`    <img src="images/trusted.jpg" width="112" height="40" alt="可信网站"/>`
18	`  </div>`
19	`</body>`

说 明　插入div标签也可以使用【插入】菜单中的【Div】命令实现，方法如下所述。

将光标置于网页中需要插入div标签的位置，然后选择菜单命令【插入】→【Div】，打开【插入Div】对话框，在该对话框中的"插入"位置列表中选择"在插入点"，在"Class"列表中选择合适的类，如选择"content"，如图1-71所示，然后单击【确定】按钮，即可插入div标签，然后输入文本内容或插入图片即可。

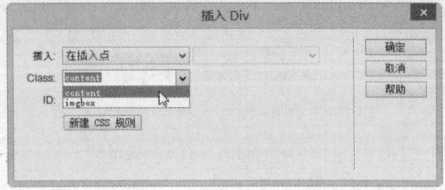

图1-71　【插入Div】对话框

5. 保存网页与浏览网页效果

保存网页0101.html，然后按快捷键【F12】，网页的浏览效果如图1-1所示。

探索训练

任务1-2 制作触屏版商品简介页面0102.html

■ 任务描述

① 创建样式文件main.css，在该样式文件中定义标签header、article和p的属性。

② 创建网页文档0102.html，且链接外部样式文件main.css。

③ 在网页0102.html中添加必要的HTML标签和输入文字。

④ 在网页0102.html中的合适位置插入图片。

⑤ 浏览网页0102.html的效果，如图1-72所示。

商品介绍

红米Note 4G增强版

轻了10克手感更佳，高通骁龙400四核1.6GHz，2GB内存+8GB闪存，5.5英寸贴合大屏，1300万像素相机，3100毫安大容量电池，支持最新802.11ac Wi-Fi协议，支持4G网络，网速超乎想象。

5.5英寸全贴合IPS大屏

大屏幕！读书、游戏、看电影都变得焕然一新。IPS技术可视角可达178度，色彩更加细腻丰富；全贴合GFF技术，让表面玻璃与屏幕间的距离微乎其微，图像更加真实，同时可以减少眩光。

图1-72　网页0102.html的浏览效果

■ 任务实施

1. 创建文件夹

在站点"易购网"的文件夹"01站点创建与制作商品简介页面"中创建文件夹"0102"，并在文件夹"0102"中创建子文件夹"CSS"和"image"，将所需的图片文件复制到"image"文件夹中。

2. 编写CSS代码

在文件夹"CSS"中创建样式文件main.css，并在该样式文件中编写样式代码，如表1-3所示。

表1-3　网页0102.html中样式文件main.css对应的CSS代码

序号	CSS代码	序号	CSS代码
01	header {	10	article p{
02	line-height: 36px;	11	font-family: "宋体";
03	text-align: center;	12	font-size: 16px;
04	}	13	color: #333;
05		14	text-align: justify;
06	article {	15	text-indent: 32px;
07	padding: 10px;	16	line-height: 1.5em;
08	border-top: 1px solid #efefef;	17	margin: 5px;
09	}	18	}

3. 创建网页文档0102.html与链接外部样式表

在文件夹"0102"中创建网页文档0102.html，切换到网页文档0102.html的【代码】视图，在标签"</head>"的前面输入链接外部样式表的代码，如下所示。

```
<link rel="stylesheet" type="text/css" href="css/main.css" />
```

4. 编写网页主体布局结构的HTML代码

网页0102.html主体布局结构的HTML代码如下所示。

```
<header>  </header>
<article>  </article>
```

5. 输入HTML标签与文字

在网页文档0102.html中输入所需的标签与文字，HTML代码如表1-4所示。

表1-4　网页0102.html对应的HTML代码

序号	HTML代码
01	<body>
02	<header>
03	<strong>商品介绍</strong>
04	</header>
05	<article>
06	<p><strong>红米Note 4G增强版</strong></p>
07	<p>轻了10克手感更佳，高通骁龙400四核1.6GHz，2GB内存+8GB闪存，5.5英寸贴合
08	大屏，1300万像素相机，3100毫安大容量电池，支持最新802.11ac Wi-Fi协议，支持4G网
09	络，网速超乎想象。</p>
10	<p><strong>5.5英寸全贴合IPS大屏</strong></p>
11	<p>大屏幕！读书、游戏、看电影都变得焕然一新。IPS技术可视角可达178度，色彩更加
12	细腻丰富；全贴合GFF技术，让表面玻璃与屏幕间的距离微乎其微，图像更加真实，同时可以
13	减少眩光。</p>
14	</article>
15	</body>

表1-4中各个标签的含义及作用详见附录A。

6. 在网页中插入图片

在网页文档0102.html中插入所需的图片，对应的HTML代码如下所示。

```
<img src="images/t01.jpg" width="320" height="90"  alt=" 图片 1"/>
<img src="images/t02.jpg" width="320" height="160"  alt=" 图片 2"/>
```

7. 保存与浏览网页

保存网页文档0102.html，在浏览器Google Chrome中的浏览效果如图1-72所示。

析疑解惑

【问题1】解释网页和网站，并简要说明网页的工作原理。

（1）网页

网页是HTML（超文本标记语言）或者其他语言编写的，通过浏览器编译后供用户获取信息的页面，网页中可以包含文字、图像、动画、视频、超链接等各种网页元素。

网页按其表现形式可以分为静态网页和动态网页。静态网页实际上是图文结构的页面，浏览者可以阅读页面中的信息，网页中可以包括GIF动画、Flash动画、视频和脚本程序等，但是浏览器端与服务器端不发生交互操作。动态网页的"动"指的是"交互性"，是指浏览器端和服务器端可以进行交互操作，大部分信息存储在服务器端的数据库中，根据浏览者的请求从服务器端的数据库中取出数据，传送到浏览器端，然后显示出来。

（2）网站

网站是若干个相关网页的集合。通过超链接将网站中多个网页建立联系，形成一个主题鲜明、风格一致的Web站点。网站中的网页结构性较强，组织比较严密。通常，网站都有一个主页，包括网站的LOGO和导航栏等内容，导航栏包含了指向其他网页的超链接。

（3）网页的工作原理

网站发布到Web服务器中，浏览者通过浏览器向Web服务器发出请求，Web服务器则根据请求，把浏览者所访问的网页传送到客户端，显示在浏览器中。一个网页的工作过程可以归纳为以下4个步骤。

① 用户在浏览器中输入网页的网址，例如：http:// www.sina.com。

② 客户端的访问请求被送往网站所在的Web服务器，服务器查找对应的网页。

③ 若找到网页，则Web服务器把找到的网页回送给客户端。

④ 客户端收到返回的网页后在浏览器中显示出来。

【问题2】解释以下术语：Internet、WWW、URL、Hypertext、HTTP、HTML、HTML5、CSS、CSS3、JavaScript、Server与Browser。

（1）Internet

Internet也称为互联网，是一个庞大的计算机网络，它是将分布在世界各地的计算机及相对独立的局域网，借助电信网络，通过通信协议实现更高层次的互联。在该互联网中，一些较大规模的服务器通过高速的主干网络相连，而一些较小规模的网络则通过众多的支干网与这些大型服务器连接。

Internet不仅是一个计算机网络，更是一个庞大、实用、共享的信息库，世界各地的人或机构可以通过Internet相互通信和共享信息资源；可以发送或接收电子邮件；可以与他人建立联系并互相交流信息；可以在网上发布公告和传递信息；可以参加各种专题的网上论坛；可以享用大量的信息资源。

（2）WWW

WWW是"World Wide Web"的首字母缩写，也称为万维网。万维网是因特网主要的部分，万维网基于超文本结构体系，由大量的电子文档组成。这些电子文档存储在世界各地的计算机上，通过各种类型的超链接连接在一起，目的是让不同地方的人使用一种简单的方式共享信息资源。

从技术上讲，WWW包含3个基本组成部分：URL（统一资源定位器）、HTTP（超文本传输协议）和HTML（超文本标记语言）。

（3）URL

URL是"Uniform Resource Locator"的缩写，通常翻译为"统一资源定位器"，它是一个指定Internet上资源位置的标准，也就是人们常说的网址。

（4）Hypertext

Hypertext（超文本）是一种可以指向其他文件的文字或图片，这种功能称为超链接（HyperLink）。超文本是一种组织信息的方式，它通过超链接将网页中的文字或图片与其他对象相关联，为人们查找、检查信息提供了一种快捷方式。

Hypertext一词是1965年由TedNelson首创的词汇，它有两个含义：一个是链接相关联的文件，另一个是内含多媒体对象的文件。

（5）HTTP

HTTP是一种网络上传输数据的协议，是"Hypertext Transfer Protocol"的缩写，专门用于传输万维网中的信息资源。

（6）HTML

HTML是"HyperText Markup Language"的缩写，中文译为"超文本标记语言"，是Internet中编写网页的主要标识语言。网页文件也可以称为HTML文件，其扩展名为"html"或"htm"。HTML文件是纯文本文件，一个HTML网页文档包含了许多HTML标记，可以使用记事本之类的编辑工具查看网页文件的HTML源代码。

制作网页时，不管采用哪一种方法，最后所得到的都是一个HTML文档，它可以在Web服务器上发布。一个HTML文档包含了出现在网页上的文字和一些HTML标记。这些HTML标记是HTML文档中的特定代码，它们告诉浏览器应该做什么事情。

例如，HTML文档出现了一段这样的代码：<strong>欢迎你光临本网站</ strong>，表示的含义是：在浏览器中显示文字"欢迎你光临本网站"，这几个汉字将会以粗体显现。

（7）HTML5

HTML5是万维网的核心语言、标准通用标记语言下的一个应用超文本标记语言（HTML）的第5次重大修改。HTML5草案的前身名为Web Applications 1.0，于2004年被WHATWG提出，于2007年被W3C接纳，并成立了新的HTML工作团队。

HTML5的第一份正式草案已于2008年1月22日公布。HTML5仍处于完善之中。然而，大部分现代浏览器已经具备了某些HTML5支持。

2012年12月17日，万维网联盟（World Wide Wed Consortium，W3C）宣布凝结了大量网络工作者心血的HTML5规范已经正式定稿。W3C的发言稿称："HTML5是开放的Web网络平台的奠基石。"

2013年5月6日，HTML 5.1正式草案公布。该规范定义了第5次重大版本，第一次要修订万维网的核心语言：超文本标记语言（HTML）。在这个版本中，新功能不断推出，以帮助Web应用程序的开发者努力提高新元素互操作性。

支持Html5的浏览器包括Chrome（谷歌浏览器）、Firefox（火狐浏览器）、IE9及其更高版本、Safari、Opera等；国内的傲游浏览器（Maxthon），以及基于IE或Chromium（Chrome的工程版或称实验版）所推出的360浏览器、搜狗浏览器、QQ浏览器、猎豹浏览器等国产浏览器同样具备支持HTML5的能力。

（8）CSS

CSS是"Cascading Style Sheet"的缩写，意为层叠样式表，用于对网页布局、字体、颜色、背景和其他图文效果实现更加精确的控制。CSS弥补HTML对网页格式控制功能的不足，如段落间距、行距等，CSS可以一次控制多个文档中的文本，并且可随时改动CSS的内容，以自动更新文档中文本的样式。

（9）CSS3

CSS3是CSS技术的升级版本，CSS3语言开发是朝着模块化发展的。以前的规范作为一个模块实在是太庞大了，而且比较复杂，所以，把它分解为一些小的模块，也把更多新的模块加入进来。这些模块包括盒子模型、列表模块、超链接方式、语言模块、背景和边框、文字特效、多栏布局等。

CSS3将完全向后兼容，网络浏览器也还将继续支持CSS2。CSS3的主要影响是将可以使用新的可用的选择器和属性，这些会允许实现新的设计效果（如动态和渐变），而且可以很简单地设计出较复杂的设计效果（如使用分栏）。

（10）JavaScript

JavaScript是一种脚本语言，可以和HTML语言混合在一起使用，用来实现在一个Web页面中与用户交互。

（11）Server与Browser

Server即服务器，Browser即浏览器。用户只有通过浏览器连接到Web服务器上，才能阅读Web服务器上的文件。信息的提供者建立好Web服务器，用户使用浏览器可以取得该服务器中的文件及其他信息。

【问题3】制作网页的常用软件有哪些？

制作网页的专业工具功能越来越完善、操作越来越简单，处理图像、制作动画、发布网站的专业软件的应用也非常广泛。

常用的制作网页的工具如下。

① 制作网页的专门工具：Dreamweaver、FrontPage。

② 图像处理工具：Photoshop、Fireworks。

③ 动画制作工具：Flash、Swish。

④ 图标制作工具：小榕图标编辑器、超级图标。

⑤ 抓图工具：HyperSnap、HyperCam、Camtasia Studio。

⑥ 文本文件编辑工具：记事本、UltraEdit。

⑦ 全景图片制作工具：Cool360。

⑧ 网站发布工具：CuteFTP。

下面简单介绍几种制作网页的常用工具。

（1）Dreamweaver CC

Dreamweaver是目前使用最多的网页设计与制作软件，它不仅是一个专业的网页设计编辑工具，也是一个网站管理、维护的最佳工具。Dreamweaver CC是Adobe公司最新推出的网页制作软件，Dreamweaver CC的界面友好、操作简便，可以进行多个站点的开发和管理。Dreamweaver CC支持DHTML、CSS、JavaScript等技术的使用，也支持ASP、ASP.NET技术，能够方便地进行数据库操作和数据绑定操作。

（2）FrontPage

FrontPage是Microsoft公司出品的网页制作工具，其界面类似于Word，操作简单，容易上手，但是浏览器的兼容性不好，生成的垃圾代码较多。

（3）Flash CC

Flash CC是一种常用的动画制作软件，用于制作和编辑具有较强交互性的矢量动画，可以方便地生成swf动画文件，这种文件可以嵌入HTML内。Flash动画文件较小，可边下载边播放，这样就避免了用户长时间的等待。Flash动画效果能够为网页添彩，从而吸引更多的浏览者。

（4）Photoshop CC

Photoshop CC是Adobe公司推出的一款功能强大的图像处理软件，其界面简洁、友好，支持多种图像格式及多种色彩模式，还可以任意调整图像的尺寸、分辨率及画布的大小。使用Photoshop可以设计网页整体效果图、网页LOGO、网页按钮和网页中的广告等图像。

（5）Fireworks

Fireworks是一个将矢量图形处理和点阵图像处理合二为一的专业化图像设计软件。它可以对各种图像文件进行编辑和处理，也可以直接生成包含HTML和JavaScript代码的动态图像。

【问题4】HTML文档由哪些元素组成？HTML代码应遵循哪些语法规则？

一个完整的HTML文档是由各种网页元素与HTML标记组成的，网页元素指标题、段落、图像、动画、视频等各种对象，标记的功能是逻辑性地描述网页的结构。

HTML代码应遵循以下语法规则。

① HTML文档以纯文本形式存放，扩展名为"html"或"htm"。

② HTML文档中标记采用"<"与">"作为分割字符，起始标记的一般形式如下。

<标记名称 属性名称=对应的属性值 ……>

结束标记的一般形式如下。

</标记名称>

包含在起始标记与结束标记之间的就是网页对象。

③ HTML标记及属性不区分大小写，如<HTML>和<html>是相同的标记。

④ 大多数HTML标记可以嵌套，但不能交叉，各层标记是全包容关系。

⑤ HTML文档一行可以书写多个标记，一个标记也可以分多行书写，不用任何续行符号，显示效果相同。但是HTML标记中的一个单词不能分两行书写。

⑥ HTML源代码中的换行、回车符和多个连续空格在浏览时都是无效的，浏览网页时，会自动忽略文档中的换行符、回车符、空格，所以在文档中输入回车符，并不意味着在浏览器中将看到不同的段落。当需要在网页中插入新的段落时，必须使用分段标记<p></p>，它可以将标记后面的内容另起一段。换行可以使用
标记。需要多个空格，可以使用多个" "转义符号。

⑦ 网页中所有的显示内容都应该受限于一个或多个标记，不能存在游离于标记之外的文字或图像等，以免产生错误。

⑧ 对于浏览器不能分辨的标记可以忽略，这样就不会显示其中的对象。

【问题5】何谓HTML标记？HTML标记有哪几种类型？

在HTML中用于描述功能的符号称为"标记"，它是用来控制文字、图形等显示方式的符号，如"html""head""body"等。标记在使用时必须用"<>"括起来。

在查看HTML源代码或书写HTML代码时，经常会遇到3种形式的HTML标记。

① 不带属性的双标记：<标记名称>网页内容</标记名称>。网页中的标题、文字的字形等都是这种形式，例如：申通快递。

② 带有属性的双标记：<标记名称 属性名称=对应的属性值 ……>网页对象</标记名称>。这种形式的标记最常用，功能更强大，各属性之间无先后次序，属性也可以省略，取其默认值。例如：<td rowspan="3" align="center">二区</td>。

③ 单标记：<标记名称>。单标记只有起始标记没有结束标记，这类标记并不多见，经常看到的是
（换行标记）、<hr>（水平线）。

【问题6】HTML5中有哪些典型的标记方法？

（1）内容类型（ContentType）

HTML5文档的扩展仍然为"html"或"htm"，内容类型（ContentType）仍然为"text/html"。

（2）DOCTYPE声明

HTML5中使用<!DOCTYPE html>声明，该声明方式适用所有版本的HTML，HTML5中不可以使用版本声明。

<!DOCTYPE>声明必须是HTML文档的第一行，位于<html>标签之前。<!DOCTYPE>声明不是HTML标签；它是指示Web浏览器关于页面应使用哪个HTML版本进行编写的指令。

在HTML 4.01中，<!DOCTYPE>声明引用DTD，因为HTML 4.01基于SGML。DTD规定了标签语言的规则，这样浏览器才能正确地呈现内容。HTML5不基于SGML，所以不需要引用DTD。在HTML 4.01中有3种<!DOCTYPE>声明，在HTML5中只有1种，即<!DOCTYPE html>。

<!DOCTYPE>声明没有结束标记，并且对大小写不敏感。应始终向HTML文档添加<!DOCTYPE>声明，这样浏览器才能获知文档类型。

（3）指定字符编码

HTML5中的字符编码推荐使用UTF-8，HTML5中可以使用<meta>元素直接追加charset属性的方式来指定字符编码：<meta charset="UTF-8">;。

HTML4中使用<meta http-equiv="Content-Type" content="text/html;charset= UTF-8">继续有效，但不能同时混合使用两种方式。

（4）具有boolean值的属性

当只写属性而不指定属性值时表示属性为true，也可以将属性名设定为属性值或将空字符串设定为属性值；如果想要将属性值设置为false，可以不使用该属性。

（5）引号

指定属性时属性值两边既可以用双引号也可以用单引号。当属性值不包括空字符串、"<"">""="、单引号、双引号等字符时，属性两边的引号可以省略。例如：<input type="text"> <input type='text'> <input type=text>是等同的。

【问题7】HTML5主要的语义和结构标签有哪些？

HTML5提供了新的元素来创建更好的页面结构。

（1）<header>标签

<header>标签用于定义文档的头部区域，表示页面中一个内容区块或整个页面的标题。

（2）<section>标签

<section>标签用于定义文档中的节（section、区段），表示页面中的一个内容区块，如章节、页眉、页脚或页面的其他部分，可以和h1、h2…元素结合起来使用，表示文档结构。

（3）<footer>标签

<footer>标签用于定义文档或节的页脚部分，表示整个页面或页面中一个内容区块的脚注，通常包含文档的作者、版权信息、使用条款链接、联系信息等。可以在一个文档中使用多个<footer>元素，<footer>元素内的联系信息应该位于<address>标签中。

（4）<article>标签

<article>标签用于定义页面中一块与上下文不相关的独立内容，如一篇文章。<article>元素的潜在来源可能有论坛帖子、报纸文章、博客条目、用户评论等。

（5）<aside>标签

<aside>标签用于定义页面内容之外的内容，表示article元素内容之外与article元素内容相关的辅助信息。

（6）<hgroup>标签

<hgroup>标签用于对整个页面或页面中的一个内容区块的标题进行组合。

【问题8】目前，因特网上支持的常用图像格式主要有哪几种类型？

目前，因特网上支持的图像格式主要有GIF（Graphics Interchange Format）、JPEG（Joint Photographic Experts Group）和PNG（Portable Network Graphic）3种。其中，GIF和JPEG两种格式，由于其图像文件较小、适合于网络上的传输，而且能够被大多数浏览器完全支持，所以是网页制作中最为常用的图像格式。

GIF图像文件的特点是：最多只能包含256种颜色、支持透明的前景色、支持动画格式。GIF格式特定的存储方式使得GIF文件特别擅长于表现那些包含有大面积单色区的图像，以及所含颜色不多、变化不繁杂的图像，如徽标、文字图片、卡通形象等。

JPEG图像采用的是一种有损的压缩算法，支持24位真彩色，支持渐进显示效果，即在网络传输速度较慢时，一张图像可以由模糊到清晰慢慢地显示出来，但不支持透明的背景色，适用于表现色彩丰富、物体形状结构复杂的图像，如照片等。

【问题9】在Dreamweaver CC的【代码】视图窗口中如何使用【编码】工具栏实现折叠代码、缩进与凸出代码、选择父标签、注释代码、环绕标签、显示或隐藏行号、自动换行等功能？

【代码】视图会以不同的颜色显示HTML源代码，以帮助用户区分各种标签，同时用户也可以自己指定标签或代码的显示颜色。Dreamweaver CC中的【编码】工具栏位于【代码】视图窗口的左侧，鼠标光标停在工具栏位置，单击鼠标右键弹出快捷菜单，在该快捷菜单中通过选择【编码】命令，可以显示或隐藏【编码】工具栏。

利用【编码】工具栏可以实现以下操作。

（1）折叠代码

对于代码非常长的网页，可以将部分代码折叠起来。先选择多行代码，然后单击所选代码左侧的【折叠】按钮 ，或者单击【编码】工具栏中的【折叠所选】按钮 即可。如果按住【Alt】键的同时，单击【折叠所选】按钮，则折叠没有选中的代码。

利用【编码】工具栏上的【折叠整个标签】按钮可以将某一个标签首尾对应的区域进行折叠，且无需选择代码。方法是将光标定位在需要折叠的标签中，然后单击【折叠整个标签】按钮 ，那么光标所处位置的标签区域被折叠。

如果按住【Alt】键的同时，单击【折叠整个标签】按钮，则会折叠外部的标签。

要打开部分已折叠的代码，只要单击列左侧的【展开】按钮▣即可。如果要完全展开所有被折叠的代码，单击【编码】工具栏中的【扩展全部】按钮▨即可。

（2）缩进与凸出代码

为了保证源代码的可读性，一般都需要将代码进行一定的缩进或凸出，从而显得错落有致。先选择一段代码，然后按【Tab】键或单击【编码】工具栏中的【缩进代码】按钮▨，即可实现代码的缩进。对于已缩进的代码，如果想要凸出，可按【Shift+Tab】组合键或者单击【编码】工具栏中的【凸出代码】按钮▨实现代码的凸出。

（3）选择父标签

代码标签之间一般都存在着嵌套关系，如何快速查找某代码标签是属于另外哪一个代码标签呢？可以直接将光标置于该标签代码中，然后单击【选择父标签】按钮▨即可。可以单击多次依次选择父标签。

（4）注释代码

先选择需要注释的代码行，然后单击【编码】工具栏中的【应用注释】按钮▨，再在弹出的菜单中选择一种注释方法即可，如图1-73所示。

要取消注释，先选择要取消注释的代码行，然后单击【编码】工具栏中的【删除注释】按钮▨即可。

（5）环绕标签

环绕标签的主要功能是防止写标签时忽略结束标签。其操作方法是：先选择内容，然后单击【环绕标签】按钮▨，从下拉列表框中选择或者直接输入相应的代码，如图1-74所示，在选择内容外围会自动添加完整的开始和结束标签。

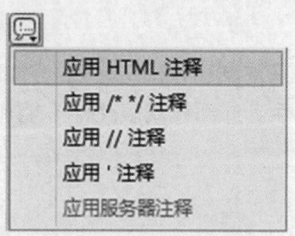

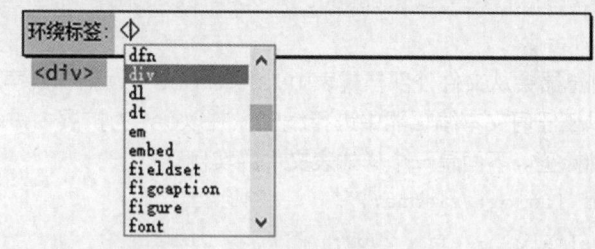

图1-73 多种注释代码的标记　　　　　图1-74 在标签列表中选择结束标签

（6）显示/隐藏行号

在【代码】视图窗口中对每个HTML语句显示其行号，以便于定位。操作方法是：在【代码】视图窗口中单击【编码】工具栏中的【行号】按钮▨。

在预览网页时，如果网页中存在错误，浏览器会提示用户错误所在的行数，可以根据提示的行号，找到发生错误的位置。

（7）自动换行

在【代码】视图窗口中编辑代码时，常常会发现一行代码过长需要自动换行，操作方法是：单击【编码】工具栏中的【自动换行】按钮▨，从而激活窗口的自动换行功能，如果一行文本过长，则会自动在窗口边缘换行。

【问题10】何谓CSS？CSS样式与HTML有何区别？CSS样式有何优点？

CSS是"Cascading Style Sheet"的缩写，称为"层叠样式表"，一般简称为"样式表"，"层叠"是指多个样式可以同时应用于同一个页面或网页中的同一个元素。

　　样式表是万维网联盟（W3C）定义的一系列格式设置规则。使用样式表可以非常灵活地控制网页的外观，从精确的布局定位到特定的字体和样式，都可以使用CSS样式来完成。

　　CSS样式与HTML的主要区别有：网页是用HTML语言书写的，一个HTML网页包含了许多HTML标记符。HTML是一种纯文本的、解决执行的标记语言，它定义了网页的结构和网页元素，能够实现网页普通格式要求，但是网页制作技术在不断发展，同时也发现了HTML格式化功能的不足，于是CSS便应运而生。CSS样式表可以控制许多仅使用HTML无法控制的属性，如CSS可以指定自定义列表项目符号，并指定不同的字体大小和单位，CSS除了设置文本格式外，还可以控制网页中"块"级别元素的格式和定位。同时，CSS弥补了HTML对网页格式化功能的不足，如CSS可以控制段落间距、行距等。CSS的代码是嵌入在HTML文档中的，编写CSS的方法和编写HTML文档的方法相似。

　　CSS样式的主要优点是提供便利的更新功能，更新CSS样式时，使用该样式的所有网页文档的格式都自动更新为新样式。CSS样式具有更好的易用性与扩展性，CSS样式表可以应用到很多页面中，从而使不同的页面获得一致的布局和外观；外部样式表可以一次作用于若干个文档，甚至整个站点。

　　【问题11】网页中应用CSS样式的方法有哪些？

　　浏览网页时，当浏览器读到一个样式表时，浏览器会根据它来格式化HTML文档。插入样式表的方法有以下3种。

　　（1）外部样式表

　　当样式需要应用于很多页面时，外部样式表将是理想的选择。在使用外部样式表的情况下，可以通过改变一个文件来改变整个站点的外观。每个页面使用<link>标签链接到样式表。

　　<link>标签通常用在文档的头部，示例代码如下所示。

```
<head>
  <link rel="stylesheet" type="text/css" href="mystyle.css" />
</head>
```

　　浏览器会从文件外部样式表mystyle.css中读到样式声明，并根据它来格式文档。外部样式表可以在任何文本编辑器中进行编辑，并以css为扩展名进行保存。外部样式表文件不能包含任何html标签。下面是一个样式表文件的实例。

```
hr {color: sienna;}
p {margin-left: 20px;}
body {background-image: url("images/back40.gif");}
```

> **注 意** 不要在属性值与单位之间留有空格。假如使用"margin-left: 20 px"而不是"margin-left: 20px"，它仅在IE6中有效，但是在Mozilla/Firefox或Netscape中却无法正常工作。

　　另外，还可以使用"@import"导入外部的样式文件，它需要写在标签<style></style>内，示例代码如下所示。

```
<style type="text/css">
<!--
@import url("css/base.css");
-->
</style>
```

提 示 在<style></style>标签内的注释标签<!--……-->是为了当浏览器不支持样式表时，也不会在屏幕上将样式定义当成页面内容显示出来。

（2）内部样式表

当单个文档需要特殊的样式时，就应该使用内部样式表。内部样式定义一般位于html文件的头部，即<head>与</head>标记内，并且以<style>开始，以</style>结束。

示例代码如下所示。

```
<style  type="text/css">
    h1, h2, h3 {
            text-align: center;
        }
</style>
```

其中，<style></style>之间的是样式的内容，"type"一项表明这部分代码是定义样式表的，{}前面的"h1, h2, h3"是样式的类型和名称，{}内部的"text-align: center;"是样式的属性设置。

（3）内联样式

由于内联样式要将表现和内容混杂在一起，所以会损失掉样式表的许多优势，应慎用这种方法，当样式仅需要在一个元素上应用一次时可以使用内联样式。

要使用内联样式，需要在相关的标签内使用样式（style）属性，style属性可以包含任何CSS属性。以下代码将展示如何改变段落的颜色和左外边距。

```
<p style="color: sienna; margin-left:20px">
    This is a paragraph
</p>
```

以上3种样式可以混用，不会造成混乱。浏览器在显示网页时先检查有没有内联样式，有就执行；其次检查内部样式表，有就执行；在前两者都没有的情况下，再检查链接的外部文件方式的CSS。因此可以看出，3种CSS的执行优先级是：内联样式→内部样式表→外部样式表。

【问题12】CSS样式的应用主要有哪几种形式？各有哪些特点和规则？

HTML文档中包含多种网页元素，如文本、列表、图像、表格、表单等，而每一种网页元素又有多种不同类型的属性，CSS样式的应用主要有3种形式：第一种是对某一种标记重新设置属性；第二种是对某一种标记的特定属性进行设置；第三种是组合多种属性自定义样式。这3种形式定义时也有所不同。

（1）定义标签样式

这一种方式主要是针对于某一个标记，所定义的样式也只应用于选择的标记。定义形式为：标记名称 { 属性名称：属性值}，如body { margin-left : 15px ; margin-right : 15px; }。

这种定义形式有以下规则。

可以把多个标记的定义组合起来书写，用","将各个标记名称分隔，这样可以减少样式重复定义。例如：body,td,th {font-size : 12px ; color: #0000ff; }。

当对一个标记指定多个属性时，使用"；"将所有的属性和值分开。

为了使定义的样式表方便阅读，可以采用分行的书写格式。

```
body,td,th {
    font-size : 12px  ;
    color : #0000FF  ;
  }
```

如果属性的值由多个单词组成，必须在值上加引号。

（2）定义高级样式

CSS选择符是一种特殊类型的样式，常用的有4种：a:link、a:active、a:visited和a:hover。其中，"a:link"设置正常状态下链接文字的外观，"a:active"设置鼠标单击时的链接外观，"a:visited"设置访问过的链接外观，"a:hover"设置鼠标光标放置在链接文字之上时文字的外观。

（3）定义类样式

定义类样式的形式为.样式名称 { 属性名称：属性值 }。

应用样式的形式为<标记名称 class="样式名称" >。

举例如下。

```
.STYLE1 {
        font-size :  9px;
        color :    #ff6600;
        }
    ......
    <span  class="STYLE1"> 应用样式的文字 </span>
```

用户可以在文档的任何区域或文本中应用自定义的CSS，如果将自定义的CSS应用于一整段文字，那么会在相应的标记中出现"class"属性，该属性值为自定义CSS名称。如果将自定义的CSS应用于部分文字上，那么会出现<span></span>标记对，并且其中包含"class"属性。

当需要在整个网页或几个页面上的多处以相同样式显示标记符时，除了使用".样式名称"的形式定义一个通用类样式以外，还可以使用ID定义样式。要将一个ID样式包括在样式定义中，就要使用符号"#"作为ID名称的前缀，如下所示。

#样式名称 { 属性名称: 属性值 }

定义了ID样式后，需要在引用该样式的标记符内使用ID属性。例如，可以定义一个ID样式如下。

```
#logo { float:left;  width:180px }
```

然后就可以在HTML标记符中使用该样式规则，如下所示。

```
<p  ID="logo"> logo 标志 </p>
```

【问题13】解释标记-moz-、-webkit-、-o-和-ms-的含义。

①-moz-：以-moz-开头的样式代表Firefox浏览器特有的属性，只有Firefox浏览器可以解析。moz是Mozilla的缩写。

②-webkit-：以-webkit-开头的样式代表Webkit浏览器特有的属性，只有Webkit浏览器可以解析。WebKit是一个开源的浏览器引擎，Chrome、Safari浏览器即采用WebKit内核。

③-o-：以-o-开头的样式代表Opera浏览器特有的属性，只有Opera浏览器可以解析。

④-ms-：以-ms-开头的样式代表IE浏览器特有的属性，只有IE浏览器可以解析。

单元小结

通过本单元的学习主要学会创建本地站点和管理本地站点，对Dreamweaver CC的工作界面有初步印象，熟悉网页文档的基本操作，认识浏览器窗口的基本组成和网页的基本组成元素；同时对制作网页的常用软件和网页的基本概念进行初步了解，对HTML的基本结构及标记有初步了解。通过制作文本网页、图文混排网页，学会新建网页文档、设置网页的页面属性、在网页中输入与编辑文本、对网页文本进行格式化处理、插入与编辑图像等操作。

单元习题

（1）下列各项中不是浏览器窗口基本组成的是_____。

    A. 标准按钮   B. 地址栏   C. 导航栏   D. 状态栏

（2）下列文件中属于静态网页的是_____。

    A.index.asp   B.index.jsp   C.index.html   D.index.php

（3）下列各项中属于网页制作工具的是_____。

    A. Photoshop   B. Flash   C. Dreamweaver   D. CuteFTP

（4）下列各项中不是视频文件格式的是_____。

    A. flv   B. rm   C. avi   D. swf

（5）Dreamweaver CC中，保存当前操作的快捷键是_____。

    A.【Ctrl+F】   B.【Ctrl+Z】   C.【Ctrl+S】   D.【Alt+L】

（6）如果正在编辑的文件没有存盘，文件名上应加上_____符号提示用户。

    A. !   B. ?   C. #   D. *

（7）预览网页使用_____功能键。

    A.【F2】   B.【F8】   C.【F10】   D.【Fl2】

（8）Dreamweaver CC中，新建网页文档的快捷键是_____。

    A.【Ctrl+A】   B.【Ctrl+S】   C.【Ctrl+W】   D.【Ctrl+N】

（9）打开【页面属性】对话框，使用_____快捷键。

    A.【Ctrl+K】   B.【Ctrl+J】   C.【Ctrl+M】   D.【Ctrl + F】

（10）下面的颜色中，_____表示黄色。

    A. #FF0   B. #F0F   C. #0FF   D. #0F0

（11）如果网页既设置了背景图像又设置了背景色，那么_____。

    A. 以背景图像为主   B. 以背景色为主

    C. 将产生一种混合效果   D. 相互冲突，不能同时设置

（12）在【页面属性】对话框中，不能设置_____。

    A. 网页的背景色   B. 网页文本的颜色

    C. 网页文件的大小   D. 网页的边界

（13）在【页面属性】对话框中，不能设置_____。

    A. 网页的标题   B. 超链接文本的颜色

    C. 背景图像   D. 背景图像的透明度

（14）要插入换行符
，需要使用_____组合键。

A.【Shift+Enter】　　　　　　　B.【Ctrl+Enter】

C.【Enter】　　　　　　　　　　D.【Shift+ Ctrl+Enter】

（15）要插入HTML标签<p> </p>应使用_____快捷键。

A.【Shift+Enter】　　　　　　　B.【Ctrl+Enter】

C.【Enter】　　　　　　　　　　D.【Shift+Ctrl+Enter】

（16）在文本的【属性】面板中，不能设置_____。

A. 背景色　　　　　　　　　　B. 超链接在目标窗口中打开的方式

C. 段落缩进　　　　　　　　　D. 文本的无序列表和有序列表

（17）如果要给图像添加文字说明，需要设置的图像属性是_____。

A. 边框　　　　B. 替换　　　　C. 目标　　　　D. 链接

（18）在HTML源代码中，图像的属性用_____标记来定义。

A. <picture />　　B. <image />　　C. <pic />　　D. <img />

（19）在网页中经常使用的两种图像格式是_____。

A. bmp和jpg　　B. gif和bmp　　C. png 和bmp　　D. gif和jpg

（20）当浏览器不能正常显示图像时，会在图像位置显示的内容是_____。

A. 替换　　　　B. 目标　　　　C. 链接　　　　D. 低解析度源

（21）图像的【属性】面板中，用于指定显示的图像名称的选项是_____。

A. 目标　　　　B. 源文件　　　　C. 低解析度源　　　　D. 链接

（22）在网页的HTML源代码中，_____标记是必不可少的。

A. <html></html>　　B. <p></p>　　C. <table></table>　　D.

（23）<title></title>标记必须包含在_____标记中。

A. <head></head>　　　　　　B. <p></p>

C. <body></body>　　　　　　D. <table></table>

（24）设置网页的标题时，在HTML源代码中需要使用_____标记。

A. <head></head>　　　　　　B. <title></title>

C. <body></body>　　　　　　D. <table></table>

单元2
超链接应用与制作帮助信息页面

　　一个网站由多个网页组成，各个网页之间可以通过超链接相互联系。超链接是网页中的基本元素之一，利用它不仅可以进行网页间的相互链接，还可以使网页链接到相关的图像文件、多媒体文件，以及下载程序等。

教学导航

教学目标	（1）学会在网页中添加与编辑项目列表、编号列表和定义列表
	（2）学会创建导航栏
	（3）学会创建网页的内部链接和外部链接
	（4）学会在图像中设置热点区域，并创建图像热点链接
	（5）学会创建电子邮件链接
	（6）学会更改链接颜色、设置链接的打开方式、设置空链接
	（7）学会应用浮动框架<iframe></iframe>嵌入网页
	（8）学会测试链接的有效性
	（9）理解绝对路径和相对路径，熟悉链接的类型
	（10）了解在网页中插入Flash动画的方法
	（11）了解网页中列表元素样式属性的定义
教学方法	任务驱动法、理论实践一体化、讲练结合
建议课时	8课时

渐进训练

任务2-1　设计与制作电脑版帮助信息页面0201.html

■ 任务描述

　　设计与制作电脑版帮助信息页面0201.html，网页0201.html的浏览效果如图2-1所示。

图2-1　网页0201.html的浏览效果

【任务2-1-1】规划与设计"易购网"的通用布局结构

■ 任务描述

① 规划"易购网"的通用结构，并绘制各组成部分的页面内容分布示意图。

② 编写"易购网"的通用布局结构对应的HTML代码。

③ 定义"易购网"的通用布局结构对应的CSS样式代码。

■ 任务实施

"易购网"的通用结构从上至下划分为7个板块，分别为顶部导航菜单、LOGO图片和Flash动画、下拉菜单、页面主体内容、帮助导航栏、友情链接和版权信息。各组成部分的页面内容分布如图2-2所示。

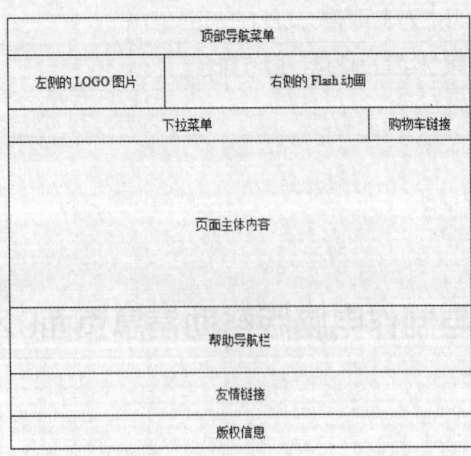

图2-2　"易购网"的通用模板页面内容分布示意图

"易购网"的通用布局设计示意图如图2-3所示，由图可以看出该布局结构各板块的宽度为990px，居中显示。

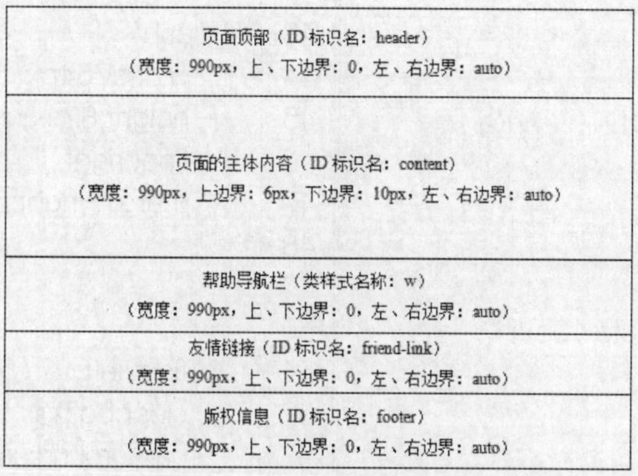

图2-3 "易购网"的通用布局设计示意图

在站点"易购网"中创建文件夹"02超链接应用与制作帮助信息页面"，在该文件夹中创建文件夹"0201"，并在文件夹"0201"中创建子文件夹"CSS"和"image"，将所需的图片文件复制到"image"文件夹中。创建网页文档0201.html，且保存到文件夹"0201"中。

在网页文档0201.html中输入HTML代码，"易购网"的通用布局结构对应的HTML代码如表2-1所示。

表2-1 "易购网"的通用布局结构的HTML代码

行号	HTML代码
01	<div id="header">
02	<div class="topmenu">顶部导航菜单</div>
03	<div class="logo">
04	<div id="l_logo">左侧的LOGO图片</div>
05	<div id="r_flash">右侧的Flash动画</div>
06	</div>
07	<div class="clear"></div>
08	<div class="nav">
09	<ul id="droplist_ul">下拉菜单</ul>
10	<div id="mycart">购物车链接</div>
11	</div>
12	<div class="clear"></div>
13	</div>
14	<div id="content">页面的主体内容</div>
15	<div class="clear"></div>
16	<div class="w">
17	<div id="service">帮助导航栏</div>
18	</div>
19	<div id="friend-link">友情链接</div>
20	<div id="footer">版权信息</div>

"易购网"的通用布局结构对应的CSS样式代码的定义如表2-2所示。

表2-2 "易购网"的通用布局结构对应的CSS样式代码

行号	CSS代码	行号	CSS代码
01	#header {	43	#r_flash{
02	width:990px;	44	width:764px;
03	margin:0 auto;	45	height:82px;
04	}	46	float:right;
05		47	margin-right:5px;
06	#content {	48	}
07	width:990px;	49	
08	margin:6px auto 10px;	50	.nav {
09	}	51	float:left;
10		52	clear:both;
11	.w {	53	background:url(../images/08navbg.png)
12	width: 990px;	54	no-repeat;
13	margin: 0px auto;	55	height:37px;
14	}	56	width:990px;
15	#friend-link{	57	}
16	width:990px;	58	
17	margin:0 auto;	59	.nav ul {
18	clear:both;	60	width:815px;
19	}	61	float:left;
20	#footer {	62	z-index: 999;
21	width:990px;	63	}
22	margin:0 auto;	64	
23	height:30px;	65	#mycart {
24	padding:10px 0;	66	float:right;
25	}	67	z-index:1;
26	.clear { clear:both; }	68	margin:5px 10px 0 0;
27	.topmenu {	69	width:127px;
28	background:url(../images/08top_bar.png)	70	display:inline;
29	no-repeat;	71	background:
30	height:24px;	72	url(../images/08shoppingcar.jpg)
31	}	73	no-repeat;
32	.logo {	74	height:30px;
33	width:990px;	75	position:relative;
34	float:left;	76	padding-left:35px;
35	margin:5px 0px;	77	}
36	}	78	
37	#l_logo {	79	#service {
38	width:185px;	80	padding: 10px 20px;
39	height:58px;	81	margin-bottom: 10px;
40	float:left;	82	border: #e6e6e6 1px solid;
41	margin:12px;	83	overflow: hidden;
42	}	84	}

【任务2-1-2】规划与设计"易购网"帮助页面的布局结构

■ 任务描述

① 规划"易购网"帮助页面的结构，并绘制各组成部分的分布示意图。
② 编写"易购网"的帮助页面布局结构对应的HTML代码。
③ 定义"易购网"的帮助页面布局结构对应的CSS样式代码。

■ 任务实施

帮助页面结构的示意图如图2-4所示。

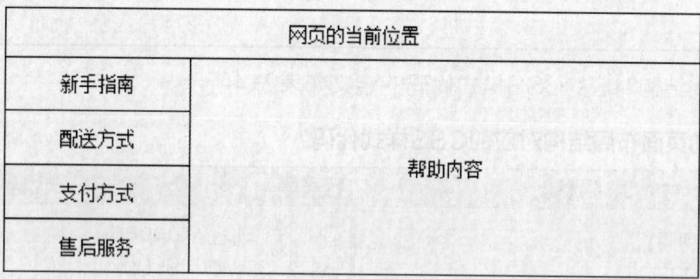

图2-4　帮助页面结构的示意图

帮助页面布局设计的示意图如图2-5所示，由图可以看出左侧宽度为230px，右侧宽度为750px，两者之间的间距为10px。

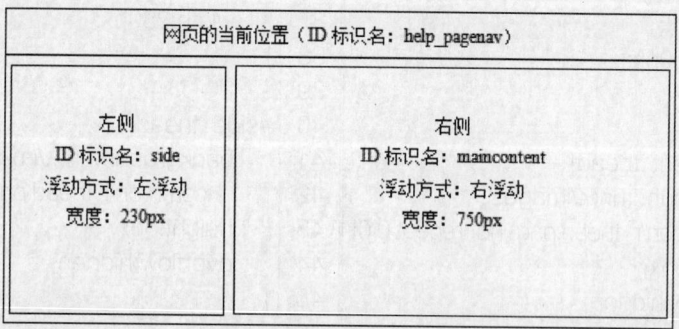

图2-5　帮助页面布局设计的示意图

帮助页面布局结构对应的HTML代码如表2-3所示，在网页文档0201.html中将<div id="content">页面的主体内容</div>替换为表2-3所示的HTML代码。

表2-3　帮助页面布局结构的HTML代码

行号	HTML代码
01	<div id="help_wrapper">
02	<div id="help_pagenav"> </div>
03	<div id="maincontent">
04	<div class="thead"> </div>
05	<div class="section"> </div>

行号	HTML代码
06	<div class="tfoot"> </div>
07	</div>
08	<div id="side">
09	<div class="thead"> </div>
10	<div class="help_info"> </div>
11	<div class="tfoot"> </div>
12	</div>
13	<div class="clear"></div>
14	</div>

帮助页面布局结构对应的CSS样式代码的定义如表2-4所示。

表2-4　帮助页面布局结构对应的CSS样式代码

行号	CSS代码	行号	CSS代码
01	#help_pagenav{	30	#help_wrapper{
02	text-align: left;	31	width:990px;
03	margin-bottom:10px;	32	margin: 10px auto;
04	margin-left: 15px;	33	}
05	}	34	
06		35	#side{
07	#maincontent{	36	float:left;
08	float:right;	37	width:230px;
09	width:750px;	38	}
10	}	39	
11		40	#side .thead{
12	#maincontent .thead{	41	background:url(../images/
13	background:url(../images/	42	common/l_thead.png) no-repeat 0 0;
14	common/r_thead.png) no-repeat 0 0;	43	height:5px;
15	height:5px;	44	overflow:hidden;
16	overflow:hidden;	45	}
17	}	46	
18		47	#side .tfoot{
19	#maincontent .tfoot{	48	background:url(../images
20	background:url(../images/	49	common/l_tfoot.png) no-repeat 0 0;
21	common/r_tfoot.png) no-repeat 0 0;	50	height:5px;
22	height:5px;	51	overflow:hidden;
23	overflow:hidden;	52	}
24	}	53	
25	#maincontent .section{	54	#side .help_info {
26	border-left:1px solid #ccc;	55	border-left:1px solid #ccc;
27	border-right:1px solid #ccc;	56	border-right:1px solid #ccc;
28	padding:2px 10px;	57	padding:5px 4px;
29	}	58	}

【任务2-1-3】在网页中添加与编辑列表

■ 任务描述

① 新建一个网页020101.html，在该网页中输入多行文字，且设置其格式。
② 将网页中"新手指南"的相关内容设置为项目列表。
③ 将网页中"配送方式"的相关内容设置为定义列表。
网页020101.html的浏览效果如图2-6所示。

■ 任务实施

1. 创建网页文档且进行保存

创建网页文档020101.html，且保存到文件夹"0201"中。

2. 在网页020101.html中输入文本且进行编辑

在网页020101.html中输入图2-7所示的多行文本，每一行都按【Enter】键换行。

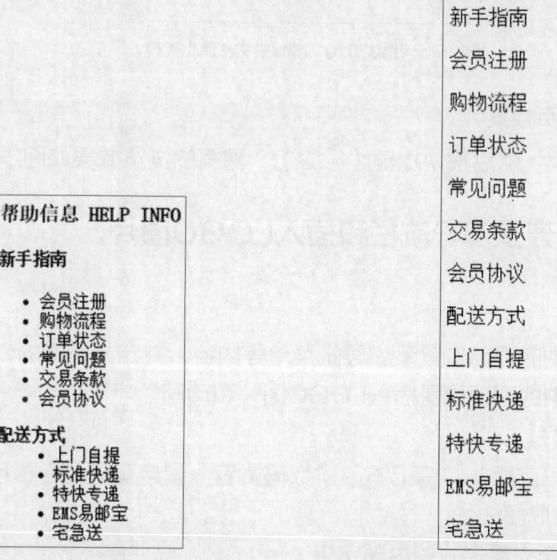

图2-6　网页020101.html的浏览效果　　　图2-7　网页020101.html中的文本

3. 设置文本格式

选择网页020101.html中的第1行文字"帮助信息 HELP INFO"，将其设置为"标题3"；然后将第2行文字"新手指南"设置为"标题4"。

4. 设置项目列表

选中网页中的第3行"会员注册"至第8行"会员协议"的文字，选择菜单命令【格式】→【列表】→【项目列表】，如图2-8所示，将所选中的文本设置为项目列表。

选中网页中的第10行"上门自提"至第14行"宅急送"的文字，单击【属性】面板中的【项目列表】按钮，将所选中的文本设置为项目列表。

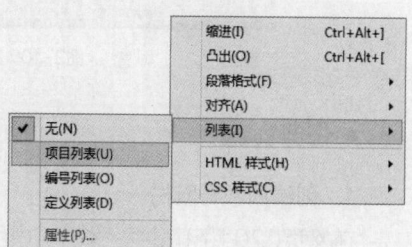

图2-8　插入"列表"的菜单

5. 设置定义列表

单击【文档】工具栏中的【代码】按钮，切换到网页的【代码】视图，通过输入代码的方式设置定义列表。

项目列表和定义列表设置完成后的代码如图2-9所示。

```
<h3>帮助信息 HELP INFO</h3>
<h4>新手指南</h4>
<ul>
    <li>会员注册</li>
    <li>购物流程</li>
    <li>订单状态</li>
    <li>常见问题</li>
    <li>交易条款</li>
    <li>会员协议</li>
</ul>
<dl>
    <dt><strong>配送方式</strong></dt>
    <dd>
        <li>上门自提</li>
        <li>标准快递</li>
        <li>特快专递</li>
        <li>EMS易邮宝</li>
        <li>宅急送</li>
    </dd>
</dl>
```

图2-9　网页020101.html中的HTML代码

6. 保存网页与浏览网页效果

保存网页020101.html，然后按快捷键【F12】，网页的浏览效果如图2-6所示。

【任务2-1-4】创建顶部导航栏和插入LOGO图片

■ 任务描述

① 在网页0201.html中的顶部位置添加导航菜单等内容，并定义所需的CSS样式。

② 在网页0201.html中的顶部位置插入LOGO图片和动画。

③ 创建顶部下拉导航栏。

顶部下拉导航栏包括"首页""笔记本""数码影音""电玩产品""手机通信""硬件外设"和"办公设备"7个组成部分。

④ 设置顶部导航栏各个文本形式的内部链接。

顶部横向导航栏和LOGO图片的浏览效果如图2-10所示。

图2-10　顶部横向导航栏和LOGO图片的浏览效果

■ 任务实施

1. 创建顶部导航栏

在网页0201.html中"<div class="topmenu">"与"</div>"之间添加表2-5所示的HTML代码，对应的CSS代码如表2-6所示。

表2-5　网页0201.html中"<div class="topmenu">"与"</div>"之间添加的HTML代码

序号	HTML代码
01	<div class="welcome">您好，欢迎光临易购网！【请登录】【免费注册】</div>
02	<ul class="menu">
03	<li class="drop">我的易购 </li>
04	</ul>
05	<ul class="menur">
06	<li>收藏夹</li>
07	<li>购物车</li>
08	<li>帮助中心</li>
09	<li>客户留言</li>
10	<li>设为首页</li>
11	<li>收藏易购</li>
12	</ul>

表2-6　网页0201.html顶部导航栏对应的CSS代码

序号	CSS代码	序号	CSS代码
01	.menu {	28	.welcome {
02	float: left;	29	float: left;
03	width: 100px;	30	width: 320px;
04	line-height: 22px;	31	padding-left: 50px;
05	position: relative;	32	line-height: 24px;
06	}	33	}
07		34	
08	.menu li {	35	.menu li.drop a:hover {
09	margin: 1px 8px 0;	36	text-decoration: none;
10	display: inline;	37	}
11	width: 60px;	38	
12	text-align: center;	39	.menur {
13	padding-top: 1px;	40	float: left;
14	height: 22px;	41	width: 500px;
15	float: left;	42	line-height: 22px;
16	}	43	position: relative;
17		44	z-index: 666;
18	.menu li.drop {	45	}
19	background: url(../images/	46	.menur li {
20	common/putdown.png)	47	margin: 1px 8px 0;
21	no-repeat 68px center;	48	display: inline;
22	width: 85px;	49	float: left;
23	text-decoration: none;	50	}
24	text-align: left;	51	width: 60px;
25	text-indent: 6px;	52	text-align: center;
26	padding-left: 1px;	53	padding-top: 1px;
27	}	54	height: 22px;

2. 插入LOGO图片与动画

在网页0201.html中"<div class="logo">"与"</div>"之间添加表2-7所示的HTML代码，播放Flash动画对应的JavaScript代码，如表2-8所示。

表2-7 网页0201.html中LOGO图片与动画对应的HTML代码

序号	HTML代码
01	<div class="logo">
02	<div id="l_logo"><a href="#" target="_blank"><img src="images/logo.jpg" width="183"
03	height="57" alt="LOGO" /></a>
04	</div>
05	<div id="r_flash">
06	<script type="text/JavaScript">swf('flash/02.swf' , '764' , '82');</script></div>
07	</div>

表2-8 网页0201.html中播放Flash动画对应的JavaScript代码

序号	JavaScript代码
01	function swf(f,w,h) {
02	document.write('<object classid="clsid:D27CDB6E-AE6D-11cf-96B8-444553540000"
03	codebase="http://download.macromedia.com/pub/shockwave/cabs/flash/swflash.
04	cab#version=9,0,28,0" width="'+w+'" height="'+h+'"> ');
05	document.write('<param name="movie" value="'+f+'">');
06	document.write('<param name="quality" value="high"> ');
07	document.write('<param name="wmode" value="transparent"> ');
08	document.write('<param name="menu" value="false"> ');
09	document.write('<embed src="'+f+'" quality="high"
10	pluginspage="http://www.macromedia.com/go/getflashplayer" type="application/x-shockwave-
11	flash" width="'+w+'" height="'+h+'"></embed> ');
12	document.write('</object> ');
13	}

3. 创建顶部下拉导航栏

在网页文档0201.html中"<div class="nav">"与"</div>"之间输入以下HTML代码。

```
<ul>
    <li> 首页 </li>
    <li> 笔记本 </li>
    <li> 数码影音 </li>
    <li> 电玩产品 </li>
    <li> 手机通信 </li>
    <li> 硬件外设 </li>
    <li> 办公设备 </li>
</ul>
```

顶部下拉导航栏相关的CSS样式定义如表2-9所示。

表2-9 网页0201.html中顶部下拉导航栏相关的CSS样式代码

行号	CSS代码	行号	CSS代码
01	a {	16	.nav ul {
02	text-decoration: none;	17	width:815px;
03	color:#333;	18	float:left;
04	}	19	}
05	a:hover {	20	
06	text-decoration: underline;	21	.nav li {
07	color:#c00;	22	float:left;
08	}	23	position:relative;
09	.nav {	24	z-index:1;
10	float:left;	25	min-width:65px;
11	background:url(../images/03navbg.png)	26	display:inline;
12	no-repeat;	27	text-indent:13px;
13	height:37px;	28	margin:0 5px 0 0;
14	width:990px;	29	}
15	}	30	

4. 创建文本形式的内部链接

（1）使用【指向文件】按钮创建超链接

在网页文档0201.html中选中要创建超链接的文字"首页"，在【属性】面板中"链接"文本框的右侧单击【指向文件】按钮，如图2-11所示，按住鼠标左键拖动，且指向【文件】面板中文件夹"page"的网页文件default.html，即可创建一个超链接。

> **说 明** 这里先临时创建一个网站首页default.html，以及所需的链接网页。

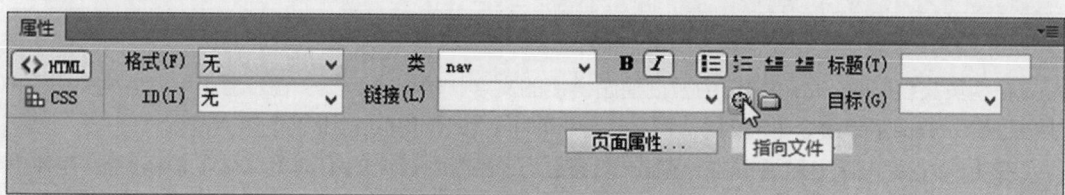

图2-11 【属性】面板中的【指向文件】按钮

（2）使用【属性】面板定义超链接

在网页文档0201.html中选中要创建超链接的文字"笔记本"，然后在【属性】面板中"链接"文本框的右侧单击【浏览文件】按钮，弹出【选择文件】对话框，在该对话框中选择文件夹"page"中的网页文档goods01.html，如图2-12所示，然后单击【确定】按钮关闭该对话框。在【属性】面板的"标题"文件框中输入"笔记本电脑"，在"目标"下拉列表框中选择"_blank"，超链接定义完成，如图2-13所示。

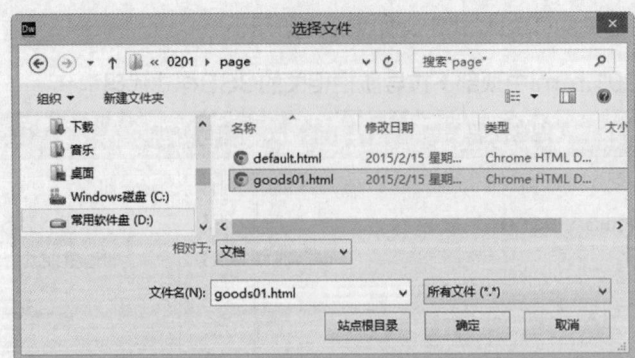

图2-12　在【选择文件】对话框中选择链接的文件

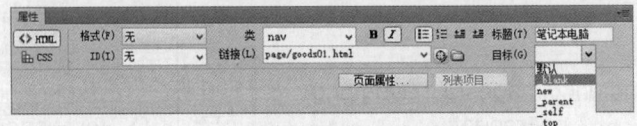

图2-13　在【属性】面板中定义超链接

提　示　【属性】面板中的"目标"下拉列表框中有6个选项可供选择，各个列表选项的含义如表2-10所示。

表2-10　超链接的打开方式及其含义

超链接的打开方式	链接网页的打开窗口或位置
_blank、new	在一个新的未命名的浏览器窗口中打开链接的网页
_parent	如果是嵌套的框架，在父框架或窗口中打开；如果不是嵌套的框架，则等同于_top，链接的网页在浏览器窗口中打开
_self	在当前网页所在的窗口或框架中打开链接的网页，该选项是浏览器的默认值
_top	在浏览器窗口中打开链接的网页

（3）使用菜单命令和对话框定义超链接

在网页文档0201.html中选中要创建超链接的文字"数码影音"，在Dreamweaver CC的主界面中，选择菜单命令【插入】→【Hyperlink】，弹出【Hyperlink】对话框。

在【Hyperlink】对话框中，单击"链接"列表框中右边的【浏览文件】按钮，在弹出的【选择文件】对话框中选择文件夹"page"中的网页文档"goods02.html"，如图2-14所示。然后单击【确定】按钮，关闭该对话框。

在【Hyperlink】对话框的"目标"下拉列表框中选择"_blank"选项，在"标题"文本框中输入文字"数码影音"，如图2-15所示。

超链接的参数设置完成后，单击【确定】按钮即可。

（4）创建空地址链接

空地址链接就是没有具体链接对象的超链接，空地址链接的URL用"#"表示。

在网页文档0201.html中选中要创建超链接的文字"电玩产品"，然后在【属性】面板的"链接"文本框中输入半角字符"#"，即可创建空地址链接。

图2-14　在【选择文件】对话框中选择所链接的网页文档

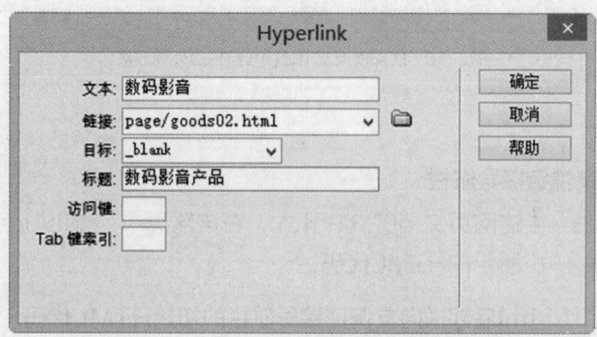

图2-15　在【Hyperlink】对话框中设置链接参数

按照同样的方法为网页文档0201.html中的顶部导航文字"手机通信""硬件外设""办公设备"创建空地址链接。

5. 查看顶部下拉导航栏的HTML代码

切换到网页文档0201.html的【代码】视图，顶部下拉导航栏的HTML代码如表2-11所示。

表2-11　网页0201.html顶部下拉导航栏的HTML代码

序号	HTML代码
01	\<div class="nav">
02	\<ul>
03	\<li>\<a href="page/default.html">首页\</a>\</li>
04	\<li>\<a href="page/goods01.html" title="笔记本电脑" target="_blank">笔记本\</a>\</li>
05	\<li>\<a href="page/goods02.html" title="数码影音" target="_blank">数码影音\</a>\</li>
06	\<li>\<a href="#">电玩产品\</a>\</li>
07	\<li>\<a href="#">手机通信\</a>\</li>
08	\<li>\<a href="#">硬件外设\</a>\</li>
09	\<li>\<a href="#">办公设备\</a>\</li>
10	\</ul>
11	\</div>

6. 保存网页与浏览网页效果

保存网页0201.html，然后按快捷键【F12】浏览该网页，顶部横向导航栏的浏览效果如图2-10所示。

【任务2-1-5】创建底部横向友情链接导航栏

■ 任务描述

① 创建底部横向友情链接导航栏。

底部横向友情链接导航栏包括"淘宝网""当当网""京东商城""1号店""好买网""一比二购""太平洋电脑网""金蛋商城""绿森数码""乐购网""一瞬数码""品牌家电网""QQ商城""苏宁易购"这14个超链接。

② 设置底部横向友情链接导航栏各个文本形式的外部链接。

底部横向友情链接导航栏的外观效果如图2-16所示。

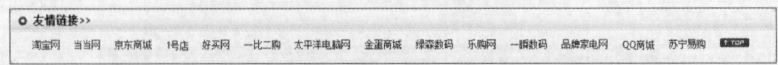

图2-16　底部横向友情链接导航栏的外观效果

■ 任务实施

1. 创建底部横向友情链接导航栏

打开文件夹"0201"中的网页文档0201.html，在该网页中"<div id="friend-link">"与"</div>"之间输入表2-12所示的HTML代码。

表2-12　网页0201.html底部横向友情链接导航栏的初始HTML代码

序号	HTML代码
01	<div class="thead">友情链接>></div>
02	<ul class="tbody">
03	<li>淘宝网</li>
04	<li>当当网</li>
05	<li>京东商城</li>
06	……
07	<li>苏宁易购</li>
08	<li><img src="images/btn_top.gif" alt="返回顶部"/></li>
09	</ul>
10	<div class="tfoot"></div>

底部横向友情链接导航栏中对应的CSS样式定义如表2-13所示。

表2-13　网页0201.html中底部横向友情链接导航栏对应的CSS样式代码

行号	CSS代码	行号	CSS代码
01	#friend-link .thead{	10	#friend-link .tbody{
02	background:url(../images/link_thead.gif) 0 0;	11	border-left: 1px #ccc solid;
03	font-size:14px;	12	border-right:1px #ccc solid;
04	font-weight:bold;	13	overflow:hidden;
05	height:28px;	14	padding:5px 8px;
06	line-height:28px;	15	width:972px;
07	padding-left:30px;	16	}
08	}	17	#friend-link .tbody li{
09		18	float:left;

续表

行号	CSS代码	行号	CSS代码
19	margin-right:18px;	26	background:
20	line-height:26px;	27	url(../images/link_tfoot.gif) 0 0;
21	display:inline;	28	height:5px;
22	font-family:"Trebuchet MS";	29	line-height:5px;
23	white-space: nowrap;	30	overflow:hidden;
24	}	31	clear:both;
25	#friend-link .tfoot{	32	}

2. 创建文本形式的外部链接

在网页文档0201.html中选中要创建外部链接的文字"淘宝网",在【属性】面板的"链接"文本框中输入外部链接的绝对路径"http://www.taobao.com/",在"标题"文本框中输入文字"淘宝网"。

外部链接的绝对路径输入完成之后,【属性】面板中的"目标"下拉列表框即变为可选状态,共有6个选项可供选择,这里选择"_blank",设置完成,如图2-17所示。

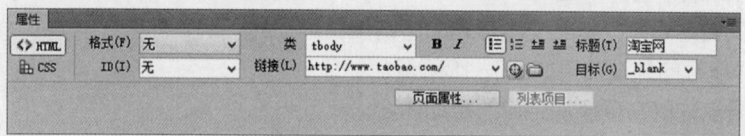

图2-17 在【属性】面板中设置外部链接及其目标

按照同样的方法为"当当网""京东商城""1号店""好买网""一比二购""太平洋电脑网""金蛋商城""绿森数码""乐购网""一瞬数码""品牌家电网""QQ商城""苏宁易购"等文本设置外部超链接。

3. 查看底部横向友情链接导航栏的HTML代码

切换到网页文档0201.html的【代码】视图,底部横向友情链接导航栏的HTML代码如表2-14所示。

表2-14 网页0201.html底部横向友情链接导航栏的HTML代码

序号	HTML代码
01	<div id="friend-link">
02	<div class="thead">友情链接>></div>
03	<ul class="tbody">
04	<li style="margin-left:20px"><a href="http://www.taobao.com/" target="_blank"
05	title="淘宝网">淘宝网</a></li>
06	<li><a href="http://home.dangdang.com/" target="_blank"
07	title="当当网">当当网</a></li>
08	<li><a href="http://www.360buy.com/" target="_blank"
09	title="京东商城">京东商城</a></li>
10	……
11	<li><a href="http://www.suning.cn/" target="_blank"
12	title="苏宁易购">苏宁易购</a></li>
13	<li style="margin-top:5px"><img src="images/btn_top.gif" alt="返回顶部"/></li>

序号	HTML代码
14	`</ul>`
15	`<div class="tfoot"></div>`
16	`</div>`

4. 保存网页与浏览网页效果

保存网页0201.html，然后按快捷键【F12】，底部横向友情链接导航栏的浏览效果如图2-16所示。

【任务2-1-6】创建左侧帮助导航栏与添加相应的帮助内容

■ 任务描述

① 创建左侧帮助导航栏。

左侧帮助导航栏主要包括"新手指南""配送方式""支付方式"和"售后服务"4个组成部分，每个部分又细分为多个选项。

② 设置左侧帮助导航栏各个文本形式的超链接。

左侧帮助导航栏的外观效果如图2-18所示。

③ 在帮助导航栏的右侧添加相应的帮助内容。

其外观效果如图2-19所示。

图2-18　左侧帮助导航栏的外观效果

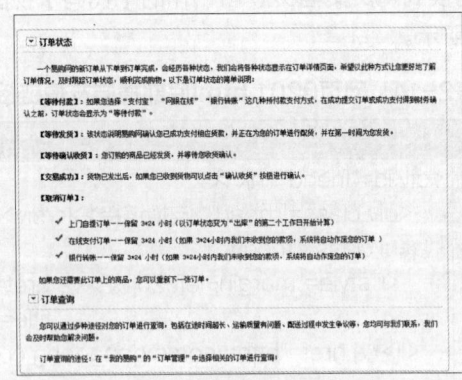

图2-19　右侧帮助内容的外观效果

■ 任务实施

1. 创建左侧帮助导航栏

打开文件夹"0201"中的网页文档0201.html，在该网页中"`<div id="side">`"与"`</div>`"之间输入表2-15所示的HTML代码。

表2-15　网页0201.html左侧帮助导航栏的初始HTML代码

序号	HTML代码
01	`<div class="thead"></div>`
02	`<div class="help_info">`
03	`<h3><img src="images/dot.gif" width="22" height="20" alt="图片2"`
04	`align="left"  hspace="5" vspace="2" />帮助导航<span> HELP INFO </span></h3>`
05	`<ul>`
06	`<li>`
07	`<h4>新手指南</h4>`
08	`<ul>`
09	`<li>会员注册</li>`
10	`<li>购物流程</li>`
11	`<li>订单状态</li>`
12	`<li>常见问题</li>`
13	`<li>交易条款</li>`
14	`<li>会员协议</li>`
15	`</ul>`
16	`</li>`
17	`<li>`
18	`<h4>配送方式</h4>`
19	`<ul>`
20	`<li>上门自提</li>`
21	`<li>标准快递</li>`
22	`<li>特快专递</li>`
23	`<li>EMS易邮宝</li>`
24	`<li>宅急送</li>`
25	`</ul>`
26	`</li>`
27	`<li>`
28	`<h4>支付方式</h4>`
29	`<ul>`
30	`<li>支付宝</li>`
31	`<li>网银在线</li>`
32	`<li>银行转账</li>`
33	`<li>货到付款</li>`
34	`<li>财付通</li>`
35	`</ul>`
36	`</li>`
37	`<li>`
38	`<h4>售后服务</h4>`
39	`<ul>`
40	`<li>退货、换货政策</li>`
41	`<li>保修条款</li>`
42	`</ul>`
43	`</li>`
44	`</ul>`
45	`</div>`
46	`<div class="tfoot"></div>`

左侧帮助导航栏对应的CSS样式定义如表2-16所示。

表2-16　网页0201.html中左侧帮助导航栏对应的CSS样式代码

行号	CSS代码	行号	CSS代码
01	#side .help_info h3{	22	#side .help_info li h4{
02	font-size:14px;	23	background:
03	font-weight:bold;	24	url(../images/titlebg.png)
04	height:30px;	25	no-repeat 0 0;
05	line-height:30px;	26	height:24px;
06	}	27	line-height:24px;
07		28	color:#fff;
08	#side .help_info h3 span{	29	padding-left:5px;
09	text-transform:uppercase;	30	}
10	font-size:10px;	31	
11	color:#999;	32	#side .help_info li ul{
12	font-weight:normal;	33	margin-left:8px;
13	}	34	padding:4px 0;
14		35	}
15	#side .help_info ul{	36	#side .help_info li li{
16	list-style:none;	37	background: url(../images/list.png)
17	}	38	no-repeat left center;
18		39	padding:3px 0 3px 15px;
19	#side .help_info li{	40	height:15px;
20	padding-bottom:4px;	41	line-height:15px;
21	}	42	}

2．创建文本形式的超链接

（1）使用【指向文件】按钮⊕创建超链接

在网页文档0201.html中选中要创建超链接的文字"会员注册"，在【属性】面板中"链接"文本框的右侧单击【指向文件】按钮⊕，按住鼠标左键拖动，且【指向文件】面板中文件夹"page"的网页文件servicelist-01.html，即可创建一个超链接。

（2）使用【属性】面板定义超链接

在网页文档0201.html中选中要创建超链接的文字"购物流程"，然后在【属性】面板中"链接"文本框的右侧单击【浏览文件】按钮📁，弹出【选择文件】对话框，在该对话框中选择文件夹"page"中的网页文档servicelist-02.html，然后单击【确定】按钮关闭该对话框，即可创建一个超链接。

（3）使用菜单命令和对话框定义超链接

在网页文档0201.html中选中要创建超链接的文字"订单状态"，在Dreamweaver CC的主界面中，选择菜单命令【插入】→【Hyperlink】，弹出【Hyperlink】对话框。

在【Hyperlink】对话框中，单击"链接"列表框中右边的【浏览文件】按钮📁，在弹出的【选择文件】对话框中选择文件夹"page"中的网页文档"servicelist-03.html"，然后单击【确定】按钮关闭该对话框，返回【Hyperlink】对话框。

在【Hyperlink】对话框中直接单击【确定】按钮即可创建一个超链接。使用类似的方法创建另外15个超链接。

3. 查看左侧帮助导航栏的HTML代码

切换到网页文档0201.html的【代码】视图，左侧帮助导航栏的部分HTML代码如表2-17所示。

表2-17　网页0201.html左侧帮助导航栏的部分HTML代码

序号	HTML代码
01	\<div id="side">
02	\<div class="thead">\</div>
03	\<div class="help_info">
04	\<h3>\<img src="images/dot.gif" width="22" height="20" alt="图片2" align="left"
05	hspace="5" vspace="2" />帮助导航\<span>help info\</span>\</h3>
06	\<ul>
07	\<li>
08	\<h4>新手指南\</h4>
09	\<ul>
10	\<li>\<a href="page/servicelist-01.html">会员注册\</a>\</li>
11	\<li>\<a href="page/servicelist-02.html">购物流程\</a>\</li>
12	\<li>\<a href="page/servicelist-03.html">订单状态\</a>\</li>
13	\<li>\<a href="page/servicelist-04.html">常见问题\</a>\</li>
14	\<li>\<a href="page/servicelist-05.html">交易条款\</a>\</li>
15	\<li>\<a href="page/servicelist-06.html">会员协议\</a>\</li>
16	\</ul>
17	\</li>
18	……
19	\</ul>
20	\</div>
21	\<div class="tfoot">\</div>
22	\</div>

4. 添加的帮助内容

在网页0201.html中帮助导航栏的右侧添加相应的帮助内容，对应的HTML代码如表2-18所示。

表2-18　网页0201.html中帮助内容对应的HTML代码

序号	HTML代码
01	\<div id="maincontent">
02	\<div class="thead">\</div>
03	\<div class="section">
04	\<h3>\<img src="images/common/nav_putdown.png" width="8" height="5" alt="图片3"
05	align="left" hspace="5" vspace="6" />订单状态\</h3>
06	\<p>一个易购网的新订单从下单到订单完成，会经历各种状态，我们会将各种状态显示
07	在订单详情页面，希望以此种方式让您更好地了解订单情况，及时跟踪订单状态，顺利完成购
08	物。以下是订单状态的简单说明：\</p>
09	\<p>\<strong>【等待付款】：\</strong>如果您选择“支付宝” “
10	网银在线” “银行转账”这几种预付款支付方式，在成功提交订单或成功支付
11	得到财务确认之前，订单状态会显示为“等待付款”。\</p>

序号	HTML代码
12	`<p><strong>【等待发货】：</strong>`该状态说明易购网确认您已成功支付相应货
13	款，并正在为您的订单进行配货，并在第一时间为您发货。`</p>`
14	`<p><strong>【等待确认收货】：</strong>`您订购的商品已经发货，并等待您收货确认。`</p>`
15	`<p><strong>【交易成功】：</strong>`货物已发出后，如果您已收到货物可以单击
16	“确认收货”按钮进行确认。`</p>`
17	`<p><strong>【取消订单】：</strong></p>`
18	`<ul>`
19	`<li>`上门自提订单——保留 3*24 小时（以订单状态变为“出
20	库”的第二个工作日开始计算）`</li>`
21	`<li>`在线支付订单——保留 3*24 小时（如果 3*24小时内我们未收
22	到您的款项，系统将自动作废您的订单 ）`</li>`
23	`<li>`银行转账——保留 3*24 小时（如果 3*24小时内我们未收到您
24	的款项，系统将自动作废您的订单）`</li>`
25	`</ul>`
26	`<p>`如果您还需要此订单上的商品，您可以重新下一张订单。`</p>`
27	`<h3><img src="images/common/nav_putdown.png" width="8" height="5" alt="图片`
28	`3" align="left" hspace="5" vspace="6" />`订单查询`</h3>`
29	`<p>`您可以通过多种途径对您的订单进行查询，包括在途时间超长、运输质量有问题、配
30	送过程中发生争议等，您均可与我们联系，我们会及时帮助您解决问题。`</p>`
31	`<p>`订单查询的途径：在“我的易购”的“订单管理”中选择相
32	关的订单进行查询；`</p>`
33	`</div>`
34	`<div class="tfoot"></div>`
35	`</div>`

网页0201.html中帮助内容对应的CSS代码如表2-19所示。

表2-19　网页对应的CSS代码

序号	CSS代码	序号	CSS代码
01	`#maincontent .section{`	12	`font-weight:bold;`
02	`border-left:1px solid #ccc;`	13	`height:31px;`
03	`border-right:1px solid #ccc;`	14	`line-height:30px;`
04	`padding:2px 10px;`	15	`}`
05	`}`	16	
06	`#maincontent .section h3{`	17	`#maincontent .section img{`
07	`border-bottom:1px dotted #ccc;`	18	`padding:4px;`
08	`margin-bottom:10px;`	19	`border:1px solid #ccc;`
09	`}`	20	`background:#fff;`
10	`#side .help_info h3,#maincontent .section h3{`	21	`}`
11	`font-size:14px;`	22	`#maincontent .section p{`

续表

序号	CSS代码	序号	CSS代码
23	line-height:1.7;	33	#maincontent .section ul li{
24	padding:8px 0;	34	list-style-type: decimal;
25	text-indent: 2em;	35	list-style-position: inside;
26	}	36	list-style-image:
27		37	url(../images/common/t.png);
28	#maincontent .section ul{	38	margin-left: 25px;
29	margin-top:10px;	39	margin-bottom: 3px;
30	margin-bottom:10px;	40	line-height: 1.7;
31	}	41	text-indent: 2em;
32		42	}

5. 保存网页与浏览网页效果

保存网页0201.html，然后按快捷键【F12】，左侧帮助导航栏的浏览效果如图2-18所示。右侧帮助内容的浏览效果如图2-19所示。

【任务2-1-7】创建底部帮助导航栏

■ 任务描述

① 创建包括底部帮助导航栏的网页help.html。

在站点文件夹"page"中创建包括底部帮助导航栏的网页help.html，横向排列的底部帮助导航栏主要包括"新手指南""配送方式""支付方式""售后服务"和"帮助信息"5个组成部分，每个部分纵向又细分为多个选项。

② 设置底部帮助导航栏各个文本形式的超链接。

底部帮助导航栏的外观效果如图2-20所示。

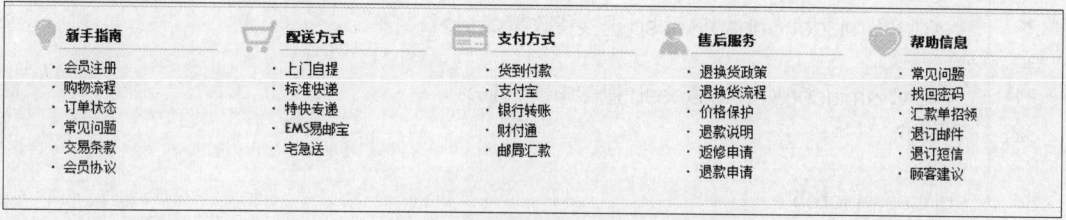

图2-20 底部帮助导航栏的外观效果

③ 在网页文档0201.html中，应用浮动框架<iframe> </iframe>嵌入网页help.html。

■ 任务实施

1. 创建包括底部帮助导航栏的网页help.html

创建网页help.html，在该网页的<body>与</body>之间输入如表2-20所示的初始HTML代码。

表2-20 网页help.html的HTML代码

序号	HTML代码
01	<div id="service">
02	<dl class="fore1">
03	<dt><b></b><strong>新手指南</strong></dt>
04	<dd>
05	<div>· 会员注册</div>
06	……
07	<div>· 会员协议</div>
08	</dd>
09	</dl>
10	<dl class="fore2">
11	<dt><b></b><strong>配送方式</strong></dt>
12	<dd>
13	<div>· 上门自提</div>
14	……
15	<div>· 宅急送</div>
16	</dd>
17	</dl>
18	<dl class="fore3">
19	<dt><b></b><strong>支付方式</strong></dt>
20	<dd>
21	<div>· 货到付款</div>
22	……
23	<div>· 邮局汇款</div>
24	</dd>
25	</dl>
26	<dl class="fore4">
27	<dt><b></b><strong>售后服务</strong></dt>
28	<dd>
29	<div>· 退换货政策</div>
30	……
31	<div>· 退款申请</div>
32	</dd>
33	</dl>
34	<dl class="fore5">
35	<dt><b></b><strong>帮助信息</strong></dt>
36	<dd>
37	<div>· 常见问题</div>
38	……
39	<div>· 顾客建议</div>
40	</dd>
41	</dl>
42	</div>

底部帮助导航栏对应的CSS样式定义如表2-21所示。

表2-21　网页0201.html中底部帮助导航栏对应的CSS样式代码

行号	CSS代码	行号	CSS代码
01	#service {	45	#service .fore1 dd {
02	padding: 10px 20px;	46	padding-left: 18px;
03	margin-bottom: 10px;	47	}
04	border: #e6e6e6 1px solid;	48	
05	overflow: hidden;	49	#service .fore2 b {
06	}	50	background-position: -30px -100px;
07		51	width: 37px;
08	#service dl {	52	}
09	padding-left: 20px;	53	
10	float: left;	54	#service .fore2 dd {
11	width: 168px;	55	padding-left: 30px;
12	}	56	}
13		57	
14	#service dt {	58	#service .fore3 b {
15	overflow: hidden;	59	background-position: -70px -100px;
16	}	60	width: 39px;
17		61	}
18	#service dd {	62	
19	padding: 5px 0px 10px;	63	#service .fore3 dd {
20	}	64	padding-left: 34px;
21		65	}
22	#service dt b {	66	
23	float: left;	67	#service .fore4 b {
24	background-image:	68	background-position: -110px -100px;
25	url(../images/03bg_shortcut.gif);	69	width: 31px;
26	margin-right: 6px;	70	}
27	background-repeat: no-repeat;	71	
28	height: 31px;	72	#service .fore4 dd {
29	}	73	padding-left: 27px;
30		74	}
31	#service dt strong {	75	
32	display: block;	76	#service .fore5 {
33	padding: 8px 0px 2px;	77	width: 180px;
34	border-bottom: #e5e5e5 1px solid;	78	}
35	}	79	
36		80	#service .fore5 h {
37	#service .fore1 {	81	background-position: -140px -100px;
38	padding-left: 10px;	82	width: 36px;
39	}	83	}
40		84	
41	#service .fore1 b {	85	#service .fore5 dd {
42	background-position: 0px -100px;	86	padding-left: 31px;
43	width: 25px;	87	overflow: hidden;
44	}	88	}

> **说 明** 这里需要先创建必要的样式文件，并在网页help.html中附加所需的样式文件。

2. 创建文本形式的超链接

选用合适的方法，创建各个文本形式的超链接。

3. 保存网页与浏览网页效果

保存网页help.html，然后按快捷键【F12】，底部帮助导航栏的浏览效果如图2-20所示。

4. 利用浮动框架在网页0201.html中嵌入网页help.html

打开文件夹"0201"中的网页文档0201.html，将光标置于网页中"<div class="w">"
与"</div>"之间，然后选择菜单命令【插入】→【IFRAME】，在网页中插入标签<iframe>
</iframe>，接着添加浮动框架的属性设置代码，嵌入网页help.html，HTML代码如下所示。

```
<iframe  src="page/help.html"  name="scrollimg"  width="100%"
    marginwidth="0"  height="185"  marginheight="0"  align="middle"
    scrolling="no"  frameborder="0"  id="pagehelp"
    allowtransparency="true"  application="true">用户帮助
</iframe>
```

【任务2-1-8】创建多种形式的超链接

■ 任务描述

在网页0201.html中顶部导航栏与帮助导航栏之间添加网页当前位置导航内容，然后创建以
下多种形式的超链接。
① 创建图片形式的超链接。
② 创建电子邮件链接。
③ 创建锚点链接。
④ 创建图像热点链接。
⑤ 检查链接的有效性和正确性。

■ 任务实施

1. 添加网页当前位置导航内容

在网页0201.html中顶部导航栏与帮助导航栏之间输入以下HTML代码，标识网页的当前位置。
`<div id="help_pagenav">帮助中心 &gt;&gt; 新手指南 &gt;&gt; 订单状态 </div>`
代码中的">"表示字符">"。

2. 创建图片形式的内部链接

打开文件夹"0201"中的网页文档0201.html，选中该网页中的图片"logo.jpg"。然
后在【属性】面板中，单击"链接"列表框中右边的【浏览文件】按钮 📁，在弹出的【选择文
件】对话框中选择文件夹"page"中的网页文档"default.html"，单击【确定】按钮返回
【属性】面板。接着，在【属性】面板的"目标"下拉列表框中选择"_blank"。最后保存设
置的图片链接。

3. 创建电子邮件链接

在网页中创建电子邮件链接，主要目的是便于网页访问者有意见或建议时直接单击E-mail链接发送邮件。电子邮件链接既可以建立在文字上，也可以直接建立在图像上。

① 选中网页文档0201.html中的顶部文字"客户留言"，在【属性】面板的"链接"文本框中输入"mailto:"和邮箱地址，即"mailto:abc2016@163.com"。

② 在邮箱地址的后面加上"?subject=对网站的意见与建议"，完整的语句为"mailto:abc2016@163.com?subject=对网站的意见与建议"。这样预览页面时，用户单击该电子邮件链接时弹出的发信窗口会显示现有的主题。

③ 保存创建的电子邮件链接。

 提 示 也可以先选中文字"客户留言"，然后选择菜单命令【插入】→【电子邮件链接】，打开【电子邮件链接】对话框，在该对话框的"文本"文本框中输入文字"客户留言"，在"电子邮件"文本框中输入

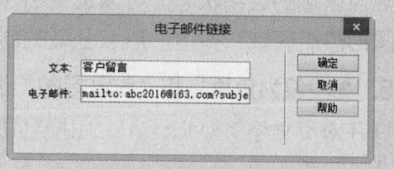

图2-21 【电子邮件链接】对话框

"mailto:abc2016@163.com?subject=对网站的意见与建议"，如图2-21所示，最后单击【确定】按钮即可。

4. 创建图像热点链接

将同一个图像的不同部分链接到不同的网页文档，这就需要用到热点链接。要使图像特定部分成为超链接，就需要在图像中设置"热点区域"，再创建链接，这样当光标移到图像热点区域时会变成手的形状，当单击鼠标左键时，便会跳转到特定位置或者打开链接的网页。在一幅尺寸较大的图像中，可以同时创建多个热点，热点的形状可以是矩形、圆形或多边形。

（1）选中绘制热点区域的图像

打开文件夹"0201"中的网页文档0201.html，选中该网页中的LOGO图像"logo.jpg"。

（2）绘制矩形热点区域

在图像的【属性】面板中单击【矩形热点工具】按钮□，此时鼠标指针变成"＋"形状，然后将鼠标指针移到图像"logo.jpg"的左上角位置，按住鼠标左键拖曳绘制一个矩形，当矩形的大小合适时释放鼠标左键，这样一个矩形的热点区域便绘制完成，且用透明的蓝色矩形显示指定图像的热点区域。此时会自动弹出图2-22所示的提示信息对话框，在该对话框中单击【确定】按钮即可。

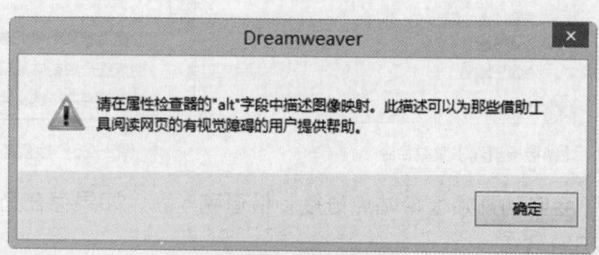

图2-22 提示信息对话框

在"热点"的属性面板中，单击"链接"文本框中右边的【浏览文件】按钮📁，在弹出的【选择文件】对话框中选择文件夹"page"中的网页文档"default.html"，单击【确定】按钮

返回【属性】面板，在"目标"列表框中选择"_self"，在"替换"列表框中输入"易购网"，且按【Enter】键结束输入，如图2-23所示。

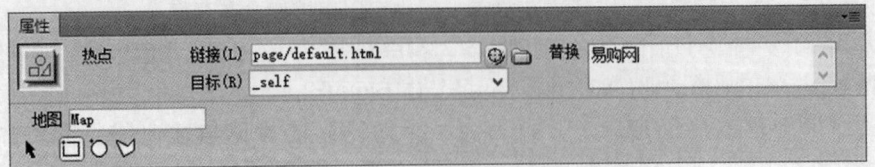

图2-23 在矩形热点的【属性】面板中设置链接属性

一个热点区域创建完成后，单击"热点"的【属性】面板左下角的【指针热点工具】按钮，结束热点区域的绘制状态。可以选中热点区域，对其大小和位置进行适当的调整。

圆形热点区域和多边形热点区域的创建方法与矩形热点区域相似，在此不再赘述。

5. 为"设为首页"和"收藏易购"设置链接

打开网页文档0201.html，切换到【代码】视图，文字"设为首页"对应的HTML代码如下所示。

```
<a onclick="this.style.behavior='url(#default#homepage)';
this.setHomePage('http://www.ego.com/');" href="JavaScript:;">设为首页</a>
```

文字"收藏易购"对应的HTML代码如下所示。

```
<a onclick="window.external.AddFavorite('http://www.ego.com/','易购网');
return false" href="JavaScript:;">收藏易购</a>
```

6. 检查链接

当网页的超链接创建完成后，应该对链接进行检查与测试，利用"链接检查器"可以检查网站中的链接，其检查过程如下。

① 在Dreamweaver CC主窗口中，选择菜单命令【窗口】→【结果】→【链接检查器】，如图2-24所示。打开【结果】面板，且自动切换到"链接检查器"选项卡。

② 在"链接检查器"选项卡中，单击左上角的绿色箭头，弹出图2-25所示的下拉菜单，在该菜单中选择菜单选项"检查当前文档中的链接"。

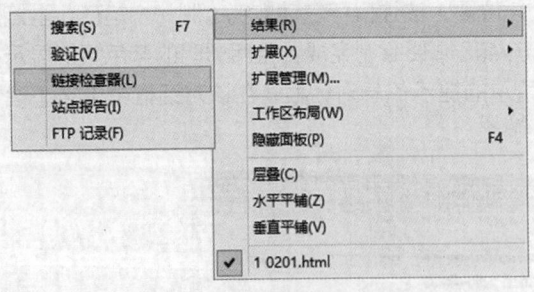

图2-24 【链接检查器】菜单命令

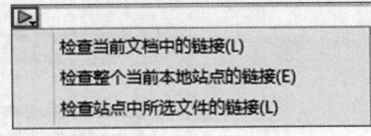

图2-25 检查链接的下拉菜单

③ "链接检查器"会自动开始检查站点链接，检查完毕后，如果存在无效链接，便会显示在该对话框中，如图2-26所示。

对无效链接进行修改后，重新检查链接，直至消去无效链接。

④ 显示"外部链接"。在"链接检查器"选项卡的"显示"列表框中选择列表项"外部链接"，如图2-27所示，可以显示当前网页文档中的所有外部链接，如图2-28所示。

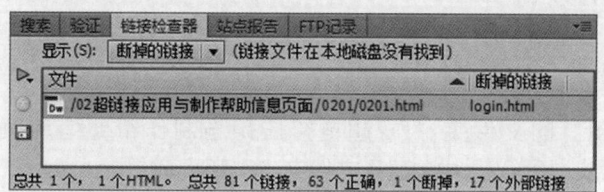

图2-26　在"链接检查器"选项卡中显示当前网页文档中断掉的链接

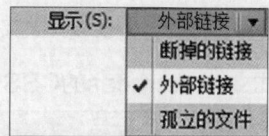

图2-27　在"显示"列表框中选择列表项"外部链接"

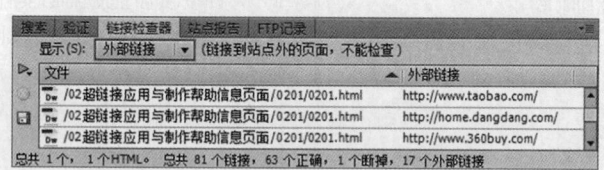

图2-28　在"链接检查器"选项卡中显示外部链接

7. 保存网页与浏览网页效果

保存网页0201.html，然后按快捷键【F12】浏览其效果，如图2-1所示，单击各个链接，观察其链接效果是否正确。

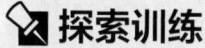 探索训练

任务2-2　制作触屏版帮助信息页面0202.html

■ 任务描述

制作触屏版帮助信息页面0202.html，其外观效果如图2-29所示。

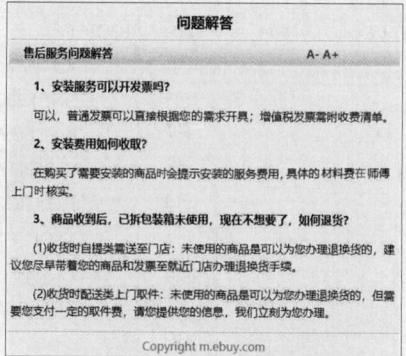

图2-29　触屏版帮助信息页面0202.html的浏览效果

■ 任务实施

1. 创建文件夹

在站点"易购网"的文件夹"02超链接应用与制作帮助信息页面"中创建文件夹"0202"，并在文件夹"0202"中创建子文件夹"CSS"和"image"，将所需的图片文件复制到"image"文件夹中。

2. 编写CSS代码

在文件夹"CSS"中创建样式文件main.css，并在该样式文件中编写样式代码，如表2-22所示。

表2-22　网页0202.html中样式文件main.css的CSS代码

序号	CSS代码	序号	CSS代码
01	.news-content {	35	#mainhtml {
02	overflow: hidden;	36	overflow: hidden;
03	padding: 0 12px;	37	background-color: #f9f8f8
04	}	38	}
05		39	
06	.news-content h1 {	40	#size {
07	color: #000;	41	float: right;
08	font-size: 20px;	42	font-size: 16px;
09	font-weight: 700;	43	width: 25%;
10	margin: 12px 0;	44	clear: both;
11	text-align: center	45	}
12	}	46	
13		47	#size a:link,#size a:visited {
14	#ydstart {	48	color: #666;
15	background: url(../images/bj_xlrd.png)	49	text-decoration: none;
16	repeat-x;	50	width: 20px;
17	background-size: auto 35px;	51	}
18	padding-left: 20px;	52	
19	line-height: 35px;	53	#size a:hover {
20	font-size: 16px;	54	text-decoration: none;
21	color: #000;	55	color: #999;
22	font-weight: bold;	56	border: 1px solid #666;
23	position: relative;	57	}
24	border-top: 1px solid #d6d6d6;	58	
25	border-bottom: 1px solid white;	59	footer {
26	}	60	border-top: 1px solid #d6d6d6;
27	#contentblock {	61	text-align: center;
28	font-size: 16px;	62	overflow: hidden;
29	line-height: 150%;	63	padding-top: 1px;
30	margin: 10px auto;	64	line-height: 35px;
31	text-align: left;	65	color: #9b9b9b;
32	width: 99%;	66	background-color:#f9f8f8;
33	text-indent: 2em;	67	font-size: 16px;
34	}	68	}

3. 创建网页文档0202.html与链接外部样式表

在文件夹"0202"中创建网页文档0202.html，切换到网页文档0202.html的【代码】视图，在标签"</head>"的前面输入链接外部样式表的代码，如下所示。

```
<link rel="stylesheet" type="text/css" href="css/main.css" />
```

4. 编写网页主体布局结构的HTML代码

网页0202.html主体布局结构的HTML代码如表2-23所示。

表2-23 网页0202.html主体布局结构的HTML代码

序号	HTML代码
01	<div id="mainhtml">
02	<section class="news-content"> </section>
03	<div id="ydstart"> </div>
04	<div id="contentblock"> </div>
05	</div>
06	<footer > </footer>

5. 输入HTML标签与文字

在网页文档0202.html中输入所需的HTML标签与文字，对应的HTML代码如表2-24所示。

表2-24 网页0202.html对应的HTML代码

序号	HTML代码
01	<div id="mainhtml">
02	<section class="news-content">
03	<h1>问题解答</h1>
04	</section>
05	<div id="ydstart">
06	<span>售后服务问题解答</span>
07	<div id="size">
08	<a href="#" onclick="document.getElementById('contentblock').style.fontSize='16px';">A-</a>
09	<a href="#" onclick="document.getElementById('contentblock').style.fontSize='24px';">A+</a>
10	</div>
11	</div>
12	<div id="contentblock">
13	<p><strong>1.安装服务可以开发票吗？</strong></p>
14	<p>可以，普通发票可以直接根据您的需求开具；增值税发票需附收费清单。</p>
15	<p><strong>2.安装费用如何收取？</strong></p>
16	<p>在购买了需要安装的商品时会提示安装的服务费用，材料费具体的师傅上门核实。</p>
17	<p><strong>3.商品收到后，已拆包装箱木使用，现在不想要了，如何退货？</strong></p>
18	<p>(1)收货时自提类需送至门店：未使用的商品是可以为您办理退换货的，建议您尽早
19	带着您的商品和发票至就近门店办理退换货手续。</p>
20	<p>(2)收货时配送类上门取件：未使用的商品是可以为您办理退换货的，但需要您支付
21	一定的取件费，请您提供您的信息，我们立刻为您办理。</p>
22	</div>
23	</div>
24	<footer >
25	Copyrightm.ebuy.com
26	</footer>

6. 保存与浏览网页

保存网页文档0202.html，在浏览器Google Chrome中的浏览效果如图2-29所示。

析疑解惑

【问题1】网页中的链接路径有哪几种表示方法？如何正确书写链接路径？

要保证能够顺利访问所链接的网页，链接路径必须书写正确。在一个网页中，链接路径通常有3种表示方法：绝对路径、文档目录相对路径、根目录相对路径。

（1）绝对路径

绝对路径是被链接文档的完整路径，包括使用的传输协议（对于浏览网页而言通常是http://），如"http://www.sina.com"即是一个绝对路径。绝对路径包含的是具体地址，如果目标文件被移动，则链接无效。

从当前浏览的网页链接到其他网站的网页时，必须使用绝对路径。

（2）文档目录相对路径

文档目录相对路径是指以当前文档所在位置为起点到被链接文档经由的路径，使用文档相对路径可省去当前文档和被链接文档的绝对路径中相同的部分，保留不同部分。

文档目录相对路径适合于网站的内部链接。只要是属于同一网站之下，即使不在同一个文件夹中，文档目录相对路径也是适合的。

如果要链接到同一文件夹中的网页文档，则只需输入要链接的文档名称；如果要链接到下一级文件夹中的网页文档，则先输入文件夹名称，然后加"/"，再输入网页名称；如果要链接到上一级文件夹中的网页文档，则先输入"../"，再输入文件夹名称和网页名称。

当使用文档目录相对路径时，如果在Dreamweaver CC中改变了某个网页文档的存放位置，则不需要手工修改链接路径，Dreamweaver CC会自动更改链接。

（3）站点根目录相对路径

站点根目录相对路径是指从站点根文件夹到被链接文档经由的路径。根目录相对路径也适用于创建内部链接，但大多数情况下，不使用这种路径形式。

【问题2】网页导航栏有何作用？列举几种常见的导航栏。

导航栏是网站中不可缺少的元素之一，它不仅是信息内容的基本分类，也是浏览者浏览网站的路标。浏览者进入网站，首先会寻找导航栏，然后根据导航菜单，直观地了解网站中包含了哪些分类信息及分类方式，以便判断是否需要进入网站内部，查找所需的资料。

导航栏是超链接的有序排列。导航栏的布局方式通常分为横向排列、纵向排列、弧形排列、浮动导航栏等多种形式。导航栏中超链接的载体可以为文字、图片、Flash动画、按钮等。导航栏也可做成弹出式菜单的形式。导航可以排列在页面的上方、左侧、右侧、底部，有的网站将导航栏置于页面的中部位置。

（1）横向导航栏

横向导航栏是指导航条目横向排列于网页顶端或接近顶端位置的导航栏，有的横向导航栏也位于页面的底部。对于信息结构复杂、导航菜单数多的网站，可以选择横向多排的导航栏。横向导航栏占用的页面空间小，可为页面节省出更多空间来放置网页内容。

（2）纵向导航栏

纵向导航栏是指导航条目纵向排列，且位于网页左侧或右侧的导航栏。纵向导航栏通常会占用网页的一列空间，页面下半部分的信息空间减少了，无法放下更多的内容在首页。

（3）浮动导航栏

浮动导航栏是指没有固定位置，浮动于网页内容之上的导航栏。其位置可以随意移动，给用户带来了极大的方便。

（4）下拉菜单式导航栏

下拉菜单式导航栏，与Dreamweaver CC主界面中的下拉菜单相似，由若干个显示在窗口顶部的主菜单和各个菜单项下面的子菜单组成，每个子菜单还包括几个子菜单项。当鼠标指针指向或单击主菜单项时，就会自动弹出一个下拉菜单；当鼠标指针离开主菜单项时，下拉菜单则隐藏起来，回到只显示主菜单栏的状态。这种形式的导航栏分类具体，使用方便，占用的屏幕空间小，所以很多网页都开始使用这种形式的导航栏。

单元小结

一个网站通过各种形式的超链接将各个网页联系起来，形成一个整体，这样浏览者可以通过单击网页中的超链接找到自己所需的网页和信息。本单元主要介绍了导航栏、外部链接、文本形式的内部链接、图片形式的内部链接、电子邮件链接、空地址链接和图像热点链接的创建方法。

单元习题

（1）如果要为一段文字添加一个电子邮件链接，可以执行的操作有_____。

    A. 选中文字，在【属性】面板的"链接"栏内直接输入mailto: 电子邮件地址

    B. 选中文字，在【属性】面板的"链接"栏内直接输入email: 电子邮件地址

    C. 选中文字，在【属性】面板的"链接"栏内直接输入tomail: 电子邮件地址

    D. 无法为文字添加电子邮件链接

（2）下列路径中属于绝对路径的是_____。

    A. http://www.sohu.com/index.html   B. ../webpage/05.html

    C. 05.html   D. webpage/05.html

（3）将超链接的目标网页在新窗口中打开的方式是_____。

    A. _parent   B. _blank   C. _top   D. _self

（4）将链接的目标网页在上一级窗口中打开的方式是_____。

    A. _parent   B. _blank   C. _top   D. _self

（5）将超链接的目标网页在当前窗口中打开的方式是_____。

    A. _parent   B. _blank   C. _top   D. _self

（6）用于同一个网页内容之间相互跳转的超链接是_____。

    A. 图像链接   B. 锚点链接   C. 空链接   D. 电子邮件链接

（7）图像的【属性】面板中的热区按钮不包括_____。

    A. 方形热区   B. 圆形热区   C. 三角形热区   D. 不规则形热区

（8）超链接的HTML源代码标记为_____。

    A. <a> </a>   B. <b> </b>   C. <c> </c>   D. <d> </d>

（9）当鼠标指针停留在超链接上时会出现_____标记定义的文字。

    A．table   B．href   C．alt   D．title

（10）关于绝对路径的使用，以下说法中错误的是_____。

    A．绝对路径是指包括传输协议在内的完全路径，通常使用http://来表示

    B．绝对路径不管源文件在什么位置都可以非常精确地找到

    C．如果希望链接其他站点上的内容，就必须使用绝对路径

    D．使用绝对路径的链接不能链接本站点的文件，要链接本站点的文件，只能使用相对路径

（11）为链接定义"目标"方式时，"_blank"表示的是_____。

    A．在上一级窗口中打开

    B．在新窗口中打开

    C．在当前窗口中打开

    D．在浏览器的整个窗口中打开，忽略任何框架

（12）以下属于浮动框架的HTML标签的是_____。

    A．<frameset>   B．<frame>   C．<iframe>   D．<frames>

单元 3
表格应用与制作购物车页面

　　表格是常用的页面元素之一，过去制作网页时经常借助表格进行布局，现在表格的主要功能是有序地排列数据。本单元主要应用表格制作购物车页面。

教学导航

教学目标	（1）学会正确地插入表格，并合理地设置表格的属性
	（2）学会单元格的合并、拆分、插入和删除等操作
	（3）学会正确地设置表格中行和列的属性
	（4）学会正确设置表格、单元格的背景图像和背景颜色
	（5）学会正确地在表格中输入文字、插入图像并定位
教学方法	任务驱动法、理论实践一体化、讲练结合
建议课时	8课时

渐进训练

任务3-1　制作电脑版购物车页面0301.html

■ 任务描述

　　制作电脑版购物车页面0301.html，其浏览效果如图3-1所示。

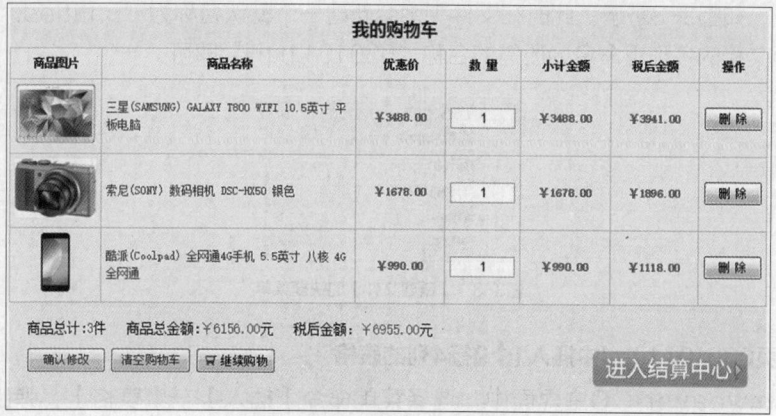

图3-1　网页0301.html的浏览效果

【任务3-1-1】在网页中插入与设置表格

■ 任务描述

① 新建一个网页030101.html。

② 在网页中插入一个9行4列的表格，且设置其属性：宽为700px，边框为1px，填充、间距为0，表格4列的宽度分别为120px、380px、100px和100px。表格的标题文字为"标准快递收费标准"。

③ 设置表格的行、列及单元格的属性。

④ 根据需要合并单元格，且在单元格中输入必要的文字。

⑤ 定义CSS代码，对表格、行、单元格进行美化。

网页030101.html的浏览效果如图3-2所示。

标准快递收费标准

区域划分	包含地区	首重运费	超重运费
一区	广东（广州同城首重：6元）	8元	2元/kg
二区	江苏、浙江、上海	10元	5元/kg
	江西、湖北、安徽、广西、湖南		6元/kg
	北京、天津	12元	8元/kg
三区	云南、贵州、四川、河南、山西、山东、河北、海南	15元	8元/kg
	青海、甘肃、宁夏		10元/kg
	辽宁、黑龙江、吉林		12元/kg
	新疆、西藏、内蒙古		15元/kg

图3-2 网页030101.html的浏览效果

■ 任务实施

1. 创建网页文档且保存

在站点"易购网"中创建文件夹"03表格应用与制作购物车页面"，在该文件夹中创建文件夹"0301"，并在文件夹"0301"中创建子文件夹"CSS"和"image"，将所需的图片文件复制到"image"文件夹中。

在【文件】面板中，用鼠标右键单击文件夹"0301"，在弹出的快捷菜单中选择菜单命令【新建文件】，如图3-3所示。此时在文件夹中会新建一个默认名称为"untitled.html"的网页文档，将网页文档的名称重命名为所需的名称"030101.html"即可。

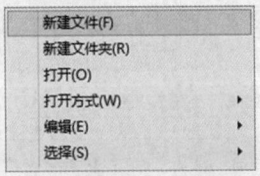

图3-3 【新建文件】的快捷菜单

2. 在网页030101.html中插入1个9行4列的表格

在Dreamweaver CC主界面中，选择菜单命令【插入】→【表格】，弹出【表格】对话框。

① 在【表格】对话框"行数"文本框中输入"9"，在"列数"文本框中输入"4"。

② 在"表格宽度"文本框中输入"700"，在其后的下拉列表框中选择宽度的单位为"像素"。

> **提 示** 创建表格时，宽度单位既可以是像素，也可以是百分比。如果宽度单位是像素，那么所定义的表格宽度是固定的，也是绝对数值，不会受浏览器大小变化的影响；如果宽度单位是百分比，那么所定义的表格宽度是一个相对数值，按浏览器窗口宽度的百分比来指定表格的宽度，它会随着浏览器的大小变化而进行相应的改变。

③ 在"边框粗细"文本框中指定表格边框的宽度，默认值为1，单位为像素，其他参数暂保持其默认值不变。

④ 在"标题"文本框中输入表格的标题"标准快递收费标准"，如图3-4所示。

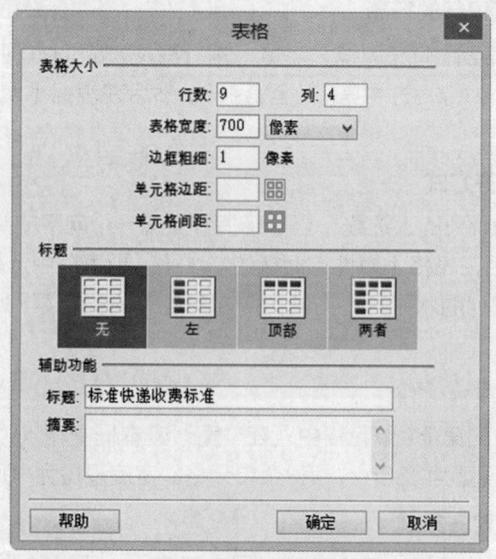

图3-4　在【表格】对话框中设置所插入表格的参数

⑤ 设置完成后单击【确定】按钮，一个9行4列的表格便插入到网页中了。

⑥ 保存网页中所插入的表格。

3. 查看9行4列表格的属性

将鼠标指针指向表格边框线，出现红色外框线，鼠标指针变为⇕形状时，单击鼠标左键即可选中整个表格。选中整个表格时，表格的【属性】面板如图3-5所示。

图3-5　9行4列表格的属性设置

4. 设置表格第1行的属性

（1）选择表格行

将鼠标指针指向表格第1行的左边线，当鼠标指针变成一个向右的黑色箭头➡形状时，单击鼠标左键即可选中该行。

（2）设置表格行的属性

设置表格第1行的水平对齐方式为"居中对齐"，垂直对齐方式为"居中"，在"高"文本框中输入"30"，选中"标题"复选框，其他属性保持其默认值，第1行对应的属性设置如图3-6所示。

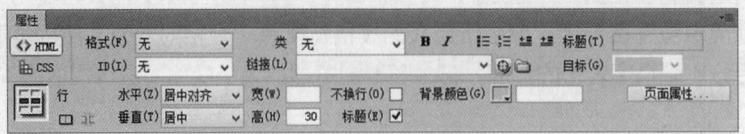

图3-6　表格标题行的属性设置

保存表格第1行的属性设置。

5. 设置表格第2行至第9行的行高

将鼠标指针指向表格第2行的左边线，当鼠标指针变成一个向右的黑色箭头➡形状时，按住鼠标左键拖曳鼠标指针到第9行，选中第2行至第9行。然后在表格【属性】面板的"高"文本框中输入"25"。

6. 设置表格各列的对齐方式

将鼠标指针指向表格第1列的上边线，当鼠标指针变成一个向下的黑色箭头⬇形状时，单击鼠标左键即可选中该列。然后在表格【属性】面板的"水平"列表框中选择"居中对齐"。

以同样的方法设置第2列的水平对齐方式为"左对齐"，设置第3列和第4行的水平对齐方式为"居中对齐"。

7. 设置表格各列的宽度

将光标置于表格第1行的第1个单元格中，在"宽"文本框中输入"120"。以同样的方法将第1行第2个单元格的宽度设置为380px，第3个单元格的宽度设置为100px。

8. 设置表格单元格的对齐方式

由于表格第2列的标题单元格中的文字应"居中对齐"，所以需要对该单元格单独设置其对齐方式。

将光标置于表格第1行的第2个单元格中，然后在表格【属性】面板的"水平"下拉列表框中选择"居中对齐"。

9. 合并单元格

（1）将第1列的3、4、5这3个单元格合并

按住【Ctrl】键，分别单击选中表格第1列的3、4、5这3个单元格，然后在表格的【属性】面板中单击【合并所选单元格】按钮▣，即可完成第1列3个单元格的合并。

（2）将第1列的6、7、8、9这4个单元格合并

将光标置于第1列第6行的单元格中，然后按住鼠标左键向下纵向拖动鼠标到第1列第9行的单元格中，即可选中第1列的4个单元格，然后选择菜单命令【修改】→【表格】→【合并单元格】，如图3-7所示，即可完成第1列4个单元格的合并。

（3）将第3列的3、4两个单元格合并

将光标置于第3列第3行的单元格中，然后按住鼠标左键向下纵向拖动鼠标到第3列第4行的单元格中，即可选中第3列的两个单元格，再在选中的单元格区域单击鼠标右键，在弹出的快捷菜单中选择命令【表格】→【合并单元格】，如图3-8所示。

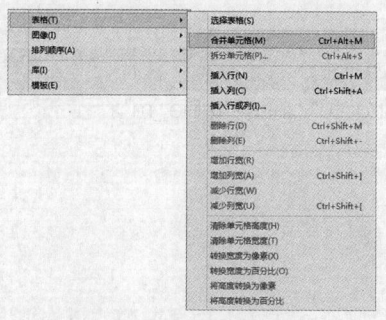
图3-7 合并单元格的菜单命令

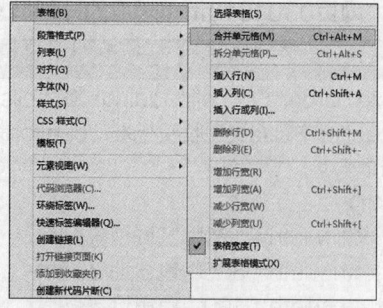
图3-8 合并单元格的快捷菜单

（4）将第3列的6、7、8、9这4个单元格合并

将光标置于第3列第6行的单元格中，按住【Shift】键，然后在第3列第9行的单元格中单击，即可选中第3列的6、7、8、9这4个连续的单元格，在表格的【属性】面板中单击【合并所选单元格】按钮，即可完成第3列4个单元格的合并。

10. 在表格的单元格中输入文字

在第1行的各个单元格中分别输入文字"区域划分""包含地区""首重运费"和"超重运费"。然后在其他单元格中依次输入图3-2所示的文字。

11. 定义CSS代码

网页030101.html中定义的CSS代码如表3-1所示。

表3-1 网页030101.html中定义的CSS代码

序号	CSS代码	序号	CSS代码
01	caption{	19	.table_m {
02	font-weight: bold;	20	width:700px;
03	margin-bottom:10px;	21	margin-bottom:10px;
04	}	22	border-left:1px solid #ccc;
05		23	border-bottom:1px solid #ccc;
06	th, td {	24	}
07	font-size:12px;	25	.table_m td, .table_m th {
08	}	26	border-top:1px solid #ccc;
09		27	border-right:1px solid #ccc;
10	td {	28	padding:5px;
11	height:25px;	29	}
12	}	30	.table_m th {
13		31	background: #f2f2f2;
14	th {	32	}
15	font-weight: bold;	33	
16	letter-spacing:1px;	34	.center{
17	height:30px;	35	text-align:center;
18	}	36	}

12. 应用CSS样式对表格、行、单元格进行美化

对网页030101.html中的表格、行、单元格应用CSS样式进行美化，对应的HTML代码如表3-2所示。

表3-2　网页030101.html对应的HTML代码

序号	HTML代码
01	`<table border="0" cellpadding="0" cellspacing="0" class="table_m">`
02	`<caption>标准快递收费标准</caption>`
03	`<tbody>`
04	`<tr>`
05	`<th width="120">区域划分</th>`
06	`<th width="380">包含地区</th>`
07	`<th width="100">首重运费</th>`
08	`<th width="100">超重运费</th>`
09	`</tr>`
10	`<tr>`
11	`<td class="center">一区</td>`
12	`<td>广东 (广州同城首重：6元)</td>`
13	`<td class="center">8元</td>`
14	`<td class="center">2元/kg</td>`
15	`</tr>`
16	`<tr>`
17	`<td class="center" rowspan="3">二区</td>`
18	`<td>江苏、浙江、上海</td>`
19	`<td class="center" rowspan="2">10元</td>`
20	`<td class="center">5元/kg</td>`
21	`</tr>`
22	`<tr>`
23	`<td>江西、湖北、安徽、广西、湖南</td>`
24	`<td class="center">6元/kg</td>`
25	`</tr>`
26	`<tr>`
27	`<td>北京、天津</td>`
28	`<td class="center">12元</td>`
29	`<td class="center">8元/kg</td>`
30	`</tr>`
31	`<tr>`
32	`<td class="center" rowspan="4">三区</td>`
33	`<td>云南、贵州、四川、河南、山西、山东、河北、海南</td>`
34	`<td class="center" rowspan="4">15元</td>`
35	`<td class="center">8元/kg</td>`
36	`</tr>`
37	`<tr>`
38	`<td>青海、甘肃、宁夏</td>`
39	`<td class="center">10元/kg</td>`
40	`</tr>`
41	`<tr>`
42	`<td>辽宁、黑龙江、吉林</td>`
43	`<td class="center">12元/kg</td>`
44	`</tr>`

序号	HTML代码
45	\<tr\>
46	\<td\>新疆、西藏、内蒙古\</td\>
47	\<td class="center"\>15元/kg\</td\>
48	\</tr\>
49	\</tbody\>
50	\</table\>

13. 保存网页与浏览网页效果

保存网页030101.html.，然后按快捷键【F12】，网页的浏览效果如图3-2所示。

【任务3-1-2】使用表格制作购物车页面

■ 任务描述

① 创建外部样式文件main.css，在该样式文件中定义必要的CSS样式。

② 创建网页文档0301.html，该网页主体结构主要应用Div+CSS进行布局，局部结构应用表格和段落进行布局。网页0301.html还应用了CSS样式对表格、单元格、表单控件和超链接进行美化。

网页0301.html的浏览效果如图3-1所示。

■ 任务实施

1. 创建外部样式文件main.css

创建外部样式文件main.css，保存在文件夹"0301\css"中，在该样式文件中定义必要的CSS样式，对应的样式代码如表3-3所示。

表3-3　外部样式文件main.css中的样式代码

行号	CSS代码	行号	CSS代码
01	a {	17	margin: 10px auto;
02	text-decoration: none;	18	width: 800px;
03	color: #333;	19	clear: both;
04	}	20	overflow: hidden;
05		21	}
06	a:link,a:visited {	22	
07	text-decoration: none;	23	#steptitle {
08	color: #666;	24	background: url("../images/bg_sl.gif");
09	}	25	height: 41px;
10		26	line-height: 41px;
11	a:hover {	27	padding-left: 10px;
12	color: #2b98db;	28	font-size: 18px;
13	font-weight: bold;	29	font-family: "微软雅黑";
14	}	30	font-weight: normal;
15		31	text-align: center;
16	#user_wrapper {	32	}

行号	CSS代码	行号	CSS代码
33		77	#stepcontent a:hover {
34	#stepcontent {	78	color: #f60;
35	margin: 0px auto;	79	font-size: 12px;
36	}	80	text-decoration: none;
37		81	}
38	#stepcontent table {	82	
39	*border-collapse: collapse;	83	#stepcontent .fred {
40	border-spacing: 0;	84	color: #f00;
41	line-height: 1.8;	85	}
42	}	86	
43		87	#shopmsg {
44	#stepcontent .table_b {	88	background: url("../images/bg_sl.gif");
45	width: 100%;	89	padding: 10px 20px;
46	margin-bottom: 0px;	90	}
47	border-left: 1px solid #ccc;	91	
48	border-bottom: 1px solid #ccc;	92	#stepcontent p {
49	}	93	font-size: 14px;
50		94	line-height: 22px;
51	#stepcontent .table_b td,	95	margin: 5px 0;
52	#stepcontent .table_b th {	96	}
53	border-top: 1px solid #ccc;	97	
54	border-right: 1px solid #ccc;	98	#stepcontent p a {
55	padding: 5px;	99	font-size: 14px;
56	font-size: 12px;	100	}
57	}	101	
58	.timg {	102	#stepcontent p a:hover {
59	height: 60px;	103	font-size: 14px;
60	}	104	}
61	#stepcontent .table_b td {	105	
62	height: 21px;	106	#stepcontent .table_b td .btndel {
63	background: #f2f2f2;	107	background: url("../images/bt.gif") no-repeat;
64	line-height: 150%;	108	width: 62px;
65	text-align: center;	109	height: 23px;
66	}	110	display: block;
67		111	color: #000;
68	#stepcontent .table_b td input {	112	white-space: nowrap;
69	text-align:center;	113	margin: 0 0 0 1px;
70	}	114	padding-top: 2px;
71		115	}
72	#stepcontent a {	116	
73	color: #005ba1;	117	#stepcontent .shopbtn {
74	font-size: 12px;	118	text-align: center;
75	}	119	clear: both;
76		120	}

2. 创建网页文档0301.html

在文件夹"0301"中创建网页文档0301.html。

（1）链接外部样式表

切换到网页文档0301.html的【代码】视图，在标签"</head>"的前面输入链接外部样式表的代码，如下所示。

```
<link href="css/main.css" rel="stylesheet" type="text/css" />
```

（2）编写网页主体布局结构的HTML代码

网页0301.html主体布局结构的HTML代码如表3-4所示。

表3-4　网页0301.html主体布局结构的HTML代码

行号	HTML代码
01	<div id="user_wrapper">
02	<div id="steptitle"></div>
03	<div id="stepcontent">
04	<table class="table_b">　　</table>
05	<div id="shopmsg">
06	<p>　　　　</p>
07	<p style="float: left">　　</p>
08	<p style="float: right">　　</p>
09	<div class="shopbtn">　</div>
10	</div>
11	</div>
12	</div>

（3）在网页中插入表格与表单控件

在网页文档0301.html中插入表格、表单控件与输入文字，对应的HTML代码如表3-5所示。

表3-5　网页0301.html对应的HTML代码

行号	HTML代码
01	<div id="user_wrapper">
02	<div id="steptitle"><strong>我的购物车</strong></div>
03	<div id="stepcontent">
04	<table class="table_b">
05	<tbody>
06	<tr>
07	<td width="11%"><strong>商品图片</strong></td>
08	<td width="35%"><strong>商品名称</strong></td>
09	<td width="12%"><strong>优惠价</strong></td>
10	<td width="9%"><strong>数 量</strong></td>
11	<td width="12%"><strong>小计金额</strong></td>
12	<td width="12%"><strong>税后金额</strong></td>
13	<td width="20%"><strong>操作</strong></td>
14	</tr>
15	<tr>
16	<td>

行号	HTML代码
17	`<a href="#" target="_blank"><img src="images/buycar/t01.jpg" alt="图片1"`
18	`class="timg" /></a></td>`
19	`<td style="text-align:left;">`
20	`<a href="#" target="_blank" class="tdleft">三星10.5英寸 平板电脑</a></td>`
21	`<td class="fred" ><strong>&yen; 3488.00</strong></td>`
22	`<td>`
23	`<input name="shopcartlist$ctl00$amountid" value="1" size="5" />`
24	`</td>`
25	`<td class="fred" ><strong>&yen; 3488.00 </strong></td>`
26	`<td class="fred" ><strong>&yen; 3941.00</strong></td>`
27	`<td><a class="btndel" href="">删 除</a></td>`
28	`</tr>`
29	`<tr>`
30	`<td>`
31	`<a href="#" target="_blank"><img src="images/buycar/t02.jpg" alt="图片2"`
32	`class="timg" /></a></td>`
33	`<td style="text-align:left;">`
34	`<a href="#" target="_blank">索尼(SONY) 数码相机 DSC-HX50 银色</a></td>`
35	`<td class="fred" ><strong>&yen; 1678.00</strong></td>`
36	`<td>`
37	`<input name=s"hopcartlist$ctl01$amountid" value="1" size="5" />`
38	`</td>`
39	`<td class="fred" ><strong>&yen; 1678.00 </strong></td>`
40	`<td class="fred" ><strong>&yen; 1896.00</strong></td>`
41	`<td><a class="btndel" href="">删 除</a></td>`
42	`</tr>`
43	`<tr>`
44	`<td>`
45	`<a href="#" target="_blank"><img src="images/buycar/t03.jpg" alt="图片3"`
46	`class="timg" /></a></td>`
47	`<td style="text-align:left;">`
48	`<a href="#" target="_blank">酷派(Coolpad) 全网通4G手机</a></td>`
49	`<td class="fred" ><strong>&yen; 990.00</strong></td>`
50	`<td>`
51	`<input name="shopcartlist$ctl02$amountid" value="1" size="5" />`
52	`</td>`
53	`<td class="fred" ><strong>&yen; 990.00 </strong></td>`
54	`<td class="fred" ><strong>&yen; 1118.00</strong></td>`
55	`<td><a class="btndel" href="">删 除</a></td>`
56	`</tr>`
57	`</tbody>`
58	`</table>`
59	`<div id="shopmsg">`
60	`<p>商品总计:<span class="fred">3</span>件  `
61	`商品总金额:<span class="fred">&yen; 6156.00</span>元  `
62	`税后金额：<span class="fred">&yen; 6955.00</span>元`
63	`</p>`

续表

行号	HTML代码
64	\<p style="float: left">
65	\<input id="clearbtn" type="image" src="images/shopbtn1.gif" name="clearbtn" />
66	\<input id="updatebtn" type="image" src="images/shopbtn2.gif" name="updatebtn" />
67	\<a href="#">\<img src="images/shopbtn3.gif" alt="图片2" />\</a>
68	\</p>
69	\<p style="float: right">
70	\<input id="nextbtn" type=image src="images/check_out.png" name="nextbtn" />
71	\</p>
72	\<div class="shopbtn">\</div>
73	\</div>
74	\</div>
75	\</div>

> **说　明**　由于"购物车页面"应用了表单控制，这里暂试着插入表单控件，表单及表单控件的使用将在"单元4"中详细介绍。

3. 保存网页与浏览网页效果

保存网页0301.html，然后按快捷键【F12】浏览该网页，其浏览效果如图3-1所示。

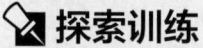 探索训练

任务3-2　制作触屏版购物车页面0302.html

■ 任务描述

制作触屏版购物车页面0302.html，其浏览效果如图3-9所示。

图3-9　触屏版购物车页面0302.html的浏览效果

■ **任务实施**

1. 创建文件夹

在站点"易购网"的文件夹"03表格应用与制作购物车页面"中创建文件夹"0302"，并在文件夹"0302"中创建子文件夹"CSS"和"image"，将所需的图片文件复制到"image"文件夹中。

2. 编写CSS代码

在文件夹"CSS"中创建样式文件base.css，并在该样式文件中编写样式代码，如表3-6所示。

表3-6　网页0302.html中应用的样式文件base.css的CSS代码

序号	CSS代码	序号	CSS代码
01	body {	24	.mt5 {
02	font-family: "microsoft yahei", Verdana,	25	margin-top: 5px !important;
03	Arial,Helvetica,sans-serif;	26	}
04	font-size: 1em;	27	
05	min-width: 320px;	28	.a5 {
06	background: #eee;	29	color: #FD7A20;
07	}	30	}
08		31	
09	a {	32	.tr {
10	color: #333;	33	text-align: right;
11	text-decoration: none;	34	}
12	}	35	
13		36	.price {
14	em,i {	37	color: #d00;
15	font-style: normal	38	}
16	}	39	
17		40	.mt10 {
18	ul,ol,li {	41	margin-top: 10px !important;
19	list-style: none	42	}
20	}	43	
21	.f14 {	44	.layout {
22	font-size: 14px;	45	margin: 0 10px;
23	}	46	}

3. 创建样式文件并编写代码

在文件夹"CSS"中创建样式文件main.css，并在该样式文件中编写样式代码，如表3-7所示。

表3-7　网页0302.html中应用的样式文件main.css的CSS代码

序号	CSS代码	序号	CSS代码
01	.title-ui-a {	05	from(#0D9BFF),to(#0081DC));
02	position: relative;	06	border-top: 1px solid #4CB5FF;
03	background: -webkit-gradient(linear,	07	color: #fff;
04	50% 0%, 50% 100%,	08	text-align: center;

序号	CSS代码	序号	CSS代码
09	padding: 0 5px;	52	
10	height: 40px;	53	.cart-list li .pro-name {
11	line-height: 40px;	54	max-height: 39px;
12	font-weight: 700;	55	overflow: hidden;
13	font-size: 18px;	56	}
14	overflow: hidden;	57	.cart-list li .attr {
15	}	58	color: #666;
16		59	}
17	.cart-list li {	60	
18	position: relative;	61	.countArea {
19	padding: 10px 0;	62	display: inline-block;
20	border-bottom: 1px solid #ccc;	63	vertical-align: middle;
21	-webkit-box-shadow: 0 1px 0 #fbfbfb;	64	margin-left: -3px;
22	}	65	}
23		66	
24	.wbox {	67	.countArea .count-input {
25	display: -webkit-box;	68	display: inline-block;
26	}	69	width: 36px;
27		70	height: 20px;
28	.cart-list li p {	71	line-height: 20px;
29	margin: 7px 0;	72	border: 1px solid #ccc;
30	}	73	text-align: center;
31		74	vertical-align: top;
32	.cart-list li .pro-img {	75	margin: 0 3px;
33	margin-right: 10px;	76	font-size: 16px;
34	}	77	}
35		78	.btn-ui-b {
36	.cart-list li .pro-img a {	79	height: 40px;
37	display: block;	80	line-height: 40px;
38	height: 100%;	81	font-size: 16px;
39	border: 1px solid #ccc;	82	text-shadow: -1px -1px 0 #D25000;
40	}	83	border-radius: 3px;
41		84	color: #fff;
42	.cart-list li .pro-img img {	85	background: -webkit-gradient(linear,
43	width:130px;	86	0% 0%, 0%100%,from(#FF8F00),
44	heigh.150px,	87	to(#FF6700));
45	}	88	border: 1px solid #FF6700;
46		89	text-align: center;
47	.wbox-flex {	90	-webkit-box-shadow: 0 1px 0 #FFAD2B
48	-webkit-box-flex: 1;	91	inset;
49	word-wrap: break-word;	92	1 }
50	word-break: break-all	93	.btn-ui-c {
51	}	94	height: 40px;

续表

序号	CSS代码	序号	CSS代码
95	line-height: 40px;	104	text-align: center;
96	font-size: 16px;	105	-webkit-box-shadow: 0 1px 0
97	text-shadow: -1px -1px 0 #024CAB;	106	#3CAEFF inset;
98	border-radius: 3px;	107	}
99	color: #fff;	108	.btn-ui-b a,.btn-ui-c a{
100	background: -webkit-gradient(linear,	109	display: block;
101	0% 0%, 0% 100%,	110	height: 100%;
102	from(#0D9AFE),to(#0081DC));	111	color: #fff;
103	border: 1px solid #0284E0;	112	}

4．创建网页文档0302.html与链接外部样式表

在文件夹"0302"中创建网页文档0302.html，切换到网页文档0302.html的【代码】视图，在标签"</head>"的前面输入链接外部样式表的代码，如下所示。

```
<link rel="stylesheet" type="text/css" href="css/base.css" />
<link rel="stylesheet" type="text/css" href="css/main.css" />
```

5．编写网页主体布局结构的HTML代码

网页0302.html主体布局结构的HTML代码如表3-8所示。

表3-8　网页0302.html主体布局结构的HTML代码

序号	HTML代码
01	\<div class="title-ui-a"\>　\</div\>
02	\<div class="layout f14"\>
03	\<ul class="cart-list"\>
04	\<li\>
05	\<div class="wbox"\>　\</div\>
06	\</li\>
07	\<li\>
08	\<div class="wbox"\>　\</div\>
09	\</li\>
10	\<li\>
11	\<div class="wbox"\>　\</div\>
12	\</li\>
13	\</ul\>
14	\<p class="mt5 tr"\>　\</p\>
15	\<p class="mt5 tr"\>　\</p\>
16	\<div class="btn-ui-b mt10"\>　\</div\>
17	\<div class="btn-ui-c mt10"\>　\</div\>
18	\</div\>

6．输入HTML标签、文字与插入图片、表单控件

在网页文档0302.html中输入所需的HTML标签与文字，插入图片与表单控件，对应的

HTML代码如表3-9所示。

表3-9　网页0302.html对应的HTML代码

序号	HTML代码
01	\<div class="title-ui-a">购物车\</div>
02	\<div class="layout f14">
03	\<ul class="cart-list">
04	\<li>
05	\<div class="wbox">
06	\<p class="pro-img">\<a href="" title="">\<img src="images/t01.jpg" alt="" />\</a>\</p>
07	\<div class="wbox-flex">
08	\<p class="pro-name"> \<a id="name_1" href="" title="">Apple iPhone 6 16G 金\</a>\</p>
09	\<span class="attr">数量：\</span>
10	\<div class="countArea">
11	\<input class="count-input" type="text" value="1" name="quantity" id="quantity_1" />
12	\</div>
13	\<p>\<span class="attr">易购价：\</span> \<span class="price">¥5365.00\</span> \</p>
14	\<p>\<span class="attr">城市：\</span>长沙市\</p>
15	\<p>\<span class="attr"> 现货 \</span>\</p>
16	\</div>
17	\</div>
18	\</li>
19	\<li>
20	\<div class="wbox">
21	\<p class="pro-img">\<a href="" title="">\<img src="images/t03.jpg" alt="" />\</a>\</p>
22	\<div class="wbox-flex">
23	\<p class="pro-name"> \<a id="name_2" href="" title="">佳能 黑白激光打印机\</a>\</p>
24	\<span class="attr">数量：\</span>
25	\<div class="countArea">
26	\<input class="count-input" type="text" value="1" name="quantity" id="quantity_2" />
27	\</div>
28	\<p> \<span class="attr">易购价：\</span> \<span class="price">¥979.00\</span> \</p>
29	\<p>\<span class="attr">城市：\</span>长沙市\</p>
30	\<p>\<span class="attr"> 现货 \</span>\</p>
31	\</div>
32	\</div>
33	\</li>
34	\<li>
35	\<div class="wbox">
36	\<p class="pro-img">\<a href="" title="">\<img src="images/t02.jpg" alt="" />\</a>\</p>
37	\<div class="wbox-flex">
38	\<p class="pro-name"> \<a id="name_3" href="" title=""> 先锋(Pioneer) 平板电脑\</a>\</p>
39	\<span class="attr">数量：\</span>
40	\<div class="countArea">
41	\<input class="count-input" type="text" value="1" name="quantity" id="quantity_3" />
42	\</div>

续表

序号	HTML代码
43	`<p> <span class="attr">易购价：</span> <span class="price">&yen;1799.00</span> </p>`
44	`<p><span class="attr">城市：</span>长沙市</p>`
45	`<p><span class="attr">现货</span></p>`
46	`</div>`
47	`</div>`
48	`</li>`
49	`</ul>`
50	`<p class="mt5 tr">商品总计：`
51	`<span><em>&yen;8143.00</em></span>`
52	`<span> - 优惠：<em>&yen;0.00</em> </span> </p>`
53	`<p class="mt5 tr">应付总额(未含运费)：<span class="price"><em>&yen;8143.00</em></span></p>`
54	`<div class="btn-ui-b mt10">`
55	`<a href="" title="去结算">去结算</a>`
56	`</div>`
57	`<div class="btn-ui-c mt10">`
58	`<a href="" title="继续购物">&lt;&lt;继续购物</a>`
59	`</div>`
60	`</div>`

7. 保存与浏览网页

保存网页文档0302.html，在浏览器Google Chrome中的浏览效果如图3-9所示。

析疑解惑

【问题1】表格的组成元素有哪些？

表格的组成元素主要包括行、列、单元格，如图3-10所示。

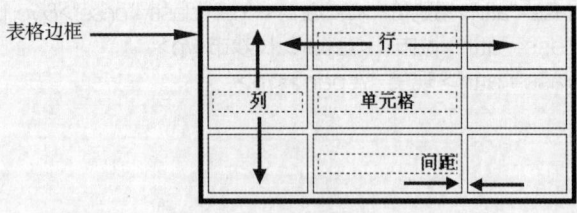

图3-10　表格的组成元素

① 单元格：表格中的每一个小格称为一个单元格。

② 行：水平方向的一排单元格称为一行。

③ 列：垂直方向的一排单元格称为一列。

④ 边框：整张表格的外边缘称为边框。

⑤ 间距：指单元格与单元格之间的距离。

【问题2】在Dreamweaver CC中，向网页中插入表格的常用方法有哪几种？

① 选择菜单命令【插入】→【表格】，打开图3-11所示的【表格】对话框，在该对话框中

设置好表格属性后，单击【确定】按钮即可插入一张表格。

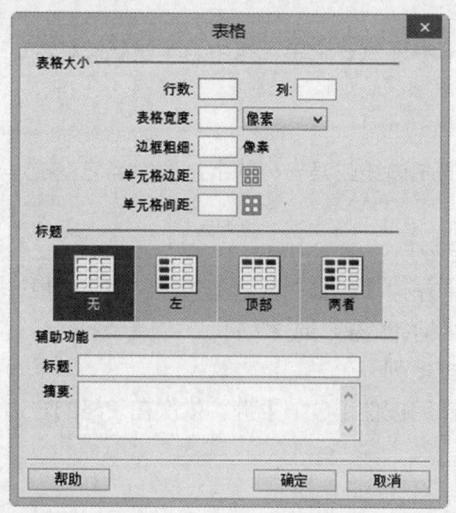

图3-11 【表格】对话框

② 将光标置于已有的表格中，然后单击鼠标右键，在弹出的快捷菜单中选择所需的菜单命令，分别可以插入行或列，如图3-8所示。

③ 切换到网页的【代码】视图，手工输入表格、行、单元格标签和表格内容，如手工输入"<t"，系统自动弹出图3-12所示的标签列表框，并自动定位在"<table>"位置，此时按【Tab】键或者按【Enter】键，则自动输入标签<table>。然后输入"</"，系统会自动与对应的起始标签<table>配对。

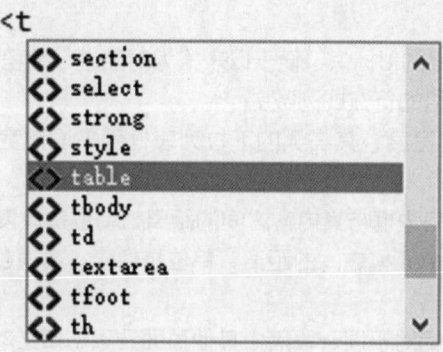

图3-12 标签列表框

【问题3】在网页中选择表格和表格元素有哪些方法？

在进行表格操作之前，我们必须首先选定被操作的对象，对于表格而言，可以选定整个表格、单行、单列、多行、多列、连续或不连续的单元格。

（1）选择整个表格

方法一：将鼠标指针指向表格边框线，若出现红色外框线，单击鼠标左键即可选中整个表格。

方法二：将鼠标光标置于表格的边框线上，当光标变成双层箭头形状➕或➕时，单击可以选中整个表格。

方法三：单击标识表格宽度的数字 100% (458) ▾，然后在弹出的菜单中选择【选择表格】菜单选项即可选中整个表格。

方法四：将光标置于表格中任意一个单元格中，单击状态栏中的<table>标签也可以选中整个表格。

（2）选择单行或单列

将鼠标指针指向某一行的左边线或某一列的上边线，当它变成一个黑色箭头形状时，单击鼠标左键即可选中单行或单列。

（3）选择连续的多行或多列

将鼠标指针指向某一行的左边线或某一列的上边线，当它变成一个黑色箭头形状时，单击鼠标左键并且拖曳鼠标即可选中相邻的多行或多列。

（4）选择不连续的多行或多列

先选择一行或者一列，然后按住【Ctrl】键，依次在表格的左边线或上边线单击鼠标左键即可选择不连续的多行或多列。

（5）选择一个单元格

单击任意一个单元格即可将其选中。

（6）选择连续的单元格

先将光标置于一个单元格中，然后按住鼠标左键并拖曳鼠标横向或纵向移动，可以选择多个连续的单元格。也可以先将光标置于一个单元格中，然后按住【Shift】键单击其他的单元格。

（7）选择不连续的单元格

按住【Ctrl】键，分别单击不连续的各个单元格即可，若再次单击被选中的单元格，则会取消该单元格的选中状态。

【问题4】通过表格的【属性】面板可以设置表格的属性，解释表格【属性】面板中各项属性的含义。

① 表格Id：用来设置表格的Id标识，便于以表格为对象进行编程。

② 行、列：用来设置表格的行数或列数。

③ 宽：用来设置表格的宽度，其右侧的下拉列表框用来设置宽度的单位，有两个选项——"%"和"像素"。

④ 填充：用来设置单元格边框与其内容之间的距离，单位是像素。

⑤ 间距：用来设置表格单元格之间的距离，单位是像素。数值越大，单元格与单元格之间的距离就越大。

⑥ 对齐：用来设置表格相对于同一段落中其他页面元素（如文本或图像）的对齐方式。"对齐"下拉列表框中有4个选项："默认""左对齐""居中对齐"和"右对齐"。其中"默认"的对齐方式是以浏览器默认的对齐方式来对齐，一般为"左对齐"。

⑦ 边框：用来设置表格边框的宽度，单位是像素，数值越大，边框线就越粗。

⑧ 🖳和🖳：用来删除表格中的所有明确指定的列宽或者行高，表格中的单元格可以根据内容自动调整适合其显示的最合适的宽度或者高度。

⑨ 🖳：用来将表格的所有宽度的单位由"百分比"转换为"像素"。

⑩ 🖳：用来将表格的所有宽度的单位由"像素"转换为"百分比"。

【问题5】通过表格单元格的【属性】面板可以设置单元格的属性，解释单元格的【属性】面板中各项属性的含义。

① 水平：设置单元格内容的水平对齐方式，有默认、左对齐、居中对齐、右对齐4种对齐方式。

② 垂直：设置单元格内容的垂直对齐方式，有默认、顶端、居中、底部、基线5种对齐方式。

③ 宽、高：设置单元格的宽度和高度。如果要指定百分比，需要在输入的数值后面加%符号；如果要让浏览器根据单元格内容及其他列和行的宽度和高度确定适当的宽度或高度，则将"宽"和"高"文本框保留为空，不输入指定数值。

④ 背景颜色：设置单元格的背景颜色。

⑤ "不换行"复选框：选中该复选框，禁止单元格中的文字自动换行。

⑥ "标题"复选框：选中该复选框，将所在单元格设置为标题单元格，默认情况下，标题单元格中的内容被设置为粗体并居中显示。

⑦ ▣按钮：将所选的单元格合并为一个单元格。

⑧ ▦按钮：将所选中的一个单元格拆分为多个单元格，一次只能拆分一个单元格。

【问题6】在网页中调整表格大小的方法有哪些？

方法一：拖曳控制柄改变表格大小。

首先选中表格，选中的表格带有粗黑的外边框，并在下边中点、右边中点、右下角分别显示小正方形的控制柄，如图3-13所示。

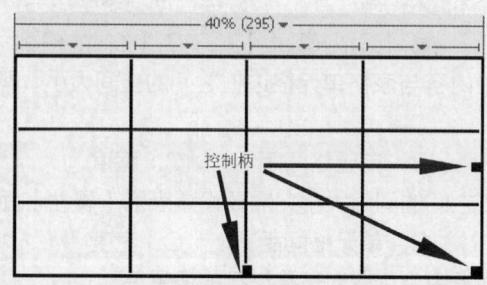

图3-13　通过拖动控制柄调整表格大小

然后使用鼠标拖曳控制柄以调整表格的大小，拖曳右边中点调整表格宽度；拖曳下边中点调整表格高度；拖曳表格右下角的控制柄，可以同时调整表格的宽度和高度。

方法二：通过表格的【属性】面板调整表格大小。

先选中表格，然后在表格的【属性】面板中的"宽"和"高"文本框中直接输入新的数值，可以精确调整表格的大小。

方法三：改变行高或列宽。

用鼠标拖曳某行的下边线可以改变其行高；用鼠标拖曳某列的右边线可以改变其列宽。用这种方法调整行高或列宽，会影响到相邻的行或列的高度或宽度，如果要保持其他的行或列不受影响，按住【Shift】键后再进行拖曳即可。还可以使用【属性】面板指定选定行或列的高度或宽度。

方法四：改变单元格的大小。

先选中单元格，然后直接在【属性】面板中的"宽"或"高"文本框中输入新的数值即可改变单元格的大小。但同一行或同一列的其他单元格也会受影响。

【问题7】Dreamweaver CC中，修改表格的常用方法有哪些？

方法一：利用图3-8所示快捷菜单，可以选择表格、插入行或列、合并单元格、拆分单元格、删除行或列、改变行宽或列宽。

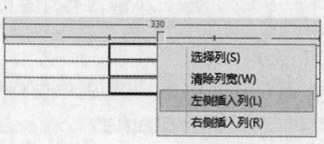

图3-14　插入列的快捷菜单

方法二：利用图3-14所示的快捷菜单，可以选择列、插入列、清除列宽。

单元小结

本单元主要应用表格制作购物车网页。通过本单元的学习，读者熟悉了在网页中插入表格及插入行、列等操作的方法，掌握了表格及单元格的属性设置方法、拆分与合并单元格的方法。

单元习题

（1）表格中按_____键可移动到上一个单元格。

    A.【Shift】   B.【Tab】   C.【Shift+Tab】   D.【Ctrl+Tab】

（2）如果将单个单元格的背景颜色设置为蓝色，然后将整个表格的背景颜色设置为黄色，则单元格的背景颜色为_____。

    A. 蓝色   B. 黄色   C. 绿色   D. 红色

（3）在表格的最后一个单元格中按_____键会自动在表格中另外添加一行。

    A.【Tab】   B.【Ctrl +Tab】   C.【Shift +Tab】   D.【Alt+Tab】

（4）指定表格单元格中内容与表格单元格边框之间的空间大小，需要设置表格【属性】面板中的_____。

    A. 单元格填充   B. 单元格间距   C. 宽度   D. 边框

（5）指定表格内单元格之间的间隙大小，需要设置表格【属性】面板中的_____。

    A. 单元格填充   B. 单元格间距   C. 宽度   D. 边框

（6）在表格【属性】面板中，可以对表格进行的设置是_____。

    A. 消除列的宽度   B. 将列的宽度由像素转换为百分比

    C. 设置单元格的背景色   D. 将行的高度由像素转换为百分比

（7）合并单元格的组合键是_____。

    A.【Ctrl+Shift+M】   B.【Ctrl+Alt+M】

    C.【Alt+Shift+M】   D.【Ctrl+M】

（8）拆分单元格的组合键是_____。

    A.【Ctrl+Shift+S】   B.【Ctrl+Alt+S】

    C.【Alt+Shift+S】   D.【Ctrl+S】

（9）在表格【属性】面板中，不能设置表格的_____。

    A. 边框颜色   B. 文本颜色   C. 背景图像   D. 背景颜色

（10）要一次选择整个表，在标签检查器中选择_____标签。

    A. <table>   B. <tr>   C. <td>   D.<th>

（11）要一次选择整个行，在标签检查器中选择_____ 标签。

    A. <table>   B. <tr>   C. <td>   D. <th>

（12）要一次选择整个列，在标签检查器中选择_____标签。

    A. <table>   B. <tr>   C. <td>   D.<th>

（13）设置列的宽度为100，则_____标签的属性被修改。

    A. <table>   B. <tr>   C. <td>   D.<th>

单元 4
表单应用与制作注册登录页面

04

我们都曾申请过E-mail邮箱，在申请过程中必须在网页上输入个人信息，然后提交信息，提交成功后，才能获得E-mail邮箱。这个用于获取信息的网页称为表单，通常一个表单中包含多个对象，有时也称为控件或表单元素，如用于输入文本的文本域、用于发送命令的按钮、用于选择项目的单选按钮和复选框、用于显示列表项的列表框等。

一个网站不仅需要各种供用户浏览的网页，还需要与用户进行交互的表单。表单实现了浏览器和服务器之间的信息传递，它使网页由单向浏览变成了双向交互。表单是实现用户调查、产品订单和对象搜索等功能的重要手段。利用表单处理程序，可以收集、分析用户的反馈意见，做出科学、合理的决策。

教学导航

教学目标	（1）学会制作用户注册网页和用户登录网页
	（2）学会在网页中正确插入表单域和设置表单域的属性
	（3）学会在表单域中正确插入文本域和文本区域
	（4）学会在表单域中正确插入单选按钮、单选按钮组和复选框
	（5）学会在表单域中正确插入下拉式菜单、按钮和图像域
	（6）学会预设输入文字的字符宽度和最多字符数
	（7）学会美化用户注册网页和用户登录网页
教学方法	任务驱动法、理论实践一体化、讲练结合
建议课时	6课时

渐进训练

任务4-1　制作与美化电脑版用户注册网页0401.html

■ **任务描述**

制作与美化电脑版用户注册网页0401.html，其浏览效果如图4-1所示。

【任务4-1-1】创建电脑版用户注册网页

■ **任务描述**

① 创建网页文档040101.html，且在该网页中插入1个表单域。

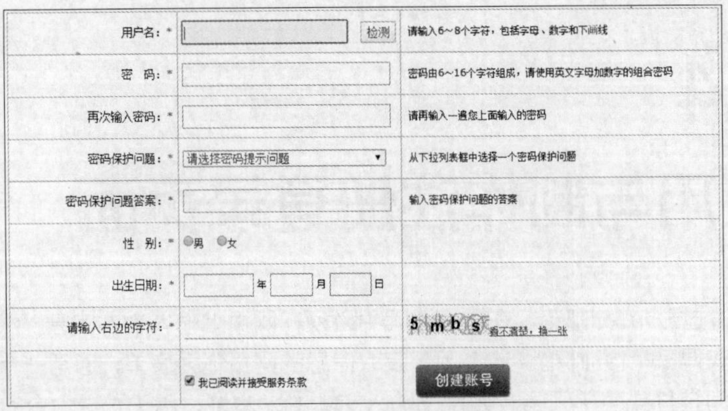

图4-1　网页0401.html的浏览效果

② 在表单域中插入1个9行3列的表格。

③ 在表格中插入6个单行文本域。

④ 在表格中插入2个密码文本域。

⑤ 在表格中插入2按钮。

⑥ 在表格中插入1个下拉式菜单。

⑦ 在表格中插入1个单选按钮组。

⑧ 在表格中插入1个复选框。

⑨ 在表格中插入1个图像域。

网页文档040101.html的浏览效果如图4-2所示。

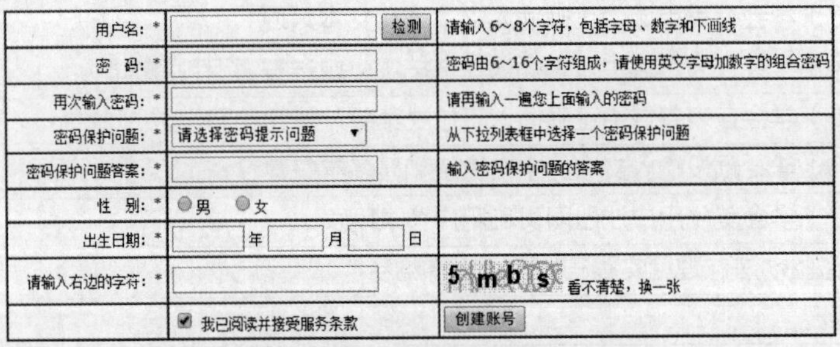

图4-2　网页文档040101.html的浏览效果

■ 任务实施

1. 创建网页文档且保存

在站点"易购网"中创建文件夹"04表单应用与制作注册登录页面"，在该文件夹中创建文件夹"0401"，并在文件夹"0401"中创建子文件夹"CSS"和"image"，将所需的图片文件复制到"image"文件夹中。

在文件夹"0401"中创建网页文档040101.html。

2. 插入表格域

每个表单由一个表单域和若干个表单控件组成，制作表单页面的第一步是插入表单域。

打开网页文档040101.html，然后选择菜单命令【插入】→【表单】→【表单】，如图4-3所示，在网页中的光标处插入一个表单域。

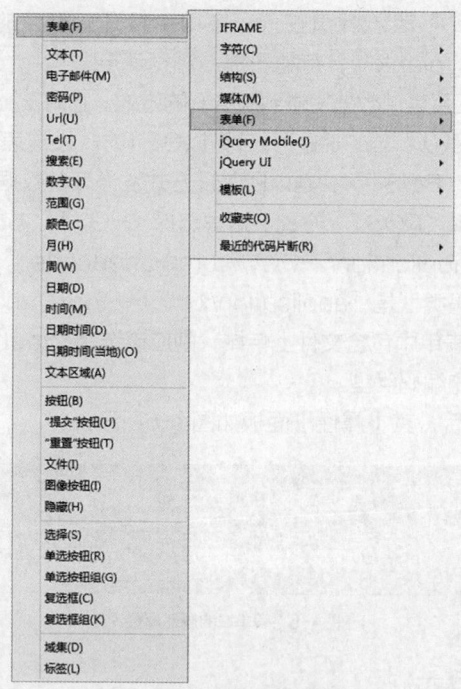

图4-3　插入表单的菜单命令

　　一个表单域插入到网页中，在编辑窗口中显示为一个红色虚线框，其他的表单对象必须要放入这个框内才能起作用。如果看不见插入到页面中的标记表单域的红色虚线区域，则可以选择菜单命令【查看】→【可视化助理】→【不可见元素】，如图4-4所示，使红色虚线可见。

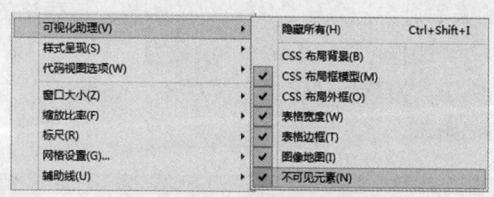

图4-4　"可视化助理"菜单

3. 设置表单域的属性

　　将光标置于表单域中，即可看到表单域的【属性】面板，在该【属性】面板中设置表单域的属性。

　　【属性】面板上各项属性的含义及设置如下所述。

　　① "ID"：用来设置表单的名称，以便服务器在处理数据时能够准确地识别表单。这里设置为 "form1"。

　　② "Action"：用来设置处理该表单的动态网页或用来处理表单数据的程序路径，这里假设处理该表单的动态网页为 "register.aspx"。如果希望该表单通过E-mail方式发送，则可以输入 "mailto:E-mail地址"，如mailto:abc@163.com，当浏览者单击【提交表单】按钮时，浏览器会自动调用默认使用的邮件客户端程序，将表单内容发送到指定的电子邮箱中。

　　③ "Target"：用来设置表单被处理后反馈网页打开的方式。它有6个选项，其中 "_blank" 表示网页在新窗口中打开，"_parent" 表示网页在父窗口中打开，"_self" 表示网

页在原窗口中打开，"_top"表示网页在顶层窗口中打开。默认的打开方式是在原窗口中打开，这里设置"目标"为"_blank"，有利于提高浏览速度。

④ "Method"：用来设置表单数据发送到服务器的方式。它有3个选项——"默认""GET"和"POST"。如果选择"默认"或"GET"，则以GET方式发送表单数据，将表单数据附加到请求URL中发送；如果选择"POST"，则以POST方式发送表单数据，将表单数据嵌入到HTTP请求中发送。一般情况下选择"POST"方式。这里选择"POST"方式。

⑤ "Enctype"：有"application/x-www-form-urlencoded""multipart/form-data"和"默认"选项。默认的编码类型是"application/x-www-form-urlencoded"，该类型通常与POST方式协同使用。如果表单中包含文件上传域，则应该选择"multipart/form-data"编码类型。这里使用的是"默认"的编码类型。

表单域的属性设置完成后，其【属性】面板如图4-5所示。

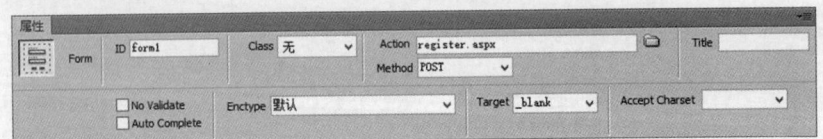

图4-5　表单域的属性设置

对应的HTML代码如下所示。

```
<form action="register.aspx" method="post" name="form1" target="_blank"
id="form1">

</form>
```

4．在网页中插入表格

在网页040101.html的表单域中插入一个9行3列的表格，该表格的id设置为"table01"，"宽"设置为"700像素"，"边框（Border）"设置为"1"，"填充（CellPad）"设置为"3"，"间距（CellSpace）"设置为"0"，"对齐（Align）"方式设置为"居中对齐"，对应的【属性】面板如图4-6所示。

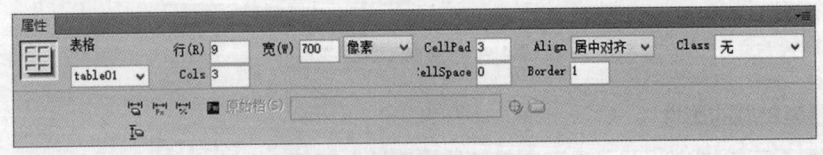

图4-6　表单域的表格属性设置

将表格第1列的宽度设置为130px，水平对齐方式设置为右对齐，第2列的宽度设置为220px。在表格中输入必要的提示文字，如图4-7所示。

用户名：*		请输入6～8个字符，包括字母、数字和下画线
密码：*		密码由6～16个字符组成，请使用英文字母加数字的组合密码
再次输入密码：*		请再输入一遍您上面输入的密码
密码保护问题：*		从下拉列表框中选择一个密码保护问题
密码保护问题答案：*		输入密码保护问题的答案
性　别：*		
出生日期：*		
请输入右边的字符：*		

图4-7　在9行3列表格中输入必要的提示文字

5. 插入单行文本域

在表单的文本域中，可以输入文本、数字或字母。输入的内容可以单行显示，也可以多行显示，还可以将密码以星号形式显示。

① 打开【插入】面板组，切换到【表单】面板。

② 将光标置于"用户名："行的第2列单元格中。

③ 在【表单】面板中单击【文本】按钮 □ 文本，如图4-8所示。

在光标位置插入1个文本域，默认插入的是单行文本域。

④ 设置文本域的属性。选中插入的文本域，在文本域【属性】面板中设置文本域的属性，在"最多字符数（Max Length）"文本框中输入"18"，设置文本框最多能输入9个汉字（18字节的长度）。文本域的属性设置结果如图4-9所示。

密码框和文本框的设置完全一致，只是在浏览时，密码框中输入字符时，字符将自动以符号"*"或"·"显示，文本内容被隐藏，从而起到保密作用。

在"密　码：*"行的第2个单元格和"再次输入密码：*"行的第2个单元格中分别插入一个"单行文本域"，这两个文本框的类型为"密码"，"最多字符数"设置为"16"，名称分别为"password"和"passwordconfirm"。

在"密码保护问题答案：*"行的第2个单元格中插入一个"单行文本域"，该文本框的类型为"单行"，"最多字符数"设置为"30"，其名称为"passwordanswer"。

在"出生日期：*"行的第2个单元格中插入3个"单行文本域"，这3个文本框的类型为"单行"，其名称分别为"year""month"和"day"，"最多字符数（Max Length）"分别设置为"4""2"和"2"。在每个文本域后分别输入文字"年""月"和"日"。第1个"年"对应的文本域的【属性】面板如图4-10所示。

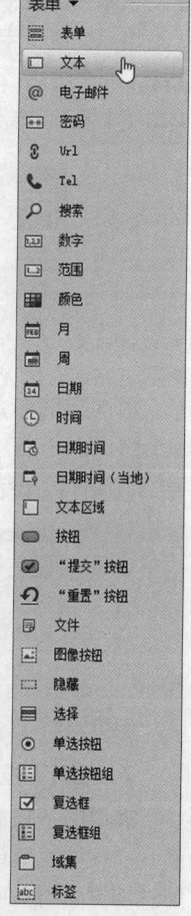

图4-8　【表单】面板

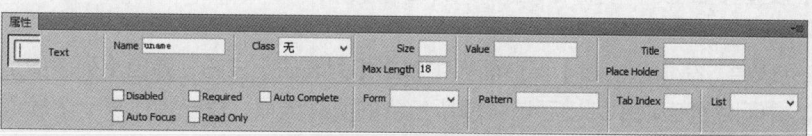

图4-9　单行文本域的属性设置

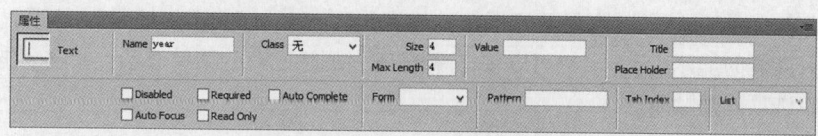

图4-10　"年"对应文本域的属性设置

在"请输入右边的字符：*"行的第2个单元格中插入一个"单行文本域"，该文本框的类型为"单行"，"最多字符数"设置为"16"。

⑤ 保存网页，预览其效果。

6. 插入表单按钮

表单按钮的作用是控制表单操作，单击表单中的【按钮】按钮将表单数据提交到服务器，或者将表单中数据恢复到初始状态。

　　将光标置于用户名文本域的右侧，在【表单】面板中单击【按钮】按钮 🔘 按钮 ，即可在光标位置插入一个按钮。选中表单域中所插入的按钮，在【属性】面板中设置其属性，在"值（Value）"文本框中输入"检测"，使按钮上显示的文字为"检测"，属性设置结果如图4-11所示。

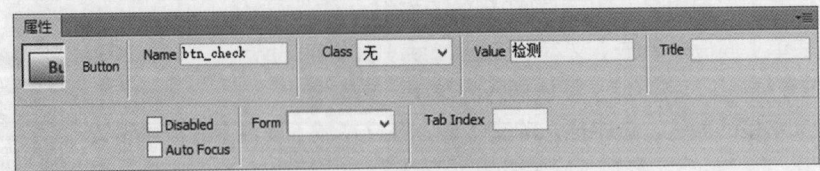

图4-11　【检测】按钮的属性设置

　　用同样的方法在表格的第9行第3个单元格中插入另一个按钮，按钮名称为"create_account"，在"值（Value）"文本框中输入"创建账号"，使按钮上显示的文字为"创建账号"，属性设置结果如图4-12所示。

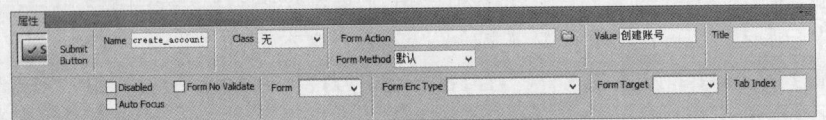

图4-12　【创建账号】按钮的属性设置

保存网页，预览其效果。

7. 插入下拉式菜单

　　表单的下拉式菜单最大的好处是可以在有限的空间内为用户提供更多的选项，非常节省版面。"下拉式菜单"默认只显示一项，该项也是活动选项，用户可以单击打开下拉式菜单，但只能选择其中的一项。

　　① 将光标置于"密码保护问题：*"行的第2个单元格中。

　　② 在【表单】面板中单击【选择】按钮 📋 选择 ，即可在光标处插入"<select></select>"。

　　③ 添加列表值。在【Select】属性面板中单击【列表值】按钮，弹出【列表值】对话框。在该对话框中，中间的列表项中列出了该菜单所包含的所有选项，每一行代表一个选项。"项目标签"用来设置每个选项所显示的文本，"值"设置的是选项的值。

　　单击➕按钮，为菜单添加一个新项，在此分别添加"请选择密码提示问题""您母亲的姓名是？""您父亲的姓名是？""您最要好朋友的姓名是？"和"您的出生地是？"5项，如图4-13所示（图中只能同时显示4行）。也可以单击➖按钮，删除已有的菜单选项。单击🔼按钮或🔽按钮，可为菜单选项调整顺序。

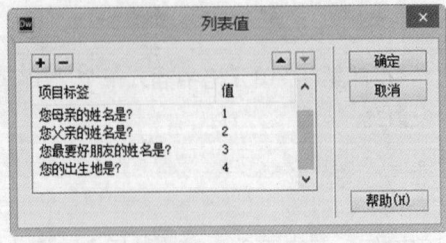

图4-13　在【列表值】对话框中添加菜单选项

④ 在【列表值】对话框中单击【确定】按钮，返回到【属性】面板，这时"初始化时选定（Selected）"列表项中会出现刚设置的菜单选项。

在"初始化时选定（Selected）"列表项中选择第1项"请选择密码提示问题"，如图4-14所示，作为浏览时初始状态下默认的选项，如果这里没有选择，则浏览时菜单未被选择之前为空。

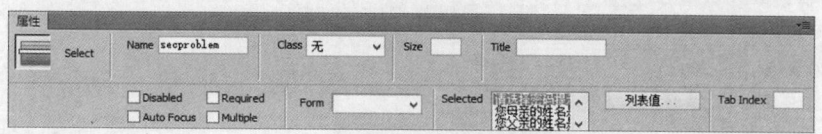

图4-14 "密码保护问题"菜单的属性设置

⑤ 保存网页，预览其效果。

8. 插入单选按钮组

使用单选按钮组，可以一次插入一组单选按钮。

① 将光标置于"性　别：*"行的第2个单元格中。

② 在【表单】面板中单击【单选按钮组】按钮 ，弹出图4-15所示的【单选按钮组】对话框。

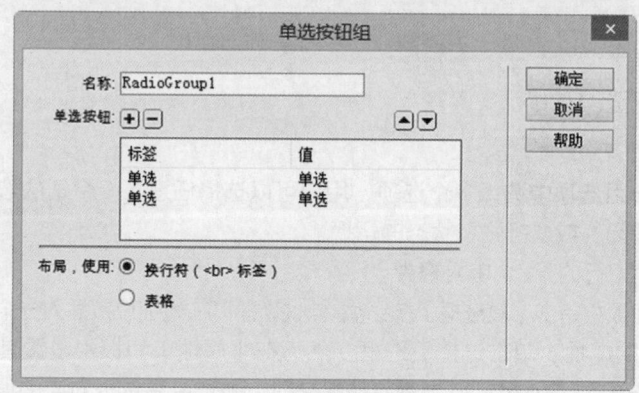

图4-15 【单选按钮组】对话框

在【单选按钮组】对话框中的"名称"文本框中输入该单选按钮组的名称"sex"。插入单选按钮组的好处就是使同一组单选按钮有统一的名称。中间的列表框中列出了单选按钮组中所包含的所有单选按钮，每一行代表一个单选按钮，默认包含两行。"标签"列用来设置单选按钮旁边的说明文字，"值"列用来设置选中单选按钮后提交的值。

③ 单击 按钮，向单选按钮组中添加新的单选按钮，然后单击"标签"一列的文字，输入新的内容，可以使用汉字，这里分别输入"男"和"女"；单击"值"一列的文字，输入需要的值，只能使用英文半角字符，这里分别输入"man"和"woman"。

也可以单击 按钮删除已有的单选按钮，如果需要调整已有单选按钮的排列顺序，可以单击 按钮（位置向上移动）或者单击 按钮（位置向下移动）。

"布局，使用"用来设置单选按钮的换行方式，有两个选项："换行符"表示单选按钮在网页中直接换行；"表格"表示插入表格来布局多个单选按钮。

单选按钮组的属性设置完成，如图4-16所示。

④ 单击【确定】按钮，在光标位置插入单选按钮组，删除换行符
，将两个单选按钮调整为同一行，然后通过插入多个空格，使其对齐，如图4-17所示。

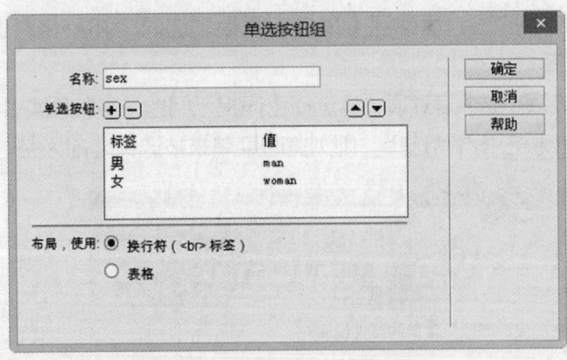

图4-16 添加了两个单选按钮的【单选按钮组】对话框

图4-17 "性别"单选按钮组的布局

⑤ 设置单选按钮的属性。选中单选按钮组中的一个单选按钮"男"，然后在【属性】面板中设置其属性，如图4-18所示。

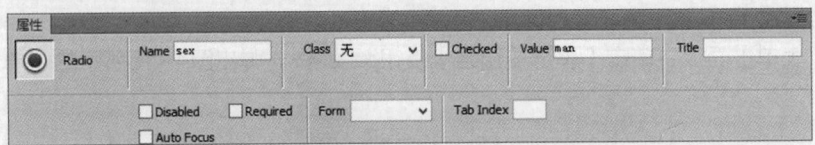

图4-18 单选按钮组中单个单选按钮的属性设置

⑥ 保存网页，预览其效果。

9. 插入复选框

复选框允许在一组选项中选择多个选项，用户可以选择任意多个合适的选项。复选框对每个单独的响应进行"关闭"或"打开"状态的切换。

① 将光标置于第9行的第2个单元格中。

② 在【表单】面板中单击【复选框】按钮 ☑ 复选框，即可在光标位置插入一个复选框。

③ 设置复选框的属性。单击选择复选框，然后在【属性】面板中设置其属性，将复选框的"值（Value）"设置为"true"，当表单被提交时，被选中复选框对应的值被传递给服务器的应用程序，"Checked"设置为"已勾选"状态，复选框的属性设置如图4-19所示。

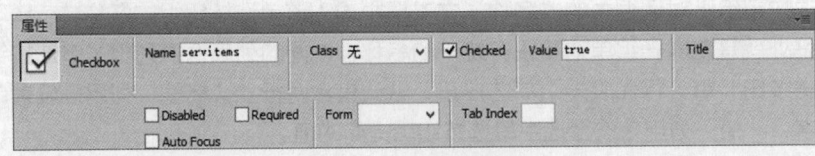

图4-19 复选框的属性设置

④ 保存网页，预览其效果。

10. 插入图像域

表单中也可以插入图像按钮，使表单按钮更加美观。

将光标置于"请输入右边的字符：*"行第3个单元格中，在【表单】面板中单击【图像域按钮】 ▣ 图像按钮，即可在光标处插入一个图像域。

单击选择图像按钮，然后在【属性】面板中设置其属性，单击【浏览文件】按钮 ▣，打开【选择图像源文件】对话框，在该对话框中选择一个图像文件"codeImg.gif"，如图4-20所示，最后单击【确定】按钮即可。

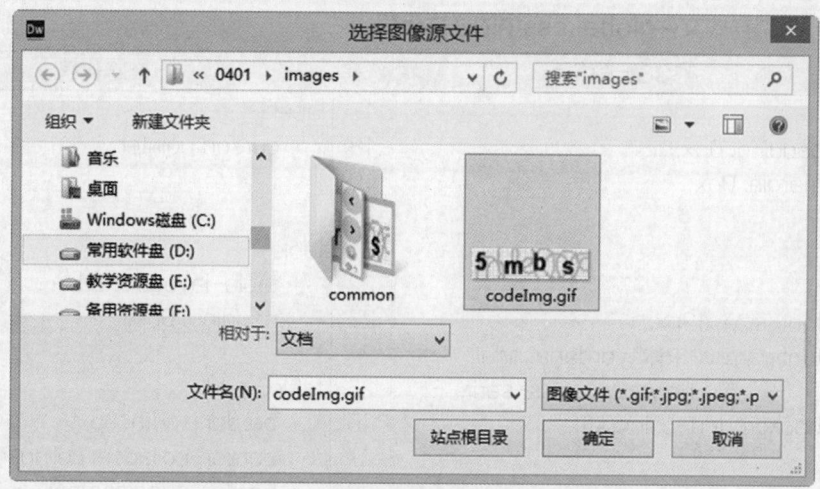

图4-20　在【选择图像源文件】对话框中选择图像文件

该图像按钮的属性设置如图4-21所示。

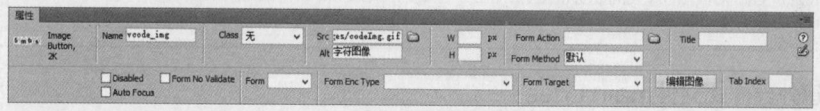

图4-21　图像按钮的属性设置

11. 保存网页与浏览网页效果

保存网页040101.html，然后按快捷键【F12】浏览该网页，其浏览效果如图4-2所示。

【任务4-1-2】美化电脑版用户注册网页

■ 任务描述

① 创建外部样式文件global.css，在该样式文件中定义必要的CSS样式。

② 创建外部样式文件main1.css，在该样式文件中定义必要的CSS样式。

③ 创建网页文档0401.html，该网页中所包含的内容与网页040101.html类似，网页0401.html主要应用CSS样式对表格、单元格和表单控件进行美化。

④ 编写代码实现以下功能：浏览网页时，当鼠标指针指向"用户名"和"密码"文本框时，该文本框自动获取焦点，且文本框的背景颜色和边框颜色自动改变；当鼠标指针离开该文本框时，将自动恢复默认的背景颜色和边框颜色。

⑤ 编写代码实现以下功能：浏览网页时，在某文本框中单击，该文本框将获取焦点，且背景颜色和边框颜色自动改变；当该文本框失去焦点时，将自动恢复默认的背景颜色和边框颜色。

网页0401.html的浏览效果如图4-1所示。

■ 任务实施

1. 创建外部样式文件global.css

创建外部样式文件global.css，并将其保存在文件夹"0401\css"中，在该样式文件中定义必要的CSS样式，对应的样式代码如表4-1所示。

表4-1 外部样式文件global.css中的样式代码

行号	CSS代码	行号	CSS代码
01	*{	17	label {
02	padding: 0px;	18	cursor: pointer;
03	margin: 0px;	19	}
04	}	20	
05		21	table{
06	body{	22	table-layout: fixed;
07	font-size: 12px;	23	padding: 0px;
08	font-family:"宋体",verdana, arial,	24	}
09	helvetica, sans-serif;	25	table, tr, td {
10	background-color: #fff;	26	border-width: 0px;
11	}	27	border-collapse: collapse;
12		28	border-spacing:0px;
13	a {	29	}
14	color: #0679e4;	30	.fri {
15	text-decoration: underline;	31	float: right;
16	}	32	}

2. 创建外部样式文件main1.css

创建外部样式文件main1.css，并将其保存在文件夹"0401\css"中，在该样式文件中定义必要的CSS样式，对应的样式代码如表4-2所示。

表4-2 外部样式文件main1.css中的样式代码

行号	CSS代码	行号	CSS代码
01	.content {	22	padding:10px 5px;
02	width: 964px;	23	border-top:1px solid #ccc;
03	height: auto;	24	border-right:1px solid #ccc;
04	margin: 0px auto;	25	height:30px;
05	text-align: center;	26	line-height:150%;
06	}	27	}
07		28	
08	.main-cont {	29	.cont-tab td.td1 {
09	width: 870px;	30	font-size: 14px;
10	padding:5px 0px;	31	text-align: right;
11	margin: 0px auto;	32	width: 200px;
12	}	33	}
13		34	
14	.cont-tab {	35	.cont-tab td.td2 {
15	width: 870px;	36	text-align: left;
16	margin-bottom:5px;	37	vertical-align: middle;
17	border-left:1px solid #ccc;	38	width: 260px;
18	border-bottom:1px solid #ccc;	39	}
19	}	40	
20		41	.cont-tab td.td3 {
21	.cont-tab td {	42	width: auto;

行号	CSS代码	行号	CSS代码
43	text-align: left;	88	border-width: 0px;
44	}	89	cursor: pointer;
45		90	}
46	.fle {	91	
47	width: 205px;	92	.cont-tab td.td2 .sel {
48	font-weight: bold;	93	font-size: 14px;
49	float: left;	94	color: #666;
50	}	95	width: 95%;
51		96	}
52	input.ipt-normal {	97	
53	border-color: #a0b4c5;	98	.btn-submit {
54	background-color: #fff;	99	background-image: url(../images/04bg.jpg);
55	}	100	background-repeat: no-repeat;
56	.cont-tab td.td2 .inp {	101	background-position: -9px -219px;
57	font-size: 14px;	102	width: 117px;
58	line-height: 16px;	103	height: 41px;
59	vertical-align: middle;	104	margin: 10px;
60	width: 95%;	105	border-width: 0px;
61	height: 20px;	106	cursor: pointer;
62	border-color: #727272;	107	}
63	padding: 4px 2px 2px;	108	
64	border-width: 1px;	109	td.codeimg img {
65	border-style:solid ;	110	border: #e7e7e7 1px solid;
66	}	111	vertical-align: middle;
67	.nes {	112	}
68	font-size: 12px;	113	
69	color: #c00;	114	td.codeimg a {
70	line-height: 30px;	115	text-decoration: underline;
71	}	116	}
72		117	
73	input.ipt-focus {	118	#authcode{
74	border-color:#727272	119	border-top: #fff 0px groove;
75	background-color: #fffbd5;	120	border-right: #fff 0px groove;
76	}	121	border-left: #fff 0px groove;
77	.btn-jc {	122	}
78	font-size: 14px;	123	
79		124	.btn-submit-act {
80	color: #1f79a7;	125	background-image: url(../images/04bg.jpg);
81	background-image:url(../images/04bg.jpg);	126	background-repeat: no-repeat;
82	background-repeat: no-repeat;	127	background-position: -126px -219px;
83	background-position: -468px -146px;	128	width: 117px;
84	vertical-align: middle;	129	height: 41px;
85	width: 43px;	130	margin: 0px;
86	height: 26px;	131	border-width: 0px;
87	margin-top: 2px;	132	}

3. 创建网页文档0401.html

创建网页文档0401.html，并将其保存在文件夹"0401"中，在网页中插入Div标签对网页元素进行布局，应用CSS样式对表格、单元格和表单控件进行美化，对应的HTML代码如表4-3所示。

表4-3　网页0401.html对应的HTML代码

行号	HTML代码
01	`<div class="content">`
02	`<form action="register.aspx" method="post" name="form1" target="_blank" id="form1">`
03	`<div class="main-cont">`
04	`<table class="cont-tab">`
05	`<tbody>`
06	`<tr>`
07	`<td class="td1">用户名：<span class="nes">*</span></td>`
08	`<td class="td2">`
09	`<div class="fle">`
10	`<input class="inp ipt-normal" id="inp_uname" name="inp_uname"`
11	`onmouseover=this.focus() maxlength="18"`
12	`onfocus="this.select();this.className='inp ipt-focus'"`
13	`onmouseout="this.className='inp ipt-normal'" />`
14	`</div>`
15	`<input class="btn-jc fri" id="btn_chk" type="button" value="检测" />`
16	`</td>`
17	`<td class="td3"> 请输入6~8个字符，包括字母、数字和下画线</td>`
18	`</tr>`
19	`<tr>`
20	`<td class="td1">密  码：<span class="nes">*</span></td>`
21	`<td class="td2">`
22	`<input class="inp ipt-normal" id="password" name="password"`
23	`type="password" onmouseover=this.focus() maxlength="16"`
24	`onfocus="this.select();this.className='inp ipt-focus'"`
25	`onmouseout="this.className='inp ipt-normal'" />`
26	`</td>`
27	`<td class="td3"> 密码由6~16个字符组成，`
28	`请使用英文字母加数字的组合密码</td>`
29	`</tr>`
30	`<tr>`
31	`<td class="td1">再次输入密码：<span class="nes">*</span></td>`
32	`<td class="td2">`
33	`<input class="inp ipt-normal" id="passwordconfirm" type="password"`
34	`onmouseover=this.focus() maxlength="16" name="passwordconfirm"`
35	`onfocus="this.select();this.className='inp ipt-focus'"`
36	`onmouseout="this.className='inp ipt-normal'" />`
37	`</td>`
38	`<td class="td3"> 请再输入一遍您上面输入的密码</td>`
39	`</tr>`
40	`<tr>`

行号	HTML代码
41	`<td class="td1">密码保护问题：<span class="nes">*</span></td>`
42	`<td class="td2">`
43	`<select class="sel" id="secproblem" name="secproblem">`
44	`<option value="0" selected="selected">请选择密码提示问题</option>`
45	`<option value="您母亲的姓名是?">您母亲的姓名是?</option>`
46	`<option value="您父亲的姓名是?">您父亲的姓名是?</option>`
47	`<option value="您最要好朋友的姓名是?">您最要好朋友的姓名是?</option>`
48	`<option value="您的出生地是?">您的出生地是?</option>`
49	`</select>`
50	`</td>`
51	`<td class="td3"> 从下拉列表框中选择一个密码保护问题</td>`
52	`</tr>`
53	`<tr>`
54	`<td class="td1">密码保护问题答案：<span class="nes">*</span></td>`
55	`<td class="td2">`
56	`<input class="inp ipt-normal" id="secanswer"`
57	`maxlength="30" name="secanswer" />`
58	`</td>`
59	`<td class="td3"> 输入密码保护问题的答案</td>`
60	`</tr>`
61	`<tr>`
62	`<td class="td1">性  别：<span class="nes">*</span></td>`
63	`<td class="td2">`
64	`<label>`
65	`<input type="radio" name="sex" value="man" id="sex_0" />男`
66	`</label>  `
67	`<label>`
68	`<input type="radio" name="sex" value="woman" id="sex_1" />女`
69	`</label>`
70	`</td>`
71	`<td class="td3"> </td>`
72	`</tr>`
73	`<tr>`
74	`<td class="td1">出生日期：<span class="nes">*</span></td>`
75	`<td class="td2">`
76	`<input class="inp ipt-normal" id="year" style="width: 80px"`
77	`maxlength="4" name="year" /> 年`
78	`<input class="inp ipt-normal" id="month" style="width: 45px"`
79	`maxlength="2" name="month" /> 月`
80	`<input class="inp ipt-normal" id="day" style="width: 45px"`
81	`maxlength="2" name="day" /> 日`
82	`</td>`
83	`<td class="td3"> </td>`

行号	HTML代码
84	`</tr>`
85	`<tr>`
86	`<td class="td1">请输入右边的字符：<span class="nes">*</span></td>`
87	`<td class="td2">`
88	`<input class="inp ipt-normal" id="authcode" name="authcode"`
89	`onblur="this.className='inp ipt-normal'"`
90	`onfocus="this.className='inp ipt-focus'" maxlength="16" />`
91	`</td>`
92	`<td class="td3">`
93	`<span class="td2 codeimg"><img class="" id="vcode_img"`
94	`src="images/04CodeImg.gif" /><a href="#">看不清楚，换一张</a></span>`
95	`</td>`
96	`</tr>`
97	`<tr>`
98	`<td class="td1"> </td>`
99	`<td class="td2">`
100	`<label><input id="servitems" type="checkbox" checked="checked"`
101	`name="servitems" /> 我已阅读并接受服务条款</label>`
102	`</td>`
103	`<td class="td3">`
104	`<input class="btn-submit" title="创建账号" type="button"`
105	`onblur="this.className='btn-submit'"`
106	`onfocus="this.className='btn-submit-act'" name="input" />`
107	`</td>`
108	`</tr>`
109	`</tbody>`
110	`</table>`
111	`</div>`
112	`</form>`
113	`</div>`

浏览网页时，当鼠标指针指向"用户名"和"密码"文本框时，该文本框自动获取焦点，其背景颜色和边框颜色自动改变的代码如下。

```
onmouseover=this.focus()
onfocus="this.select();this.className='inp ipt-focus'"
```

当鼠标指针离开该文本框时，自动恢复默认的背景颜色和边框颜色的代码如下。

```
onmouseout="this.className='inp ipt-normal'"
```

浏览网页时，在某文本框中单击，该文本框获取焦点且背景颜色和边框颜色自动改变的代码如下。

```
onfocus="this.className='inp ipt-focus'"
```

当文本框失去焦点时，自动恢复默认的背景颜色和边框颜色的代码如下。

```
onblur="this.className='inp ipt-normal'"
```

4. 保存网页与浏览网页效果

保存网页0401.html，然后按快捷键【F12】浏览该网页，其浏览效果如图4-1所示。

任务4-2 制作与美化电脑版用户登录网页0402.html

■ 任务描述

制作与美化电脑版用户注册网页0402.html，其浏览效果如图4-22所示。

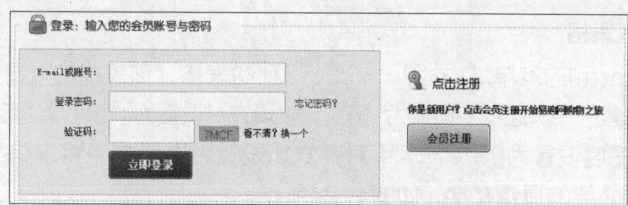

图4-22 电脑版用户注册网页0402.html的浏览效果

【任务4-2-1】创建电脑版用户登录网页

■ 任务描述

① 在网页文档040201.html中插入一个表单域。
② 在表单域中插入一个3行3列的表格。
③ 在表格中插入一个文本域。
④ 在表格中插入一个密码域。
⑤ 在表格中插入一个图像域。
网页文档040201.html的浏览效果如图4-23所示。

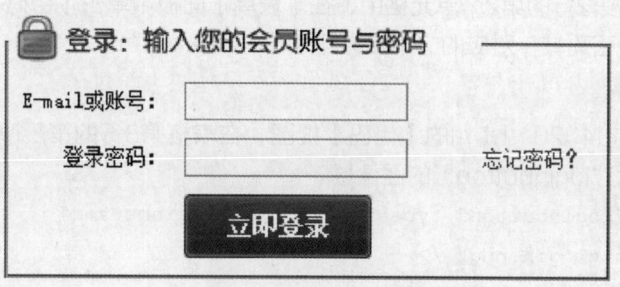

图4-23 网页文档040201.html的浏览效果

■ 任务实施

1. 创建并打开网页文档040201.html

在文件夹"0401"中创建网页文档040201.html，并且打开该网页文档。

2. 插入表单域

切换到网页文档040201.html的【代码】视图，在"<body>"与"</body>"之间输入如下所示的HTML代码。

```
<form id="form1" name="form1" action="login.aspx" method="post">
  <fieldset>
      <legend>      </legend>
  </fieldset>
</form>
```

然后在"<legend>"与"</legend>"之间插入图像loginTitle.png，"替换"文本设置为"登录：输入您的会员账号与密码"。对应的HTML代码如下所示。

```
<img src="images/loginTitle.png" alt="登录：输入您的会员账号与密码" />
```

3. 在网页中插入表格

在网页040201.html的表单域中插入一个3行3列的表格，该表格的id设置为"table02"，"宽"设置为"350像素"，"边框"设置为"0"，"填充"设置为"5"，"间距"设置为"0"。

将表格第1列的宽度设置为28%，水平对齐方式设置为右对齐，将表格第2列的宽度设置为48%，在表格中输入必要的提示文字，如图4-24所示。

图4-24　在3行3列表格中输入必要的文字

4. 插入文本域

切换到网页文档040201.html的【代码】视图，在表格的第1行第2个单元格中输入以下代码，插入一个名称为"username"的文本域。

```
<input name="username" type="text" maxlength="20"/>
```

5. 插入密码域

将光标置于表格第2行的第2个单元格中，在【表单】面板中单击【密码】按钮 密码 ，即可在光标位置插入一个密码域，对应的文本域类型为"password"。

6. 插入图像域

切换到网页文档040201.html的【代码】视图，在表格第3行的第2个单元格中输入以下代码，插入一个名称为"loginbutton"的图像域。

```
<input name="loginbutton" type="image" id="loginbutton"
src="images/btnLogin.png" />
```

7. 保存网页与浏览网页效果

保存网页040201.html，然后按快捷键【F12】浏览该网页，其浏览效果如图4-23所示。

【任务4-2-2】美化电脑版用户登录网页

■ 任务描述

① 创建外部样式文件base.css，在该样式文件中定义必要的CSS样式。
② 创建外部样式文件main.css，在该样式文件中定义必要的CSS样式。
③ 创建网页文档0402.html，该网页中所包含的内容与网页040201.html类似，网页0402.

html主要应用CSS样式对表格、单元格和表单控件进行美化。

网页0402.html的浏览效果如图4-22所示。

■ **任务实施**

1. 创建外部样式文件base.css

创建外部样式文件base.css，并将其保存在文件夹"0401\css"中，在该样式文件中定义必要的CSS样式，对应的样式代码如表4-4所示。

表4-4　外部样式文件base.css中的样式代码

行号	CSS代码	行号	CSS代码
01	body, h3, h5, form, fieldset, legend,	24	button, input, select, textarea {
02	button, input {	25	font-size: 100%;
03	margin: 0;	26	}
04	padding: 0;	27	
05	}	28	table {
06		29	border-collapse: collapse;
07	body, button, input, select, textarea {	30	border-spacing: 0;
08	font-family: "宋体",verdana,	31	}
09	arial, helvetica, sans-serif;	32	
10	font-size: 12px;	33	a {
11	line-height: 1.5em;	34	text-decoration: none;
12	}	35	color: #333;
13		36	}
14	legend {	37	
15	color: #000;	38	a:link,a:visited {
16	}	39	text-decoration: none;
17		40	color: #666;
18	fieldset{	41	}
19	margin-left:10px;	42	
20	}	43	a:hover {
21	img {	44	color: #2b98db;
22	border: none;	45	font-weight: bold;
23	}	46	}

2. 创建外部样式文件main.css

创建外部样式文件main.css，并将其保存在文件夹"0401\css"中，在该样式文件中定义必要的CSS样式，对应的样式代码如表4-5所示。

表4-5　外部样式文件main.css中的样式代码

行号	CSS代码	行号	CSS代码
01	#user_wrapper {	06	}
02	margin: 10px auto;	07	
03	width: 800px;	08	#uesr_loginreg {
04	clear: both;	09	width: 800px;
05	overflow: hidden;	10	}

行号	CSS代码	行号	CSS代码
11		53	}
12	#uesr_loginreg fieldset {	54	
13	border: 1px solid #ddd;	55	#user_wrapper input.w220 {
14	clear: left;	56	width: 220px;
15	margin: 1em 0;	57	border: 1px solid #ccc;
16	padding: 5px;	58	padding: 4px;
17	}	59	font-weight: bold;
18		60	font-family: tahoma, geneva, sans-serif;
19	#uesr_loginreg legend {	61	}
20	color: #996633;	62	
21	font-size: 135%;	63	#uesr_loginreg a {
22	font-weight: normal;	64	color: #005cce;
23	letter-spacing: −1px;	65	}
24	line-height: 1;	66	
25	padding: 0 0.5em;	67	#uesr_loginreg a:hover {
26	}	68	color: #f60;
27		69	}
28	#uesr_loginreg .loginbox {	70	
29	float: left;	71	#user_wrapper input.w100 {
30	width: 450px;	72	width: 100px;
31	background: #f2f2f2;	73	border: 1px solid #ccc;
32	border: 1px solid #ccc;	74	padding: 5px;
33	margin-top: 10px;	75	font-weight: bold;
34	padding: 10px 10px 0px 10px;	76	font-family: tahoma, geneva, sans-serif;
35	}	77	}
36		78	#vimg{
37	#uesr_loginreg table {	79	top: 7px;
38	*border-collapse: collapse;	80	position: relative;
39	border-spacing: 0;	81	}
40	}	82	#uesr_loginreg .regbox {
41		83	float: right;
42	#uesr_loginreg .table_f {	84	width: 260px;
43	width: 95%;	85	margin: 35px 20px;
44	margin-bottom: 10px;	86	}
45	border-left: 0px;	87	#uesr_loginreg .regbox h3 {
46	border-bottom: 0px;	88	margin-bottom: 10px;
47	}	89	}
48	#uesr_loginreg .table_f td {	90	
49	height: 25px;	91	#uesr_loginreg .regbox .regbtn {
50	padding: 5px;	92	margin-top: 10px;
51	line-height: 150%;	93	margin-bottom: 20px;
52	font-size: 12px;	94	}

3. 创建网页文档0402.html，并应用CSS样式对其进行美化

（1）创建网页文档0402.html

创建网页文档0402.html，并将其保存在文件夹"0401"中，在网页中应用CSS样式对表格、单元格和表单控件进行美化，对应的HTML代码如表4-6所示。

表4-6 网页0402.html对应的HTML代码

行号	HTML代码
01	`<form id="form1" name="form1" action="login.aspx" method="post">`
02	`<div id="user_wrapper">`
03	`<div id="uesr_loginreg">`
04	`<fieldset>`
05	`<legend><img src="images/loginTitle.png" alt="登录 输入您的会员账号与密码" />`
06	`</legend>`
07	`<div class="loginbox">`
08	`<table class="table_f">`
09	`<tr>`
10	`<td width="24%" align="right">E-mail或账号：</td>`
11	`<td width="76%">`
12	`<input name="username" type="text" id="username" class="w220" />`
13	`</td>`
14	`</tr>`
15	`<tr>`
16	`<td align="right">登录密码：</td>`
17	`<td>`
18	`<input name="pwd" type="password" id="pwd" class="w220"`
19	`onkeydown="submitkeyclick('loginbutton')" />`
20	` <a href="page/resetpassword.html" id="a1">忘记密码？</a>`
21	`</td>`
22	`</tr>`
23	`<tr>`
24	`<td align="right">验证码：</td>`
25	`<td>`
26	`<input name="verifycode" type="text" id="verifycode" class="w100"`
27	`onkeydown="submitkeyclick('loginbutton')" />`
28	`<img src="images/validateCode.gif" id="vimg" alt="看不清，点击换一个" />`
29	`<span style="cursor:hand">看不清？换一个</span>`
30	`</td>`
31	`</tr>`
32	`<tr>`
33	`<td></td>`
34	`<td>`
35	`<input type="image" name="loginbutton" id="loginbutton"`
36	`src="images/btnLogin.png" onclick="return checkform();"/>`
37	`</td>`
38	`</tr>`
39	`</table>`

续表

行号	HTML代码
40	</div>
41	<div class="regbox">
42	<h3><img src="images/regTitle.png" alt="点击注册" /></h3>
43	<h5>你是新用户？点击会员注册开始易购网购物之旅</h5>
44	<div class="regbtn"><a href="register.html" id="a2">
45	<img src="images/btnUesrReg.png" alt="会员注册" /></a></div>
46	</div>
47	</fieldset>
48	</div>
49	</div>
50	</form>

（2）链接外部样式表文件

链接外部样式表文件的代码如下所示。

```
<link rel="stylesheet" href="css/base.css" type="text/css"/>
<link rel="stylesheet" href="css/main.css" type="text/css"/>
```

（3）编写验证注册页面中输入内容的JavaScript代码

打开网页0402.html，切换到【代码】视图，在网页头部输入表4-7所示的JavaScript代码，实现验证注册页面中输入内容的功能。

表4-7　验证注册页面中输入内容的JavaScript代码

行号	JavaScript代码
01	<script language="JavaScript" type="text/JavaScript">
02	function trim()
03	{
04	return this.replace(/(^\s*)|(\s*$)/g,"");
05	}
06	
07	function checkform()
08	{
09	if (document.getElementById("username").value.trim()=="")
10	{
11	alert("请输入会员账号!");
12	document.getElementById("username").focus();
13	return false;
14	}
15	
16	if (document.getElementById("pwd").value.trim()=="")
17	{
18	alert("请输入登录密码!");
19	document.getElementById("pwd").focus();
20	return false;
21	}
22	

续表

行号	JavaScript代码
23	if (document.getElementById("verifycode").value.trim()=="")
24	{
25	alert("请输入验证码!");
26	document.getElementById("verifycode").focus();
27	return false;
28	}
29	}
30	</script>

4. 保存网页与浏览网页效果

保存网页0402.html，然后按快捷键【F12】浏览该网页，其浏览效果如图4-22所示。

探索训练

任务4-3　制作触屏版用户注册网页0403.html

■ 任务描述

制作触屏版用户注册网页0403.html，其浏览效果如图4-25所示。

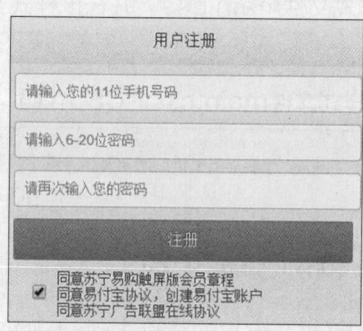

图4-25　触屏版用户注册网页0403.html的浏览效果

■ 任务实施

1. 创建文件夹

在站点"易购网"的文件夹"04表单应用与制作注册登录页面"中创建文件夹"0402"，并在文件夹"0402"中创建子文件夹"CSS"和"image"，将所需的图片文件复制到"image"文件夹中。

2. 创建通用样式文件base.css

在文件夹"CSS"中创建通用样式文件base.css，并在该样式文件中编写样式代码，如表4-8所示。

表4-8 网页0403.html中样式文件base.css的CSS代码

序号	CSS代码	序号	CSS代码
01	* {	21	
02	margin: 0;	22	input {
03	padding: 0;	23	vertical-align: middle
04	}	24	}
05		25	
06	body {	26	input:focus {
07	font-family: Arial;	27	outline: none;
08	font-size: 1em;	28	}
09	min-width: 320px;	29	
10	background: #eee;	30	.f14 {
11	}	31	font-size: 14px;
12		32	}
13	a {	33	
14	color: #333;	34	.layout {
15	text-decoration: none;	35	margin: 0 10px;
16	}	36	}
17		37	
18	ul,ol,li {	38	.mt10 {
19	list-style: none	39	margin-top: 10px !important;
20	}	40	}

3．创建主体样式文件base.css

在文件夹"CSS"中创建样式文件main.css，并在该样式文件中编写样式代码，如表4-9所示。

表4-9 网页0402.html中样式文件main.css的CSS代码

序号	CSS代码	序号	CSS代码
01	.nav {	18	height: 46px;
02	height: 46px;	19	overflow: hidden;
03	background: -webkit-gradient(linear,	20	}
04	0% 0,0% 100%,	21	
05	from(#F9F3E6),to(#F1E8D6));	22	.input-list li {
06	border-top: 1px solid #FBF8F0;	23	margin-bottom: 12px;
07	border-bottom: 1px solid #E9E5D7;	24	}
08	position: relative;	25	.input-ui-a {
09	}	26	height: 35px !important;
10		27	width: 96% ;
11	.nav .nav-title {	28	line-height: 35px;
12	line-height: 46px;	29	font-size: 14px;
13	width: 30%;	30	border: 1px solid #ccc;
14	font-size: 16px;	31	padding: 0 10px 0 10px;
15	margin: 0 auto;	32	border-radius: 4px;
16	text-align: center;	33	background: #F8F8F7;
17	color: #766d62;	34	color: #000;

序号	CSS代码	序号	CSS代码
35	}	59	color: #fff;
36	.input-ui-a:focus {	60	}
37	color: #333;	61	
38	background: #fcfcfc;	62	.wbox {
39	border-radius: none;	63	display: -webkit-box;
40	outline: none;	64	padding: 0 20px;
41	}	65	color: #007be0;
42	btn-ui-b {	66	}
43	height: 40px;	67	
44	line-height: 40px;	68	.input-checkbox-a {
45	font-size: 16px;	69	width: 15px;
46	text-shadow: -1px -1px 0 #D25000;	70	height: 15px;
47	border-radius: 3px;	71	float: left;
48	color: #fff;	72	margin-top: 15px;
49	background: -webkit-gradient(linear,	73	border: 1px solid #C6C6C6;
50	0% 0%, 0% 100%,	74	border-radius: 3px;
51	from(#FF8F00),to(#FF6700));	75	background: #fff;
52	border: 1px solid #FF6700;	76	}
53	text-align: center;	77	
54	}	78	.wbox-flex {
55		79	word-wrap: break-word;
56	.btn-ui-b a {	80	word-break: break-all;
57	display: block;	81	margin-left:10px;
58	height: 100%;	82	}

4. 创建网页文档0403.html与链接外部样式表

在文件夹"0402"中创建网页文档0403.html，切换到网页文档0403.html的【代码】视图，在标签"</head>"的前面输入链接外部样式表的代码，如下所示。

```
<link rel="stylesheet" type="text/css" href="css/base.css" />
<link rel="stylesheet" type="text/css" href="css/main.css" />
```

5. 编写网页主体布局结构的HTML代码

网页0403.html主体布局结构的HTML代码如表4-10所示。

表4-10　网页0403.html主体布局结构的HTML代码

序号	HTML代码
01	<nav class="nav">　　　　　　</nav>
02	<div class="layout f14">
03	<form>
04	<ul class="input-list mt10" >　</ul>
05	<div class="btn-ui-b mt10">　</div>
06	<div class="wbox mt10">　　</div>
07	</form>
08	</div>

6. 输入HTML标签与插入表单及控件

在网页文档0403.html中输入所需的HTML标签与文字，HTML代码如表4-11所示。

表4-11　网页0403.html的HTML代码

序号	HTML代码
01	`<nav class="nav">`
02	`<div class="nav-title">用户注册</div>`
03	`</nav>`
04	`<div class="layout f14">`
05	`<form id="normalMobileReg_form">`
06	`<ul class="input-list mt10" >`
07	`<li> <input type="text" class="input-ui-a" placeholder="请输入您的11位手机号码"`
08	`name="mobile" value="" maxlength="11" /></li>`
09	`<li> <input type="password" class="input-ui-a" placeholder="请输入6-20位密码"`
10	`name="logonPassword" value="" maxlength="20" /></li>`
11	`<li> <input type="password" class="input-ui-a" placeholder="请再次输入您的密码"`
12	`name="logonPasswordVerify" value="" maxlength="20" /></li>`
13	`</ul>`
14	`<div class="btn-ui-b mt10">`
15	`<a href="JavaScript:void(0);" id="normalMobileReg_submit">注册</a>`
16	`</div>`
17	`<div class="wbox mt10">`
18	`<label>`
19	`<input class="input-checkbox-a" type="checkbox" checked="checked" name="agreement" />`
20	`<div class="wbox-flex">`
21	`<p>同意苏宁易购触屏版会员章程</p>`
22	`<p>同意易付宝协议，创建易付宝账户</p>`
23	`<p>同意苏宁广告联盟在线协议</p>`
24	`</div>`
25	`</label>`
26	`</div>`
27	`</form>`
28	`</div>`

7. 保存与浏览网页

保存网页文档0403.html，其在浏览器Google Chrome中的浏览效果如图4-25所示。

任务4-4　制作触屏版用户登录网页0404.html

■ 任务描述

制作触屏版用户登录网页0404.html，其浏览效果如图4-26所示。

■ 任务实施

1. 编写CSS代码

在文件夹"CSS"中创建样式文件common.css，并在该样式文件中编写样式代码，如表4-12所示。

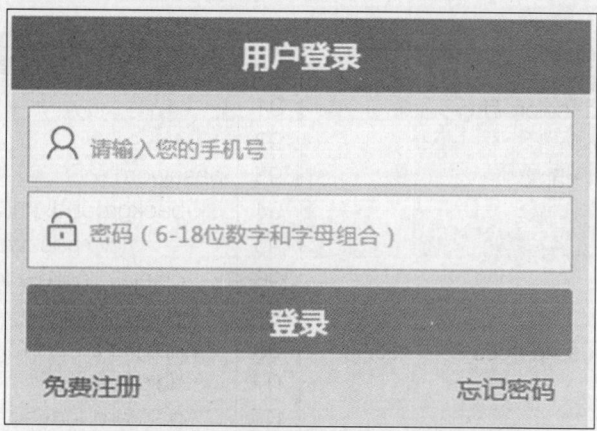

图4-26 触屏版用户登录网页0404.html的浏览效果

表4-12 网页0402.html中样式文件common.css的CSS代码

序号	CSS代码	序号	CSS代码
01	a {	28	font-weight: 700
02	color: #2DA1E7;	29	}
03	text-decoration: none;	30	
04	font-size: 15px;	31	.content {
05	}	32	background-color: #f0f0f0;
06		33	min-height: 180px;
07	a:hover,a:active {	34	padding: 10px;
08	text-decoration: none	35	font-size: 15px;
09	}	36	}
10		37	
11	.header {	38	article.bottom_c section {
12	height: 44px;	39	padding-left: 10px;
13	line-height: 44px;	40	padding-right: 10px;
14	text-align: center;	41	height: auto;
15	background-color: #3cafdc	42	background-color: #fff;
16	}	43	line-height: 49px;
17		44	position: relative;
18	.header h1 {	45	}
19	width: 190px;	46	
20	display: block;	47	article.bottom_c input[type="text"],
21	margin: 0 auto;	48	article.bottom_c input[type="password"] {
22	font-family: microsoft yahei;	49	width: 100%;
23	font-size: 18px;	50	text-align: left;
24	color: #fff;	51	outline: none;
25	white-space: nowrap;	52	box-shadow: none;
26	overflow: hidden;	53	border: none;
27	text-overflow: ellipsis;	54	color: #333;

续表

序号	CSS代码	序号	CSS代码
55	background-color: #fff;	91	}
56	height: 20px;	92	
57	margin-left: -5px;	93	.password {
58		94	background: url("../images
59	}	95	/ico-password.png") no-repeat;
60		96	display: inline-block;
61	.selectBank {	97	width: 25px;
62	border: 1px solid #ccc;	98	height: 26px!important;
63	}	99	height: 25px;
64	section span {	100	background-size: cover;
65	float: left;	101	margin: 6px -5px 0;
66	padding-left: 5px	102	}
67	}	103	
68		104	.btn {
69	input::-webkit-input-placeholder {	105	width: 100%;
70	color: #ccc;	106	height: 40px;
71	}	107	display: block;
72		108	margin-top: 10px;
73	.username {	109	margin-bottom: 10px;
74	background: url("../images/ico-user.png")	110	line-height: 40px;
75	no-repeat;	111	text-align: center;
76	display: inline-block;	112	font-size: 18px;
77	width: 25px;	113	color: #fff;
78	height: 25px;	114	background: #fe932b;
79	background-size: cover;	115	border: none;
80	margin: 6px -5px 0;	116	border-radius: 3px;
81	}	117	font-weight: bold;
82		118	}
83	section span.fRight {	119	
84	float: none;	120	.log_ele {
85	padding-left: 12px;	121	padding: 0px 10px;
86	position: relative;	122	font-size: 15px;
87	overflow: hidden;	123	}
88	display: block;	124	.log_ele a:last-child {
89	height: 44px;	125	float: right
90	line-height: 44px;	126	}

2. 创建网页文档0404.html与链接外部样式表

在文件夹"0402"中创建网页文档0404.html，切换到网页文档0404.html的【代码】视图，在标签"</head>"的前面输入链接外部样式表的代码，如下所示。

```
<link rel="stylesheet" type="text/css" href="css/common.css" />
```

3. 编写网页主体布局结构的HTML代码

网页0404.html主体布局结构的HTML代码如表4-13所示。

表4-13 网页0404.html主体布局结构的HTML代码

序号	HTML代码
01	<header class="header"> </header>
02	<div class="content">
03	<form action="" class="listForm" method="post">
04	<article class="bottom_c">
05	<section class="selectBank"> </section>
06	</article>
07	<input type="button" class="btn" title="用户登录" value="登录">
08	<div class="log_ele"> </div>
09	</form>
10	</div>

4. 输入HTML标签与插入表单及控件

在网页文档0404.html中输入所需的HTML标签与文字，HTML代码如表4-14所示。

表4-14 网页0404.html的HTML代码

序号	HTML代码
01	<header class="header">
02	<h1>用户登录</h1>
03	</header>
04	<div class="content">
05	<form action="" class="listForm" method="post">
06	<article class="bottom_c" >
07	<section class="selectBank">
08	<span class="username"></span>
09	<span class="fRight"> <input name="LoginName" id="name" type="text" value=""
10	placeholder="请输入您的手机号" /> </span>
11	</section>
12	<section class="selectBank" style="margin-top:5px;">
13	<span class="password"></span>
14	<span class="fRight"> <input name="Passwd" id="pass" type="password"
15	placeholder="密码（6-18位数字和字母组合）"/> </span>
16	</section>
17	</article>
18	<input type="button" class="btn" title="用户登录" value="登录" >
19	<div class="log_ele">
20	<a href="">免费注册</a>
21	<a href="">忘记密码</a>
22	</div>
23	</form>
24	</div>

5. 保存与浏览网页

保存网页文档0404.html，其在浏览器Google Chrome中的浏览效果如图4-26所示。

析疑解惑

【问题1】怎样使用户直接在文本域中输入内容？

如果在表单文本域中加入了提示信息，浏览者要在该文本域中输入信息，往往要用鼠标选取文本域中的提示信息，然后将其删除，再输入有用的信息。其实只需在<textarea>中输入代码"onMouseOver="this.focus( )" onFocus="this.select( )""，就不必删除提示信息而直接在文本域中输入有用的信息。

【问题2】表单中的"跳转菜单"有何作用？用户选择"跳转菜单"选项后，如果再次导航回到该页面，就无法重新选择此菜单选项，怎样解决这一问题？

跳转菜单是文档中的弹出菜单，列出链接到文档或文件的选项。可以创建到整个Web站点内文档的链接、到其他Web站点中文档的链接、电子邮件链接、到图像的链接，也可以创建到可在浏览器中打开的任何文件类型的链接。

解决此问题有以下两种方法。

方法一：使用菜单选择提示或用户说明，在选择每个菜单之后将自动重新选择菜单提示。

方法二：使用【前往】按钮，该按钮允许用户重新访问当前所选链接。

【问题3】如何修改表单为弹出窗口？

大多数表单激活后，会在当前页面中打开，影响正常浏览。在表单的【属性】面板中将"目标"设置为"_blank"，即可将该表单修改为弹出窗口。

【问题4】将表单数据发送到服务器有哪两种方法？各有何特点？

将表单数据发送到服务器有两种方法：GET方法和POST方法。

GET方法将表单内的数据附加到URL后传送给服务器，服务器用读取环境变量的方法读取表单内的数据，一般浏览器默认的发送数据方式为GET方法。

POST方法用标准输入方式将表单内的数据传送给服务器，服务器用读取标准输入的方式读取表单内的数据。

如果要使用GET方法发送长表单，URL的长度应限制在8 192个字符以内。如果发送的数据量太大，数据将被截断，从而导致意外或失败的处理结果。另外，在发送用户名和密码或其他机密信息时，不要使用GET方法，应使用POST方法。

单元小结

本单元主要介绍了制作与美化用户注册网页和用户登录网页的方法。表单是网页与浏览者交互的一种界面，在网页中有着广泛的应用，如在线注册、在线购物、在线调查问卷等。这些过程都需要填写一系列表单，然后将其发送到网站的服务器，并由服务器端的应用程序来处理，从而实现与浏览者的交互。

单元习题

（1）下列关于表单的说法中错误的是_____。

A. 表单控件可以单独存在于表单域之外

B. 表单中可以包含各种表单控件，如文本域、列表框和按钮

C. 表单是网页与浏览者交互的一种界面，在网页中有着广泛的应用

D. 一个完整的表单应该包括两个部分：一是描述表单的HTML源代码；二是用来处理用户在表单域中输入信息的应用程序

（2）表单域是获得用户在表单中输入文本的主要方式，其中有3种类型的表单域，不属于这3种类型的是_____。

    A. 文本域   B. 文件域   C. 隐藏域   D. 图像域

（3）在Dreamweaver CC的表单中，_____不是文本域的类型。

    A. 单行   B. 多行   C. 普通   D. 密码

（4）在Dreamweaver CC的表单中，关于文本域的说法错误的是_____。

    A. 密码文本域输入值后显示为"*"

    B. 密码文本域与单行文本域一样都可以进行最大字符数的设置

    C. 多行文本域不能进行最大字符数的设置

    D. 多行文本域的行数设定后，输入内容将不能超过设定的行数

（5）在用Dreamweaver CC设计表单时，"照片"项应使用的表单元素是_____。

    A. 单选按钮   B. 多行文本域   C. 图像域   D. 文件域

（6）在用Dreamweaver CC设计表单时，"反馈意见"应使用的表单元素是_____。

    A. 单选按钮   B. 多行文本域   C. 单行文本域   D. 文件域

（7）在用Dreamweaver CC设计表单时，要求用户名不能超过14个字符（7个汉字），应_____。

    A. 将文本域的字符宽度设置为14   B. 将文本域的最大字符数设置为14

    C. 将文本域的初始值设置为14个字符   D. 将文本域的名称设置为14个字符

（8）在用Dreamweaver CC设计表单时，插入"跳转菜单"，不做任何改动，则在【属性】面板中"初始化时选定"的默认值是_____。

    A. unnamed1   B. menu1   C. select1   D. 空白

单元 5

网页布局与制作商品筛选页面

05

　　CSS样式能更加方便、有效地布局网页结构、控制网页元素。创建CSS样式文件，可以实现"创建一次、使用多次"的目的，从而大大提高网页排版的效率，而且保证网站具有一致的整体风格。

　　使用HTML+CSS进行网页布局，能够真正做到Web标准所要求的网页内容与表现相分离，CSS代码可以更好地控制元素定位，可以使用外边距、边框、颜色等属性设置格式，从而使网站的维护更加方便和快捷。网页整体的布局结构通常有两列式、三列式和多列式等多种形式。

　　两列式网页布局是较常用的网页整体布局方式，如个人博客网页、电子商务网站经常使用这种布局方式。两列式布局可以使用浮动布局或者层布局实现，实现方式也多种多样。浮动布局可以设计成宽度固定，左、右两列都浮动，也可以使用百分比形式定义列自适应宽度。层布局可以采用绝对定位，把左、右列固定在左、右两边。

　　三列式网页布局也是一种较常用的网页整体布局方式，能使网站内容显得非常丰富，且充分利用网页空间。三列式布局相对复杂，可以使用嵌套浮动、并列浮动、并列层等多方式实现，宽度可以定义为固定值或自适应宽度。

　　多列式网页布局结构较复杂，其实现方法也是多种多样，可以采用嵌套结构、并列浮动结构和列表结构，其实现方法与两列式网页布局和三列式网页布局类似。

教学导航

教学目标	（1）学会创建样式文件、设计页面的布局结构、定义页面的布局样式
	（2）学会利用CSS样式美化页面元素
	（3）学会使用Div+CSS结构布局页面
	（4）学会插入Div标签对网页的页面进行布局
	（5）了解网页元素的自适应技术
	（6）了解网页的单列式、两列式、三列式和多行多列式布局技术
教学方法	任务驱动法、分组讨论法、理论实践一体化、讲练结合
建议课时	8课时

渐进训练

任务5-1 设计与制作电脑版商品筛选页面0501.html

■ 任务描述

设计与制作电脑版商品筛选页面0501.html，其浏览效果如图5-1所示。

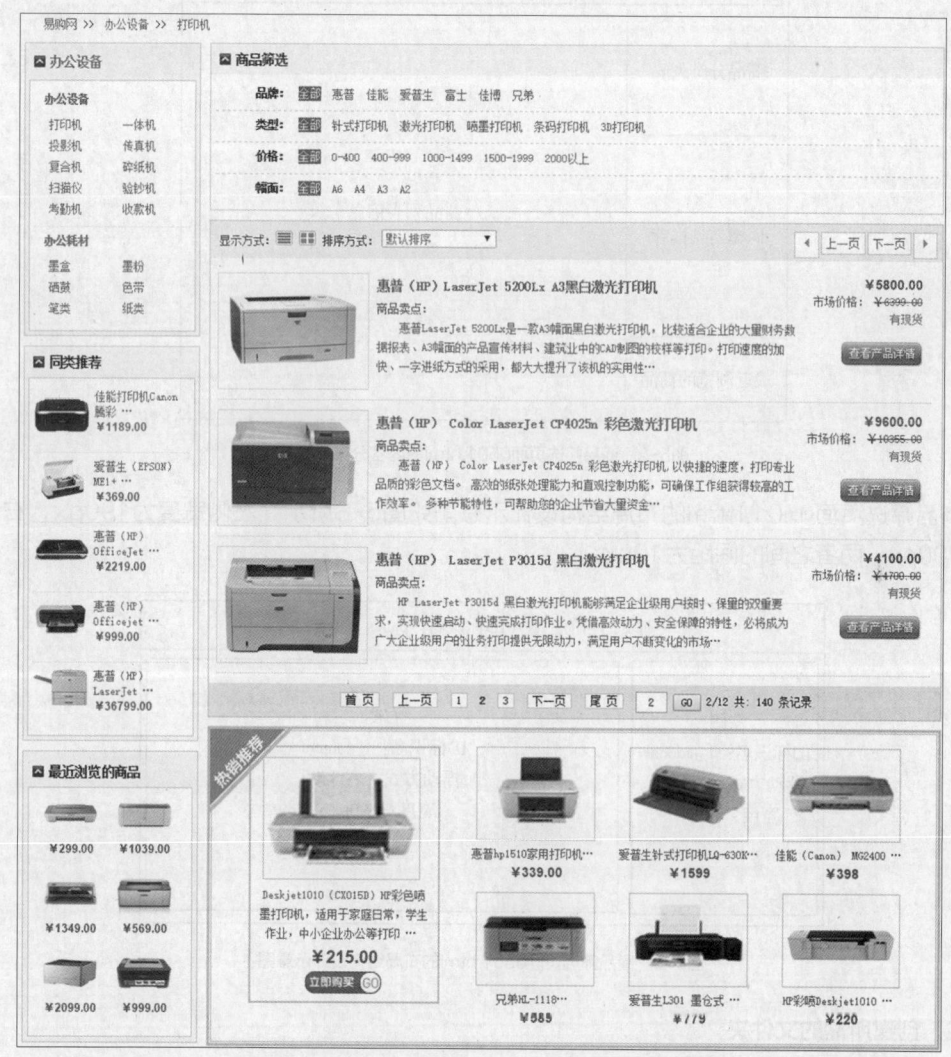

图5-1 电脑版商品筛选页面0501.html的整体浏览效果

【任务5-1-1】规划与设计商品筛选页面的布局结构

■ 任务描述

① 规划商品筛选页面0501.html的布局结构，并绘制各组成部分的页面内容分布示意图。

② 编写商品筛选页面0501.html布局结构对应的HTML代码。

③ 定义商品筛选页面0501.html布局结构对应的CSS样式代码。

■ 任务实施

1. 规划与设计商品筛选页面0501.html的布局结构

商品筛选页面0501.html的内容分布示意图如图5-2所示。

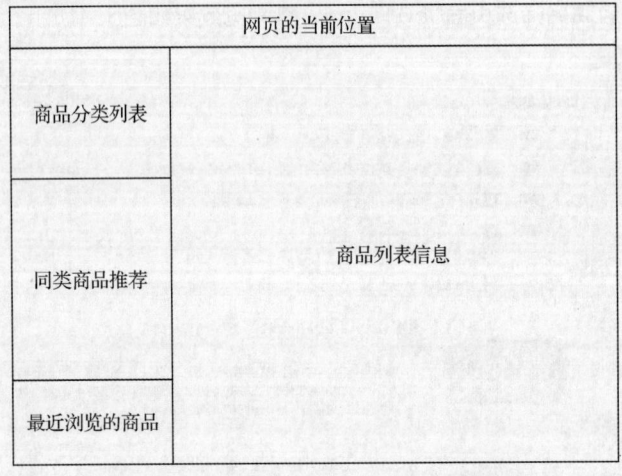

图5-2 商品筛选页面0501.html的内容分布示意图

商品筛选页面0501.html的布局结构设计示意图如图5-3所示，左侧宽度为190px，右侧宽度为790px，两者之间的间距为10px。

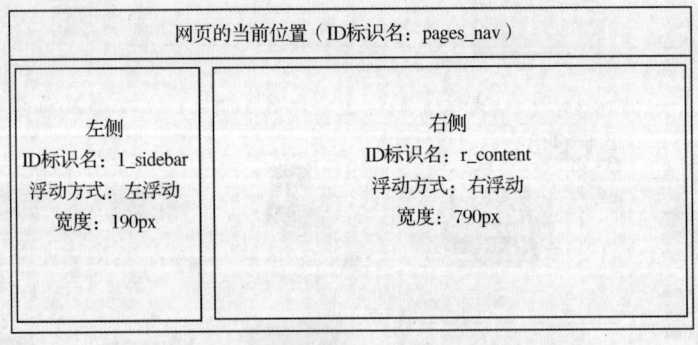

图5-3 商品筛选页面0501.html的布局结构设计示意图

2. 创建所需的文件夹

在站点"易购网"中创建文件夹"05网页布局与制作商品筛选页面"，在该文件夹中创建文件夹"0501"，并在文件夹"0501"中创建子文件夹"CSS"和"image"，将所需的图片文件复制到"image"文件夹中。

3. 创建网页文档0501.html

在文件夹"0501"中创建网页文档0501.html，商品筛选页面0501.html布局结构对应的HTML代码如表5-1所示。

表5-1　商品筛选页面0501.html布局结构对应的HTML代码

行号	HTML代码
01	`<div id="page_wrapper">`
02	`<div class="pages_nav">`
03	`<a href="#">易购网</a> &gt;&gt; `
04	`<a href="#">办公设备</a> &gt;&gt; `
05	`<a href="#">打印机</a>`
06	`</div>`
07	`<div id="l_sidebar">`
08	`<div class="pagesort"></div>`
09	`<div class="recommend"></div>`
10	`<div class="myview"></div>`
11	`</div>`
12	`<div id="r_content"></div>`
13	`</div>`

4. 创建样式文件与编写CSS样式代码

在文件夹"CSS"中可以创建样式文件main.css，在该样式文件中定义CSS代码，商品筛选页面0501.html布局结构对应的CSS样式代码如表5-2所示。

表5-2　商品筛选页面0501.html布局结构对应的CSS样式代码

行号	CSS代码	行号	CSS代码
01	`page_wrapper {`	20	`#l_sidebar .pagesort {`
02	`width:990px;`	21	`border:1px solid #ccc;`
03	`margin:10px auto;`	22	`background:#f5f5f5;`
04	`}`	23	`padding:0 4px 4px 4px;`
05		24	`margin-bottom:10px;`
06	`#page_wrapper .pages_nav {`	25	`}`
07	`margin-bottom:10px;`	26	
08	`margin-left: 20px;`	27	`#l_sidebar .recommend {`
09	`}`	28	`border:1px solid #a0dafe;`
10		29	`background:#f3f8fe;`
11	`#l_sidebar {`	30	`padding:0 4px 4px 4px;`
12	`float:left;`	31	`margin-bottom:10px;`
13	`width:190px;`	32	`}`
14	`}`	33	`#l_sidebar .myview {`
15		34	`border:1px solid #eeca9f;`
16	`#r_content {`	35	`background:#fff6ed;`
17	`float:right;`	36	`padding:0 5px;`
18	`width:790px;`	37	`margin-bottom:10px;`
19	`}`	38	`}`

在文件夹"CSS"中可以创建通用样式文件base.css，在该样式文件中定义CSS代码，样式文件base.css的CSS代码如表5-3所示。

133

表5-3 商品筛选页面0501.html的通用样式文件base.css的CSS代码

行号	CSS代码	行号	CSS代码
01	body, h1, h2, h3, h4, h5, h6, p, dl, dt, dd,	36	em {
02	ul, ol, li, form, button, input {	37	width: 100%;
03	margin: 0;	38	font-style: normal;
04	padding: 0;	39	}
05	}	40	
06		41	i {
07	body, button, input, select {	42	font-style: normal;
08	font-family: "宋体",verdana, arial,	43	}
09	helvetica, sans-serif;	44	
10	font-size: 12px;	45	.red {
11	line-height: 1.5em;	46	color: #c00;
12	}	47	}
13		48	
14	button, input, select {	49	.clear {
15	font-size: 100%;	50	clear: both;
16	}	51	}
17		52	
18	h1 {	53	.block {
19	font-size: 18px;	54	display: block;
20	}	55	}
21		56	
22	h2 {	57	a {
23	font-size: 16px;	58	text-decoration: none;
24	}	59	color: #333;
25		60	}
26	h3 {	61	
27	font-size: 14px;	62	a:link,a:visited {
28	}	63	text-decoration: none;
29		64	color: #666;
30	h4, h5, h6 {	65	}
31	font-size: 100%;	66	
32	}	67	a:hover {
33	ul, ol {	68	color: #2b98db;
34	list-style: none;	69	font-weight: bold;
35	}	70	}

【任务5-1-2】布局与美化商品筛选页面的左侧列表内容

■ 任务描述

① 在样式文件main.css中定义必要的CSS代码，这些CSS代码用于实现对商品筛选页面0501.html左侧列表内容的布局与美化。

② 编写HTML代码，输入文字与插入图片，应用CSS样式实现对商品筛选页面0501.html左侧列表内容的布局与美化。

网页0501.html左侧列表内容的浏览效果如图5-1所示。

■ **任务实施**

1. 实现商品筛选页面0501.html左侧的"办公设备"列表

在样式文件main.css中添加必要的CSS代码，实现对商品筛选页面0501.html左侧"办公设备"列表内容的布局与美化，对应的CSS样式代码如表5-4所示。

表5-4　实现网页0501.html左侧"办公设备"列表内容布局与美化的CSS代码

行号	CSS代码	行号	CSS代码
01	#l_sidebar {	37	#l_sidebar .pagesort .content_box li {
02	float:left;	38	padding:5px 0;
03	width:190px;	39	overflow:hidden;
04	}	40	border-top:1px dotted #d1e2f3;
05		41	height:1%;
06	#l_sidebar .pagesort {	42	}
07	border:1px solid #ccc;	43	
08	background:#f5f5f5;	44	#l_sidebar .pagesort .content_box dl {
09	padding:0 4px 4px 4px;	45	padding-bottom:8px;
10	margin-bottom:10px;	46	*padding-bottom:10px;
11	}	47	overflow:hidden;
12		48	clear:both;
13	#l_sidebar .pagesort h2 {	49	margin:0;
14	background: url(../images/ig-li.gif)	50	padding:0;
15	no-repeat scroll 3% 50%;	51	}
16	height:38px;	52	
17	line-height:38px;	53	#l_sidebar .pagesort .content_box dt {
18	padding-left:22px;	54	text-align:left;
19	font-size:14px;	55	font-size:12px;
20	font-weight:bold;	56	color: #c00;
21	}	57	font-weight:bold;
22		58	padding-bottom:9px;
23	#l_sidebar .pagesort .content_box {	59	padding-left:10px;
24	padding:5px;	60	}
25	border:1px solid #ccc;	61	
26	background:#fff;	62	#l_sidebar .pagesort .content_box dt a {
27	}	63	color:#c00;
28		64	text-decoration:none;
29	#l_sidebar .pagesort .content_box ul {	65	}
30	overflow:hidden;	66	#l_sidebar .pagesort .content_box dd {
31	padding:0;	67	float:left;
32	}	68	white-space:nowrap;
33		69	width:65px;
34	#l_sidebar .pagesort .content_box li.first {	70	padding-bottom:4px;
35	border-top:0;	71	padding-left:15px;
36	}	72	}

在网页0501.html中编写HTML代码与输入文字，实现商品筛选页面0501.html左侧的"办公设备"列表，对应的HTML代码如表5-5所示。

表5-5　网页0501.html左侧"办公设备"列表对应的HTML代码

行号	HTML代码
01	`<div class="pagesort">`
02	`<h2><a href="#">办公设备</a></h2>`
03	`<div class="content_box">`
04	`<ul>`
05	`<li class="first">`
06	`<dl>`
07	`<dt><a href="#">办公设备</a></dt>`
08	`<dd><a href="#">打印机</a></dd>`
09	`<dd><a href="#">一体机</a></dd>`
10	`......`
11	`<dd><a href="#">收款机</a></dd>`
12	`</dl>`
13	`</li>`
14	`<li>`
15	`<dl>`
16	`<dt><a href="#">办公耗材</a></dt>`
17	`<dd><a href="#">墨盒</a></dd>`
18	`......`
19	`<dd><a href="#">纸类</a></dd>`
20	`</dl>`
21	`</li>`
22	`</ul>`
23	`</div>`
24	`</div>`

2. 实现商品筛选页面0501.html左侧的"同类推荐"列表

在样式文件main.css中添加必要的CSS代码，实现对商品筛选页面0501.html左侧"同类推荐"列表内容的布局与美化，对应的CSS样式代码如表5-6所示。

表5-6　实现网页0501.html左侧"同类推荐"列表内容布局与美化的CSS代码

行号	CSS代码	行号	CSS代码
01	`#l_sidebar .recommend {`	11	`line-height:32px;`
02	`border:1px solid #a0dafe;`	12	`padding-left:22px;`
03	`background:#f3f8fe;`	13	`font-size:14px;`
04	`padding:0 4px 4px 4px;`	14	`font-weight:bold;`
05	`margin-bottom:10px;`	15	`}`
06	`}`	16	`#l_sidebar .recommend .content_box {`
07	`#l_sidebar .recommend h2 {`	17	`padding:5px;`
08	`background: url(../images/ig-li.gif)`	18	`border:1px solid #a0dafe;`
09	`no-repeat scroll 3% 50%;`	19	`background:#fff;`
10	`height:32px;`	20	`}`

行号	CSS代码	行号	CSS代码
21	#l_sidebar .recommend	43	overflow:hidden;
22	.content_box ul.content_list {	44	}
23	overflow:hidden;	45	
24	padding:0;	46	#l_sidebar .recommend
25	}	47	.content_box ul.content_list dt {
26	#l_sidebar .recommend	48	float:left;
27	.content_box ul.content_list li {	49	text-align:left;
28	padding:6px 0;	50	margin-right:5px;
29	height:60px;	51	}
30	overflow:hidden;	52	
31	border-top:1px dotted #d1e2f3;	53	#l_sidebar .recommend
32	}	54	.content_box ul.content_list dd {
33	#l_sidebar .recommend	55	padding:0 5px;
34	.content_box ul.content_list li.first {	56	line-height:1.4;
35	border-top:0;	57	}
36	}	58	
37		59	#l_sidebar .recommend
38	#l_sidebar .recommend	60	.content_box ul.content_list dd span.price {
39	.content_box ul.content_list dl {	61	font-weight:bold;
40	padding-bottom:6px;	62	color:#c00;
41	*padding-bottom:8px;	63	font-family:arial;
42	clear:both;	64	}

在网页0501.html中编写HTML代码，输入文字与插入图片，实现商品筛选页面0501.html左侧的"同类推荐"列表，对应的HTML代码如表5-7所示。

表5-7　网页0501.html左侧"同类推荐"列表对应的HTML代码

行号	HTML代码
01	<div class="recommend">
02	<h2>同类推荐</h2>
03	<div class="content_box">
04	<ul class="content_list">
05	<li class="first">
06	<dl>
07	<dt>
08	<a href="#" target="_blank" title="佳能打印机Canon 腾彩 iP4680">
09	<img src="images/01s.jpg"/> </a>
10	</dt>
11	<dd>
12	<a href="#" target="_blank" title="">佳能打印机Canon 腾彩 … </a>
13	</dd>
14	<dd>
15	<span class="price">¥1189.00</span>
16	</dd>
17	</dl>

行号	HTML代码
18	</li>
19	<li> …… </li>
20	<li> …… </li>
21	<li> …… </li>
22	<li> …… </li>
23	</ul>
24	</div>
25	</div>

3．实现商品筛选页面0501.html左侧的"最近浏览的商品"列表

在样式文件main.css中添加必要的CSS代码，实现对商品筛选页面0501.html左侧"最近浏览的商品"列表内容的布局与美化，对应的CSS样式代码如表5-8所示。

表5-8　实现网页0501.html左侧"最近浏览的商品"列表内容布局与美化的CSS代码

行号	CSS代码	行号	CSS代码
01	#l_sidebar .myview {	28	padding:0;
02	border:1px solid #eeca9f;	29	text-align:center;
03	background:#fff6ed;	30	}
04	padding:5px;	31	
05	margin-bottom:10px;	32	#l_sidebar .myview .content_box
06	}	33	ul.view_list li {
07		34	width:80px;
08	#l_sidebar .myview h2 {	35	overflow:hidden;
09	background: url(../images/ig-li.gif)	36	float:left;
10	no-repeat scroll 3% 50%;	37	text-align:center;
11	height:32px;	38	margin-bottom:15px;
12	line-height:32px;	39	}
13	padding-left:22px;	40	
14	font-size:14px;	41	#l_sidebar .recommend .content_box
15	font-weight:bold;	42	ul.content_list dl img,
16	}	43	#l_sidebar .myview
17		44	.content_box ul.view_list li img {
18	#l_sidebar .myview .content_box {	45	width:60px;
19	padding:5px;	46	height:45px;
20	border:1px solid #eeca9f;	47	}
21	background:#fff;	48	
22	overflow:hidden;	49	#l_sidebar .myview .content_box ul.view_list
23	height:1%;	50	li span.price {
24	}	51	font-weight:bold;
25		52	color:#c00;
26	#l_sidebar .myview .content_box ul.view_list {	53	font-family:arial;
27	overflow:hidden;	54	}

在网页0501.html中编写HTML代码，输入文字与插入图片，实现商品筛选页面0501.html左侧的"最近浏览的商品"列表，对应的HTML代码如表5-9所示。

表5-9　网页0501.html左侧"最近浏览的商品"列表对应的HTML代码

行号	HTML代码
01	`<div class="myview">`
02	`<h2>最近浏览的商品</h2>`
03	`<div class="content_box">`
04	`<ul class="view_list">`
05	`<li><a href="#" target="_blank"><img src="images/t01s.jpg"/></a> `
06	`<span class="price">&yen;299.00</span></li>`
07	`<li><a href="#" target="_blank"><img src="images/t02s.jpg"/></a> `
08	`<span class="price">&yen;1039.00</span></li>`
09	`<li><a href="#" target="_blank"><img src="images/t03s.jpg"/></a> `
10	`<span class="price">&yen;1349.00</span></li>`
11	`<li><a href="#" target="_blank"><img src="images/t04s.jpg"/></a> `
12	`<span class="price">&yen;569.00</span></li>`
13	`<li><a href="#" target="_blank"><img src="images/t05s.jpg"/></a> `
14	`<span class="price">&yen;2099.00</span></li>`
15	`<li><a href="#" target="_blank"><img src="images/t06s.jpg"/></a> `
16	`<span class="price">&yen;999.00</span></li>`
17	`</ul>`
18	`</div>`
19	`</div>`

4. 保存网页与浏览网页效果

保存网页0501.html，然后按快捷键【F12】浏览该网页，其左侧列表的浏览效果如图5-1所示。

【任务5-1-3】布局与美化商品筛选页面的右侧主体内容

■ 任务描述

① 在样式文件main.css中定义必要的CSS代码，这些CSS代码用于实现对商品筛选页面0501.html的右侧主体内容的布局与美化。

② 编写HTML代码，输入文字与插入图片，应用CSS样式实现对商品筛选页面0501.html的右侧主体内容的布局与美化。

网页0501.html右侧主体内容的浏览效果如图5-1所示。

■ 任务实施

1. 实现商品筛选页面0501.html右侧的"商品筛选"参数列表

在样式文件main.css中添加必要的CSS代码，实现对商品筛选页面0501.html右侧"商品筛选"参数列表内容的布局与美化，对应的CSS样式代码如表5-10所示。

表5-10　实现网页0501.html右侧"商品筛选"参数列表内容布局与美化的CSS代码

行号	CSS代码	行号	CSS代码
01	`#r_content .filter {`	04	`}`
02	`border:1px solid #eeca9f;`	05	
03	`margin-bottom:10px;`	06	`#r_content .filter h2 {`

139

续表

行号	CSS代码	行号	CSS代码
07	background:url(../images/ig-li.gif)	40	font-weight:bold;
08	#fff6ed no-repeat scroll 9px 50%;	41	text-align:right;
09	height:32px;	42	}
10	line-height:32px;	43	
11	padding-left:26px;	44	#r_content .filter .content_box dd {
12	font-size:14px;	45	float:right;
13	font-weight:bold;	46	width:690px;
14	}	47	overflow:hidden;
15		48	}
16	#r_content .filter .content_box {	49	
17	padding:5px;	50	#r_content .filter .content_box dd div{
18	background:#fff;	51	height:25px;
19	overflow:hidden;	52	float:left;
20	}	53	margin-right:10px;
21		54	margin-bottom:1px;
22	#r_content .filter .content_box dl {	55	overflow:hidden;
23	overflow:hidden;	56	border:1px solid #fff;
24	padding:2px 0;	57	color:#005aa0;
25	zoom:1;	58	}
26	border-top:1px dashed #e7cdae;	59	
27	}	60	#r_content .filter .content_box dd a{
28		61	white-space:nowrap;
29	#r_content .filter .content_box dl.first {	62	display:block;
30	border-top:0;	63	text-decoration:none;
31	}	64	}
32		65	#r_content .filter .content_box dd a.curr,
33	#r_content .filter .content_box dt,	66	#r_content .filter .content_box dd a:hover{
34	#r_content .filter .content_box dd {	67	line-height:15px;
35	line-height:25px;	68	background: #c00;
36	}	69	color:#fff;
37	#r_content .filter .content_box dt {	70	margin-top:4px;
38	float:left;	71	margin-bottom:4px;
39	width:80px;	72	}

在网页0501.html中编写HTML代码与输入文字，实现商品筛选页面0501.html右侧的"商品筛选"参数列表，对应的HTML代码如表5-11所示。

表5-11　网页0501.html右侧"商品筛选"参数列表对应的HTML代码

行号	HTML代码
01	<div id="filter" class="filter">
02	<h2>商品筛选</h2>
03	<div class="content_box">
04	<dl class="first">
05	<dt>品牌：</dt>
06	<dd>

行号	HTML代码
07	<div><a href="#" class="curr">全部</a></div>
08	<div><a href="#">惠普</a></div>
09	<div><a href="#">佳能</a></div>
10	<div><a href="#">爱普生</a></div>
11	<div><a href="#">富士</a></div>
12	<div><a href="#">佳博</a></div>
13	<div><a href="#">兄弟</a></div>
14	</dd>
15	</dl>
16	<dl>
17	<dt>类型：</dt>
18	<dd>
19	<div><a href="#" class="curr">全部</a></div>
20	<div><a href="#">针式打印机</a></div>
21	<div><a href="#">激光打印机</a></div>
22	<div><a href="#">喷墨打印机</a></div>
23	<div><a href="#">条码打印机</a></div>
24	<div><a href="#">3D打印机</a></div>
25	</dd>
26	</dl>
27	<dl>
28	<dt>价格：</dt>
29	<dd>
30	<div><a href="#" class="curr">全部</a></div>
31	<div><a href="#">0-400</a></div>
32	<div><a href="#">400-999</a></div>
33	<div><a href="#">1000-1499</a></div>
34	<div><a href="#">1500-1999</a></div>
35	<div><a href="#">2000以上</a></div>
36	</dd>
37	</dl>
38	<dl>
39	<dt>幅面：</dt>
40	<dd>
41	<div><a href="#" class="curr">全部</a></div>
42	<div><a href="#">A6</a></div>
43	<div><a href="#">A4</a></div>
44	<div><a href="#">A3</a></div>
45	<div><a href="#">A2</a></div>
46	</dd>
47	</dl>
48	</div>
49	</div>

2．实现商品筛选页面0501.html右侧的"商品筛选"内容列表

在样式文件main.css中添加必要的CSS代码，实现对商品筛选页面0501.html右侧"商品筛选"内容的布局与美化，对应的CSS样式代码如表5-12所示。

表5-12　实现网页0501.html右侧"商品筛选"内容布局与美化的CSS代码

行号	CSS代码	行号	CSS代码
01	#r_content .productlist {	40	
02	margin-bottom:10px;	41	#r_content .productlist .view_toolbar span.s4 {
03	border:1px solid #ccc;	42	margin-top:5px;
04	}	43	}
05		44	
06	#r_content .productlist .view_toolbar {	45	#page_wrapper input,
07	height:35px;	46	#page_wrapper select {
08	padding:2px 5px;	47	vertical-align:middle;
09	background:#f0f0f0;	48	}
10	overflow:hidden;	49	
11	display:block;	50	#page_wrapper select {
12	clear:both;	51	color:#666666;
13	}	52	font-size:12px;
14		53	margin:0 3px;
15	#r_content .productlist .view_toolbar span {	54	font-family:tahoma, simsun, arial;
16	float:left;	55	}
17	color:#3d3d3d;	56	
18	margin-top:9px;	57	#r_content .productlist .page-next {
19	}	58	float:right;
20		59	margin-top:5px;
21	#r_content .productlist .view_toolbar a.s1_2 {	60	
22	float:left;	61	}
23	background:url(../images/p1.png)	62	#r_content .productlist .page-next a {
24	no-repeat;	63	float:left;
25	width:18px;	64	border:#cdcdcd 1px solid;
26	height:15px;	65	padding:2px 5px;
27	overflow:hidden;	66	margin:1px;
28	margin:8px 7px 0 0;	67	color: #686868;
29	}	68	text-decoration: none!important;
30		69	background:#fff;
31	#r_content .productlist .view_toolbar a.s2_2 {	70	display:block;
32	float:left;	71	}
33	background:url(../images/p2.png)	72	
34	no-repeat;	73	#r_content .productlist
35	width:18px;	74	.page-next a.next-page:hover {
36	height:15px;	75	color:#ff0000!important;
37	overflow:hidden;	76	}
38	margin:8px 7px 0 0;	77	
39	}	78	#r_content .productlist

行号	CSS代码	行号	CSS代码
79	.page-next a.next-page:visited {	122	#r_content .productlist .listbox2 dl dt .dt_title {
80	color:#686868;	123	color:#36c;
81	}	124	font-size:14px;
82	#r_content .productlist	125	font-weight: bold;
83	.page-next a.no-previous img {	126	line-height:27px
84	padding:4px 5px;	127	}
85	}	128	
86	#r_content .productlist .listbox2 {	129	#r_content .productlist .listbox2 .text {
87	overflow:hidden;	130	text-indent: 2em;
88	clear:both;	131	}
89	padding:5px 8px;	132	
90	height:1%;	133	#r_content .productlist .listbox2 dl dd span {
91	}	134	width:130px;
92	#r_content .productlist .listbox2 dl {	135	display:block;
93	float:left;	136	clear:both;
94	clear:both;	137	text-align:right;
95	width:768px;	138	color:#000;
96	border-bottom:1px dotted #ccc;	139	line-height:18px;
97	padding:10px 0;	140	}
98	}	141	
99	#r_content .productlist .listbox2 dl dt {	142	#r_content .productlist .listbox2 dl dd span.pice {
100	float:left;	143	font-size:14px;
101	width:620px;	144	color:#c00;
102	}	145	font-weight:bold;
103		146	font-family:arial;
104	#r_content .productlist .listbox2 dl dd {	147	}
105	float:right;	148	
106	width:140px;	149	#r_content .productlist .listbox2 dl dd
107	}	150	span.gray{
108		151	color:#666;
109	#r_content .productlist .listbox2 dl dt p {	152	}
110	color:#666;	153	
111	line-height:20px;	154	#r_content .productlist .listbox2 dl dd span em {
112	}	155	text-decoration:line-through;
113		156	color:#666;
114	#r_content .productlist .listbox2 dl dt img {	157	line-height:18px;
115	border:solid 1px #ddd;	158	white-space:nowrap;
116	float:left;	159	padding-left:5px;
117	margin-right:8px;	160	}
118	width:160px;	161	
119	height:120px;	162	#r_content .productlist .listbox2 dl dd
120	}	163	span.in_stock{
121		164	color: #090;

续表

行号	CSS代码	行号	CSS代码
165	}	181	#r_content .productlist .pagenav a {
166		182	border:1px solid #ccc;
167	#r_content .productlist .listbox2 dl dd	183	padding:1px 5px;
168	span.sh_car {	184	background:#fff;
169	padding-top:15px;	185	margin:1px;
170	}	186	color: #000;
171		187	text-decoration: none;
172	#r_content .productlist .pagenav {	188	}
173	height:35px;	189	
174	background:#ebe9df;	190	#r_content .productlist .pagenav a:hover {
175	line-height:35px;	191	border: 1px solid #ccc;
176	text-align:center;	192	}
177	clear:both;	193	
178	margin-top: 5px;	194	#r_content .productlist .pagenav a:active {
179	}	195	border: 1px solid #ccc;
180		196	}

在网页0501.html中编写HTML代码，输入文字与插入图片，实现商品筛选页面0501.html右侧的"商品筛选"内容，对应的HTML代码如表5-13所示。

表5-13　网页0501.html右侧"商品筛选"内容对应的HTML代码

行号	HTML代码
01	<div class="productlist">
02	<div class="view_toolbar">
03	<span style="padding-left:5px;">显示方式：</span>
04	<a id="s2_1" class="s2_2" href="#"></a>
05	<a id="s1_1" class="s1_2" href="#"></a>
06	<span>排序方式：</span>
07	<span class="s4">
08	<select name="select1" id="select1">
09	<option selected="selected" value="1">默认排序</option>
10	<option value="2">价格从低到高排序</option>
11	<option value="3">价格从高到低排序</option>
12	<option value="4">时间从早到晚排序</option>
13	<option value="5">时间从晚到早排序</option>
14	</select>
15	</span>
16	<ul>
17	<li class="page-next">
18	<a href="" class="no-previous"> <img src="images/common/pre.png" alt="首页" /> </a>
19	<a href="#">上一页</a> <a href="#">下一页</a>
20	<a href="#" class="no-previous"> <img src="images/common/next.png" alt="末页" /> </a> </li>
21	</ul>
22	</div>

行号	HTML代码
23	`<div id="listbox2" class="listbox2">`
24	`<dl>`
25	`<dt>`
26	`<p> <a href="#" target="_blank" title=" "> <img src="images/t01.jpg"/> </a> </p>`
27	`<div class="dt_title">`
28	`<a href="#" target="_blank" title=" "> 惠普（HP）LaserJet 5200Lx A3黑白激光打印机</a>`
29	`</div>`
30	`<p><span class="red">商品卖点：</span></p>`
31	`<p class="text"> 惠普LaserJet 5200Lx是一款A3幅面黑白激光打印机，比较适合企业的大量`
32	财务数据报表、A3幅面的产品宣传材料、建筑业中的CAD制图的校样等打印。打印速度的加快、
33	一字进纸方式的采用，都大大提升了该机的实用性…`</p>`
34	`</dt>`
35	`<dd>`
36	`<span class="pice">&yen;5800.00</span>`
37	`<span class="gray">市场价格：<em>&yen;6399.00</em></span>`
38	`<span class="in_stock">有现货</span>`
39	`<span class="sh_car"> <a href="#" target="_blank">`
40	`<img src="images/common/btn_xiangxi.png" /></a> </span>`
41	`</dd>`
42	`</dl>`
43	`<dl>`
44	`<dt> …… </dt>`
45	`<dd> …… </dd>`
46	`</dl>`
47	`<dl>`
48	`<dt> …… </dt>`
49	`<dd> …… </dd>`
50	`</dl>`
51	`</div>`
52	`<div class="pagenav">`
53	`<a href="#">首 页</a> `
54	`<a href="#">上一页</a> `
55	`<a href="#" title="第1页">1</a> `
56	`<strong>2</strong> `
57	`<a href="#" title="第3页">3</a> `
58	`<a href="#">下一页</a> `
59	`<a href="#">尾 页</a> `
60	`<input style="width: 30px;text-align:center;" id="pager1" type="text" value="2" />`
61	`<input style="width: 30px;text-align:center;" id="pager2" type="button" value="GO" /> 2/12`
62	共: 140 条记录
63	`</div>`
64	`</div>`

3. 实现商品筛选页面0501.html右侧的"热销推荐"列表

在样式文件main.css中添加必要的CSS代码，实现对商品筛选页面0501.html右侧"热销推荐"列表内容的布局与美化，对应的CSS样式代码如表5-14所示。

表5-14 实现网页0501.html右侧"热销推荐"列表内容布局与美化的CSS代码

行号	CSS代码	行号	CSS代码
01	#r_content .hotrecommend {	44	#r_content .hotrecommend
02	position: relative;	45	.content_box .focus_product em.prices {
03	border: 3px solid #CCC;	46	font-size: 18px;
04	margin-bottom: 10px;	47	font-weight: bold;
05	_height: 1%;	48	font-family: arial;
06	overflow: hidden;	49	text-decoration: none;
07	}	50	color: #C00;
08		51	padding: 5px 0;
09	#r_content .hotrecommend h2 {	52	display: block;
10	width: 89px;	53	}
11	height: 89px;	54	
12	background: url(../Images/tuijian.gif)	55	#r_content .hotrecommend
13	no-repeat;	56	.content_box .hot_product {
14	position: absolute;	57	float: right;
15	left: 0px;	58	width: 515px;
16	top: 0px;	59	overflow: hidden;
17	text-indent: −99999em	60	zoom: 1;
18	}	61	line-height: 1.5;
19		62	}
20	#r_content .hotrecommend .content_box {	63	
21	border: 1px solid #CCC;	64	#r_content .hotrecommend
22	margin: 1px;	65	.content_box .hot_product li {
23	padding: 10px 0px 10px 35px;	66	width: 155px;
24	_height: 1%;	67	text-align: center;
25	overflow: hidden;	68	float: left;
26	}	69	padding: 5px;
27		70	}
28	#r_content .hotrecommend	71	
29	.content_box .focus_product {	72	#r_content .hotrecommend
30	float: left;	73	.content_box .hot_product li em.prices {
31	width: 180px;	74	font-size: 14px;
32	border: 2px solid #CCC;	75	font-weight: bold;
33	padding: 10px;	76	font-family: arial;
34	margin: 5px;	77	text-decoration: none;
35	text-align: center;	78	color: #C00;
36	line-height: 20px;	79	display: block;
37	height: 245px;	80	}
38	}	81	
39	#r_content .hotrecommend	82	#r_content .hotrecommend
40	.content_box img.pic {	83	.content_box .hot_product li img {
41	padding: 3px;	84	width: 120px;
42	border: 1px solid #CCC;	85	height:90px;
43	}	86	}

在网页0501.html中编写HTML代码，输入文字与插入图片，实现商品筛选页面0501.html右侧的"热销推荐"列表，对应的HTML代码如表5-15所示。

表5-15　网页0501.html右侧"热销推荐"列表对应的HTML代码

行号	HTML代码
01	`<div id="recommendlist" class="hotrecommend">`
02	`<h2>热销推荐</h2>`
03	`<div class="content_box">`
04	`<div class="focus_product">`
05	`<a href="" target="_blank" title="">`
06	`<img src="images/t04.jpg" width="160" height="120" class="pic" /></a>`
07	` `
08	`<a href="" target="_blank">Deskjet1010（CX015D）HP彩色喷墨打印机，适用于家庭日常、学`
09	生作业、中小企业办公等打印 … `</a>`
10	` `
11	`<em class="prices">&yen;215.00</em>`
12	`<a href="" target="_blank"><img src="images/common/buybuy.gif" width="81" height="23" /></a>`
13	`</div>`
14	`<ul class="hot_product">`
15	`<li>`
16	`<a href="" target="_blank" title=""><img src="images/t05.jpg" class="pic" /></a> `
17	`<a href="" target="_blank" title="惠普hp1510家用打印机 彩色照片复印扫描 多功能一体机">`
18	惠普hp1510家用打印机… `</a> `
19	`<em class="prices">&yen;339.00</em>`
20	`</li>`
21	`<li> …… </li>`
22	`<li> …… </li>`
23	`<li> …… </li>`
24	`<li> …… </li>`
25	`<li> …… </li>`
26	`</ul>`
27	`</div>`
28	`</div>`

4．保存网页与浏览网页效果

保存网页0501.html，然后按快捷键【F12】浏览该网页，其右侧"商品筛选"列表的浏览效果如图5-1所示。

探索训练

任务5-2　制作触屏版促销商品页面0502.html

■ 任务描述

制作触屏版促销商品页面0502.html，其浏览效果如图5-4所示。

■ 任务实施

1. 创建文件夹

在站点"易购网"的文件夹"05网页布局与制作商品筛选页面"中创建文件夹"0502"，并在文件夹"0502"中创建子文件夹"CSS"和"image"，将所需的图片文件复制到"image"文件夹中。

图5-4 触屏版促销商品页面
0502.html的浏览效果

2. 创建通用样式文件base.css

在文件夹"CSS"中创建通用样式文件base.css，并在该样式文件中编写样式代码，如表5-16所示。

表5-16 网页0502.html中样式文件base.css的CSS代码

序号	CSS代码	序号	CSS代码
01	*{	17	h1,h2,h3,h4,h5,h6 {
02	margin: 0;	18	font-size: 100%;
03	padding: 0;	19	}
04	}	20	
05	body {	21	ul,ol,li {
06	font-family: "microsoft yahei",sans-serif;	22	list-style: none;
07	font-size: 12px;	23	}
08	min-width: 320px;	24	
09	line-height: 1.5;	25	em,i {
10	color: #333;	26	font-style: normal;
11	background: #F2EEE0;	27	}
12	}	28	
13		29	a {
14	img {	30	color: #444;
15	border: 0;	31	text-decoration: none;
16	}	32	}

3. 创建主体样式文件main.css

在文件夹"CSS"中创建样式文件main.css，并在该样式文件中编写样式代码，如表5-17所示。

表5-17 网页0502.html中样式文件main.css的CSS代码

序号	CSS代码	序号	CSS代码
01	.nav {	10	
02	height: 46px;	11	.nav .nav-title {
03	background: -webkit-gradient(linear,	12	line-height: 46px;
04	0% 0,0% 100%,	13	width: 30%;
05	from(#F9F3E6),to(#F1E8D6));	14	font-size: 16px;
06	border-top: 1px solid #FBF8F0;	15	margin: 0 auto;
07	border-bottom: 1px solid #E9E5D7;	16	text-align: center;
08	position: relative;	17	color: #766d62;
09	}	18	height: 46px;

续表

序号	CSS代码	序号	CSS代码
19	overflow: hidden;	55	.jhy1 li p {
20	}	56	height: 24px;
21		57	line-height: 1.2;
22	.w {	58	overflow: hidden;
23	width: 320px!important;	59	color: #7A7A7A;
24	margin: 0 auto;	60	background: #F5F5F5;
25	}	61	text-indent: 2px;
26		62	padding: 5px;
27	.layout {	63	}
28	margin:10px auto;	64	
29	-webkit-box-sizing: border-box;	65	.jhy1 li .snPrice {
30	}	66	display: block;
31		67	font-size: 14px;
32	.wbox {	68	padding-left: 5px;
33	display: -webkit-box;	69	background: #F5F5F5;
34	}	70	}
35	.jhy1 li {	71	
36	margin: 0 10px 10px 0;	72	.snPrice {
37	background: #fff;	73	color: #d00;
38	width: 50%;	74	}
39	}	75	
40	.jhy1 li:nth-child(2n) {	76	.snPrice em {
41	margin-right: 0;	77	padding-left: 2px;
42	}	78	}
43	.jhy1 li a {	79	
44	display: block;	80	.footer {
45	}	81	margin-top: 10px;
46	.jhy1 li:last-child {	82	}
47	margin-right: 0;	83	
48	}	84	.copyright {
49		85	color: #776d61;
50	.jhy1 li img {	86	padding: 5px 0;
51	width: 145px;	87	background: #FCF1E4;
52	height: 145px;	88	text-align: center;
53	}	89	height:25px;
54		90	}

4. 创建网页文档0502.html与链接外部样式表

在文件夹"0502"中创建网页文档0502.html，切换到网页文档0502.html的【代码】视图，在标签"</head>"的前面输入链接外部样式表的代码，如下所示。

```
<link rel="stylesheet" type="text/css" href="css/base.css" />
<link rel="stylesheet" type="text/css" href="css/main.css" />
```

5. 编写网页主体布局结构的HTML代码

网页0502.html主体布局结构的HTML代码如表5-18所示。

表5-18 网页0502.html主体布局结构的HTML代码

序号	HTML代码
01	`<nav class="nav">`
02	`<div class="nav-title"> </div>`
03	`</nav>`
04	`<section class="layout w">`
05	`<ul class="jhy1 wbox">`
06	`<li> </li>`
07	`<li> </li>`
08	`</ul>`
09	`<ul class="jhy1 wbox">`
10	`<li> </li>`
11	`<li> </li>`
12	`</ul>`
13	`</section>`
14	`<footer class="footer">`
15	`<div class="copyright"> </div>`
16	`</footer>`

6. 输入HTML标签、文字与插入图片

在网页文档0502.html中输入所需的HTML标签、文字与插入图片，HTML代码如表5-19所示。

表5-19 网页0502.html的HTML代码

序号	HTML代码
01	`<nav class="nav">`
02	`<div class="nav-title">促销商品</div>`
03	`</nav>`
04	`<section class="layout w">`
05	`<ul class="jhy1 wbox">`
06	`<li>`
07	`<a href="" >`
08	`<img src="images/01.jpg" alt="" />`
09	`<p>三星手机GT-I8552 4.7英寸屏幕+四核1.2GHz CPU+1G RAM+双卡双待。</p>`
10	`<span class="snPrice">&yen;<em>1298.00</em></span>`
11	`</a>`
12	`</li>`
13	`<li>`
14	`<a href="" >`
15	`<img src="images/02.jpg" alt="" />`
16	`<p>小米手机红米(灰色)移动版 红米手机。</p>`
17	`<span class="snPrice">&yen;<em>929.00</em></span>`
18	`</a>`
19	`</li>`
20	`</ul>`
21	`<ul class="jhy1 wbox">`

续表

序号	HTML代码
22	<li>
23	<a href="" >
24	<img src="images/05.jpg" alt="" />
25	<p>苹果 手机 iPhone5S（16GB）（金）。</p>
26	<span class="snPrice">&yen;<em>4949.00</em></span>
27	</a>
28	</li>
29	<li>
30	<a href="">
31	<img src="images/06.jpg" alt="" />
32	<p>三星 手机 I9500 (皓月白) 2GB内存，5.0英寸全高清屏，1300万像素摄像头。</p>
33	<span class="snPrice">&yen;<em>3388.00</em></span>
34	</a>
35	</li>
36	</ul>
37	</section>
38	<footer class="footer">
39	<div class="copyright">Copyright m.ebuy.com </div>
40	</footer>

7. 保存与浏览网页

保存网页文档0502.html，其在浏览器Google Chrome中的浏览效果如图5-4所示。

析疑解惑

【问题1】举例说明网页的单列式布局技术与网页元素的自适应技术。

网页布局中经常需要定义元素的宽度和高度，如果我们希望元素的大小能够根据窗口或父元素自动进行调整，这就是元素的自适应。元素的自适应在网页布局中很重要，它能够使网页显示更加灵活。网页的单列式布局是一种最简单的布局形式，也是其他布局形式的基础，有些网站的封面也采用单列式布局形式。

（1）单列式网页布局的宽度控制

元素的宽度自适应设置较简单，只需为元素width属性定义一个百分比即可。

单列式网页布局和元素宽度控制的示例代码如表5-20所示。

表5-20 单列式布局的宽度控制的HTML代码

行号	HTML代码
01	<div id="main01">单列式默认宽度布局，宽度为浏览器窗口的默认宽度</div>
02	<div id="main02">单列式宽度固定布局，宽度为固定值300px</div>
03	<div id="main03">单列式宽度自适应布局，宽度为浏览器窗口默认宽度的50%</div>
04	<div id="main04">单列式居中布局</div>

各个区块的样式定义代码如表5-21所示。

表5-21　单列式布局样式定义的CSS代码

行号	CSS代码	行号	CSS代码
01	#main02 {	14	#main01 {
02	width: 300px;	15	height: 60px;
03	height: 60px;	16	margin-bottom:10px;
04	margin-bottom:10px;	17	background-color: #99f;
05	background-color: #c9f;	18	}
06	}	19	#main04 {
07		20	width: 50%;
08	#main03 {	21	height: 60px;
09	width: 50%;	22	margin-right: auto;
10	height: 60px;	23	margin-left: auto;
11	margin-bottom:10px;	24	margin-bottom:10px;
12	background-color: #fc9;	25	background-color: #fc9;
13	}	26	}

单列式布局的浏览效果如图5-5所示。

区块main01没有设置宽度属性值，采用浏览器窗口的默认宽度，占据浏览器窗口的全部宽度空间。

区块main02设置的宽度属性值为300px，即宽度为一个固定值，不管显示器的分辨率为多少，该区块只占据浏览器窗口左侧300px的宽度空间。

区块main03的宽度属性值设置为一个百分比值的形式，即根据浏览器窗口的大小，自动改变其宽度，保证区块占据当前浏览器窗口宽度的50%。目前，许多网站的宽度设置采用百分比形式。自适应布局是一种非常灵活的布局方式，对于不同分辨率的显示器都能提供良好的显示效果。

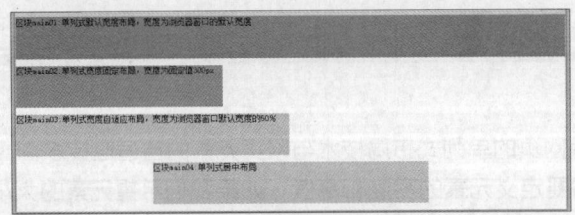

图5-5　单列式布局的浏览效果

区块main04在网页中处于居中位置，通过设置区块main04的左、右外边距（margin-left、margin-right）属性为auto使区块居中。auto是让浏览器自动判断左、右外边距，浏览器会将区块的左、右外边距值设置为相等，呈现居中状态，如图5-5所示，这种居中对齐的方法IE浏览器和非IE浏览器都适用。对于IE浏览器，还可以通过设置body标签的text-align属性值为center来设置区块居中对齐。

（2）单列式布局的高度控制

IE浏览器html标签的height属性默认值为100%，body标签的height属性没有设置默认值，而非IE浏览器（如Firefox浏览器）html和body两个标签都没有定义height属性的默认值。为了有效地控制元素的高度，使元素的高度具有自适应特性，这里显示定义html和body两个标签的高度值为100%，CSS代码如下所示。

```
html,body{
    height:100%;
```

```
}
```
HTML代码如下所示。
```
<div class="main">
    <div class="sub" style="height:100px;">子元素的宽度为父元素宽度的50%，高度为
固定值60px</div>
</div>
```
对应的类选择符main和sub的CSS代码如下所示。
```
.main {  background-color: #99f;}
.sub {
    width: 50%;
    background-color:  #c9f;
}
```
设计视图的显示外观如图5-6所示，由于子元素sub没有显式设置高度值，我们发现子元素
sub的高度与其父元素main的高度相同，具有自适应性。

图5-6　高度为固定值且能自适应父元素高度的设计外观

下面分析以下HTML代码。
```
<div class="main" style="height:50%;">
    <div class="sub" style="height:60%;">
        子元素的宽度为父元素宽度的50%，高度为父元素高度的60%
    </div>
</div>
```
设计视图的显示外观如图5-7所示，由于子元素sub的高度值设置为父元素的60%，父元素
的高度值设置为浏览器窗口（即body元素）的50%，我们发现子元素sub的高度、父元素main
的高度都具有自适应性，都能根据浏览器窗口的高度自动调整其高度。

图5-7　自适应父元素高度的设计外观

> **提 示** 如果将子元素对象设置为浮动定位或绝对定位，那么子元素的高度也能够实现自
> 适应。

【问题2】举例说明网页的两列式布局技术。

（1）左、右两列都采用浮动布局

左、右两列都采用浮动布局的两列式布局方法的CSS代码如表5-22所示。

表5-22　左、右两列都采用浮动布局的两列式布局方法的CSS代码

行号	CSS代码	行号	CSS代码
01	body {	14	#mainleft {
02	font-size: 12px;	15	width: 220px;
03	margin: 20px;	16	height: 60px;
04	}	17	border: 10px solid #cf0;
05	#main {	18	background-color: #99f;
06	width: 530px;	19	}
07	height: 80px;	20	
08	padding: 5px;	21	#mainright {
09	margin-right: auto;	22	width: 260px;
10	margin-left: auto;	23	height: 60px;
11	margin-bottom: 10px;	24	border: 10px solid #fc0;
12	border: 5px solid #fcc;	25	background-color: #c9f;
13	}	26	}

左、右两列都采用浮动布局的两列式布局方法主要有以下几种。

方法一：左、右区块宽度固定，左区块左浮动，右区块左浮动。

两列式网页布局的示例代码1如表5-23所示，其浏览效果如图5-8所示。

表5-23　两列式网页布局的示例代码1

行号	HTML代码
01	<div id="main">
02	<div id="mainleft" style="float:left">左区块：左浮动、宽度固定</div>
03	<div id="mainright" style="float:left">右区块：左浮动、宽度固定</div>
04	</div>

图5-8　两列式网页布局的示例代码1的浏览效果

对于表5-23所示的两列式网页布局，左区块与右区块如果要保留一定的间隙，可以为左区块设置右外边距。

两列式网页布局的示例代码2如表5-24所示。当然也可以为右区块设置左外边距（即margin-left:10px；）。其浏览效果如图5-9所示。

表5-24　两列式网页布局的示例代码2

行号	HTML代码
01	<div id="main">
02	<div id="mainleft" style="float:left;margin-right:10px">
03	左区块：左浮动、宽度固定、右外边距10px
04	</div>
05	<div id="mainright" style="float:left">右区块：左浮动、宽度固定</div>
06	</div>

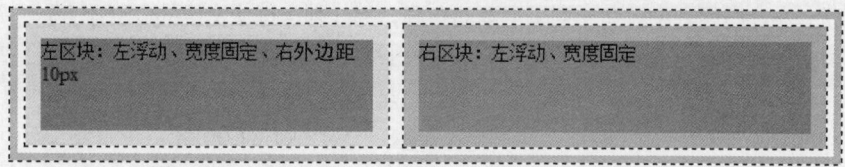

图5-9　两列式网页布局的示例代码2的浏览效果

方法二：左、右区块宽度固定，左区块左浮动，右区块右浮动。

两列式网页布局的示例代码3如表5-25所示，其浏览效果如图5-10所示。

表5-25　两列式网页布局的示例代码3

行号	HTML代码
01	\<div id="main"\>
02	\<div id="mainleft" style="float:left"\>左区块：左浮动、宽度固定\</div\>
03	\<div id="mainright" style="float:right"\>右区块：右浮动、宽度固定\</div\>
04	\</div\>

图5-10　两列式网页布局的示例代码3的浏览效果

方法三：左、右区块宽度自适应，左区块左浮动，右区块左浮动。

两列式网页布局的示例代码4如表5-26所示，其浏览效果如图5-11所示。

表5-26　两列式网页布局的示例代码4

行号	HTML代码
01	\<div id="main"\>
02	\<div id="mainleft" style="float:left;width: 30%;"\>左区块：左浮动、宽度自适应\</div\>
03	\<div id="mainright" style="float:left;width: 59%;margin-left: 10px"\>
04	右区块：左浮动、宽度自适应、左外边距10px
05	\</div\>
06	\</div\>

图5-11　两列式网页布局的示例代码4的浏览效果

（2）左、右两列中只有一列采用浮动布局，另一列自适应宽度

左、右两列中只有一列采用浮动布局，另一列自适应宽度的两列式布局方法的CSS代码如表5-27所示。这种布局方法只定义浮动区块宽度固定，而另一个区块为自适应流动环绕布局。

表5-27　左、右两列中只有一列采用浮动布局，另一列自适应宽度的CSS代码

行号	CSS代码	行号	CSS代码
01	body {	12	#mainleft {
02	font-size: 12px;	13	height: 60px;
03	margin: 20px;	14	border: 10px solid #cf0;
04	}	15	background-color: #99f;
05	#main {	16	}
06	width: 530px;	17	
07	height: 80px;	18	#mainright {
08	padding: 5px;	19	height: 60px;
09	margin: 10px auto;	20	border: 10px solid #fc0;
10	border: 5px solid #fcc;	21	background-color: #c9f;
11	}	22	}

左、右两列中只有一列采用浮动布局，另一列自适应宽度的两列式布局方法主要有以下几种。

方法一：左区块左浮动、宽度固定，右区块无浮动、宽度自适应。

两列式网页布局的示例代码5如表5-28所示，其浏览效果如图5-12所示。这种布局方式左区块定义为左浮动，且宽度固定，设置右外边距，而右区块无浮动，宽度自适应，环绕左区块。

表5-28　两列式网页布局的示例代码5

行号	HTML代码
01	<div id="main">
02	<div id="mainleft" style="float:left;width: 220px;margin-right: 10px;">
03	左区块：左浮动、宽度固定、右外边距10px
04	</div>
05	<div id="mainright">右区块：无浮动、宽度自适应</div>
06	</div>

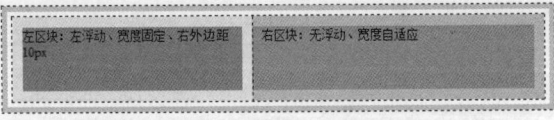

图5-12　两列式网页布局的示例代码5的浏览效果

方法二：右区块右浮动、宽度固定，左区块无浮动、宽度自适应。

两列式网页布局的示例代码6如表5-29所示，其浏览效果如图5-13所示。这种布局方式右区块为右浮动，且宽度固定，设置左外边距，而左区块无浮动，宽度自适应，环绕右区块。值得注意的是：两个区块的HTML代码的先后顺序不能更改，右区块的HTML代码写在前面。

表5-29　两列式网页布局的示例代码6

行号	HTML代码
01	<div id="main">
02	<div id="mainright" style="float:right;width: 260px;margin-left: 10px;">
03	右区块：右浮动、宽度固定、左外边距10px
04	</div>
05	<div id="mainleft">左区块：无浮动、宽度自适应</div>
06	</div>

图5-13　两列式网页布局的示例代码6的浏览效果

方法三：左区块左浮动、宽度自适应，右区块无浮动，左外边距自适应。

两列式网页布局的示例代码7如表5-30所示，其浏览效果如图5-14所示。这种布局方式左区块为左浮动，且宽度自适应，而右区块无浮动，左外边距自适应。

表5-30　两列式网页布局的示例代码7

行号	HTML代码
01	`<div id="main">`
02	`<div id="mainleft" style="float:left;width: 42%;">左区块：左浮动、宽度自适应</div>`
03	`<div id="mainright" style="margin-left: 49%;">右区块：无浮动、左外边距自适应</div>`
04	`</div>`

图5-14　两列式网页布局的示例代码7的浏览效果

（3）左、右两列采用绝对定位的层布局模型

左、右两列采用绝对定位的层布局模型的CSS代码如表5-31所示，这类定位方式必须设置外层区块为相对定位或绝对定位，使其成为绝对定位元素的参照物。

表5-31　左、右两列采用绝对定位的层布局模型的CSS代码

行号	CSS代码	行号	CSS代码
01	`body {`	13	`#mainleft {`
02	`  font-size: 12px;`	14	`  width: 220px;`
03	`  margin: 20px;`	15	`  height: 60px;`
04	`}`	16	`  border: 10px solid #cf0;`
05		17	`  background-color: #99f;`
06	`#main {`	18	`}`
07	`  width: 530px;`	19	`#mainright {`
08	`  height: 80px;`	20	`  width: 260px;`
09	`  padding: 5px;`	21	`  height: 60px;`
10	`  margin: 10px auto;`	22	`  border: 10px solid #fc0;`
11	`  border: 5px solid #fcc;`	23	`  background-color: #c9f;`
12	`}`	24	`}`

① 左、右区块都采用绝对定位。

两列式网页布局的示例代码8如表5-32所示，其浏览效果如图5-15所示。这种布局方式左、右区块都采用绝对定位，把左、右区块固定在左、右两侧，左区块相对于父元素的左上角定位，右区块相对于父元素的右上角定位。

157

表5-32　两列式网页布局的示例代码8

行号	HTML代码
01	`<div id="main" style="position: relative;">`
02	`    <div id="mainleft" style="position: absolute;left: 5px;top: 5px;">`左区块：绝对定位`</div>`
03	`    <div id="mainright" style="position: absolute;right: 5px;top: 5px;">`右区块：绝对定位`</div>`
04	`</div>`

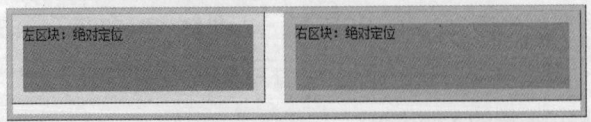

图5-15　两列式网页布局的示例代码8的浏览效果

② 左区块采用相对定位，右区块采用绝对定位。

两列式网页布局的示例代码9如表5-33所示，其浏览效果如图5-16所示。这种布局方式左区块采用相对定位，右区块采用绝对定位，右区块相对于父元素的左上角定位，向右偏移155px（120px+5px+10px+10px+10px），向下偏移5px。

表5-33　两列式网页布局的示例代码9

行号	HTML代码
01	`<div id="main" style="position: relative;">`
02	`    <div id="mainleft" style="position: relative;">`左区块：相对定位`</div>`
03	`    <div id="mainright" style="position: absolute;left: 260px;top: 10px;">`右区块：绝对定位`</div>`
04	`</div>`

图5-16　两列式网页布局的示例代码9的浏览效果

（4）负外边距的布局方式

负外边距布局方式的CSS代码如表5-34所示，这类定位方式将原来右侧区块的左外边距取负值，使其在左侧显示，而原来左侧区块的左外边距取正值，使其在右侧显示。区块mainleft的左外边距值为区块mainright的总宽度加上两个区块间隙距离（即280px+10px+10px+10px=310px），区块mainright的左外边距值为两个区块总宽度之和加上两个区块间隙距离（即140px+300px+10px=450px），且设置为负值，即-450px。

表5-34　负外边距布局方式的CSS代码

行号	CSS代码	行号	CSS代码
01	`body {`	07	`    width: 450px;`
02	`    font-size: 12px;`	08	`    height: 80px;`
03	`    margin: 20px;`	09	`    padding: 5px;`
04	`}`	10	`    margin-right: auto;`
05		11	`    margin-left: auto;`
06	`#main {`	12	`    border: 5px solid #fcc;`

续表

行号	CSS代码	行号	CSS代码
13	text-align: center;	21	}
14	}	22	#mainright {
15	#mainleft {	23	float: left;
16	float: left;	24	width: 280px;
17	width: 120px;	25	height: 60px;
18	height: 60px;	26	margin-left: -450px;
19	margin-left: 310px;	27	border: 10px solid #fc0;
20	border: 10px solid #cf0;	28	}

两列式网页布局的示例代码10如表5-35所示，其浏览效果如图5-17所示。这种布局方式有两个优点：一方面，可以非常方便地实现左、右区块互换位置；另一方面，由于右侧区块的左外边距定义为负值，浏览时当浏览器窗口小于左、右区块的总宽度时，右区块不会自行错行，仍然保持不变。

表5-35　两列式网页布局的示例代码10

行号	HTML代码
01	<div id="main">
02	<div id="mainleft">左区块：左浮动、宽度固定、左外边距为正值</div>
03	<div id="mainright">右区块：左浮动、宽度固定、左外边距为负值</div>
04	</div>

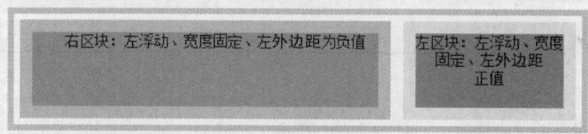

图5-17　两列式网页布局的示例代码10的浏览效果

【问题3】举例说明网页的三列式网页布局技术。

三列式网页布局也是一种常见的布局形式，一般可以使用浮动布局方式或层布局方式实现，实现的样式也多种多样。

三列式布局方法的CSS代码如表5-36所示。

表5-36　三列式布局方法的CSS代码

行号	CSS代码	行号	CSS代码
01	body {	11	margin-left: auto;
02	font-size: 12px;	12	margin-bottom: 10px;
03	margin: 20px;	13	border: 5px solid #fcc;
04	}	14	}
05		15	.mainleft {
06	.main {	16	width: 160px;
07	width: 620px;	17	height: 60px;
08	height: 80px;	18	border: 10px solid #cf0;
09	padding: 5px;	19	background-color: #99f;
10	margin-right: auto;	20	}

续表

行号	CSS代码	行号	CSS代码
21	.maincenter {	31	width: 180px;
22	width: 200px;	32	height: 60px;
23	height: 60px;	33	border: 10px solid #cc0;
24	margin-right: 10px;	34	background-color: #fc9;
25	margin-left: 10px;	35	}
26	border: 10px solid #fc0;	36	
27	background-color: #c9f;	37	.contain {
28	}	38	width: 420px;
29		39	height: 80px;
30	.mainright {	40	}

（1）三列浮动布局

三列浮动布局的HTML代码如表5-37所示，其浏览效果如图5-18所示。这种布局方式左、中、右三列并列，且都采用左浮动，HTML代码按左、中、右顺序排列。

表5-37　三列浮动布局的HTML代码

行号	HTML代码
01	<div class="main">
02	<div class="mainleft" style="float:left;">左区块：左浮动、宽度固定</div>
03	<div class="maincenter" style="float:left;">中区块：左浮动、宽度固定</div>
04	<div class="mainright" style="float:left;">右区块：左浮动、宽度固定</div>
05	</div>

图5-18　三列浮动布局的浏览效果

（2）两列浮动布局

两列浮动布局的HTML代码如表5-38所示，其浏览效果如图5-19所示。这种布局方式左区块采用左浮动，右区块采用右浮动，中间区块为自适应流动布局，中间区块的左外边距大于或等于左区块的宽度，HTML代码按左、右、中顺序排列。

表5-38　两列浮动布局的HTML代码

行号	HTML代码
01	<div class="main">
02	<div class="mainleft" style="float:left;">左区块：左浮动、宽度固定</div>
03	<div class="mainright" style="float:right;">右区块：右浮动、宽度固定</div>
04	<div class="maincenter" style="margin-left: 190px;">
05	中区块：不浮动、左外边距大于或等于左区块的宽度
06	</div>
07	</div>

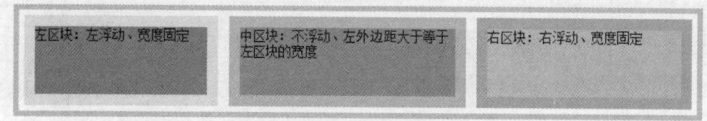

图5-19　两列浮动布局的浏览效果

（3）嵌套浮动布局

嵌套浮动布局的HTML代码如表5-39所示，其浏览效果如图5-20所示。这种布局方式采用两层嵌套浮动布局，外层采用左、右两列浮动布局，左区块为左浮动、中区块为右浮动、右区块为右浮动。外层左区块嵌套两个子区块，左侧子区块为左浮动，右侧子区块为右浮动。

表5-39　嵌套浮动布局的HTML代码

行号	HTML代码
01	`<div class="main">`
02	`    <div class="contain" style="float:left;">`
03	`        <div class="mainleft" style="float:left;">左区块：左浮动、宽度固定</div>`
04	`        <div class="maincenter" style="float:right;">中区块：右浮动、宽度固定</div>`
05	`    </div>`
06	`    <div class="mainright" style="float:right;">右区块：右浮动、宽度固定</div>`
07	`</div>`

图5-20　嵌套浮动布局的浏览效果

（4）并列层布局

并列层布局的HTML代码如表5-40所示，其浏览效果如图5-21所示。这种布局方式可以定义为自适应宽度层布局，左、右区块为绝对定位，固定宽度，位置固定，中区块为自适应流动布局，其左外边距大于或等于左区块的宽度，HTML代码按左、中、右顺序并列。

表5-40　并列层布局的HTML代码

行号	HTML代码
01	`<div class="main" style="position: relative;">`
02	`    <div class="mainleft" style="position: absolute;top: 5px;left: 5px;">`
03	`        左区块：绝对定位、宽度固定`
04	`    </div>`
05	`    <div class="mainright" style="position: absolute;top: 5px;right: 5px;">`
06	`        右区块：绝对定位、宽度固定`
07	`    </div>`
08	`    <div class="maincenter" style="margin-left: 190px;">`
09	`        中区块：左外边距大于或等于左区块的宽度`
10	`    </div>`
11	`</div>`

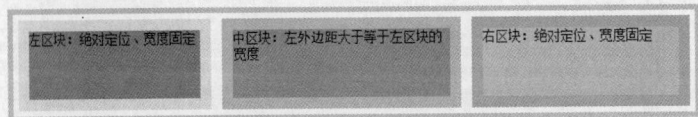

图5-21 并列层布局的浏览效果

【问题4】举例说明网页的多行多列式网页布局技术。

（1）多行多列混合布局

多行多列混合布局的CSS代码如表5-41所示。

表5-41 多行多列混合布局的CSS代码

行号	CSS代码	行号	CSS代码
01	html,body {	16	#mainleft {
02	height: 100%;	17	border: 10px solid #cf0;
03	font-size: 12px;	18	background-color: #99f;
04	margin: 10px;	19	}
05	text-align: center;	20	#maincenter {
06	}	21	margin-right: 10px;
07		22	margin-left: 10px;
08	.main {	23	border: 10px solid #fc0;
09	width: 730px;	24	background-color: #c9f;
10	padding: 5px;	25	}
11	margin-right: auto;	26	
12	margin-left: auto;	27	#mainright {
13	margin-bottom: 5px;	28	border: 10px solid #cc0;
14	border: 5px solid #fcc;	29	background-color: #fc9;
15	}	30	}

多行多列混合布局的HTML代码如表5-42所示，其浏览效果如图5-22所示。这种布局方式包含了单列式、两列式和三列式3种布局结构。两列式局部布局结构的高度自适应，高度为页面高度的20%，其他局部结构的高度固定。三列式局部布局结构的左区块和中区块的宽度自适应，而右区块通常作为纵向导航栏，其宽度固定。本布局示例演示了多种布局结构的混合使用，以及宽度或高度的自适应，html和body标签的高度都定义为100%。

表5-42 多行多列混合布局的HTML代码

行号	HTML代码
01	<div class="main" style="height:20px;background-color:#cc9;">宽度自适应浏览器窗口，高度固定
02	</div>
03	
04	<div class="main" style="height:20%">
05	<div id="mainleft" style="float: left;width:180px;height:90%;">
06	左区块：左浮动、宽度固定、高度自适应
07	</div>
08	<div id="mainright" style="float: right;width:500px;height:90%;">
09	右区块：右浮动、宽度固定、高度自适应
10	</div>
11	</div>

续表

行号	HTML代码
12	
13	`<div class="main" style="height:120px">`
14	`    <div id="mainleft" style="float: left;width:30%;height:100px;">`
15	左区块：左浮动、宽度自适应、高度固定
16	`    </div>`
17	`    <div id="maincenter" style="float:left;width: 40%;height:100px;">`
18	中区块：左浮动、宽度自适应、高度固定
19	`    </div>`
20	`    <div id="mainright" style="float:left;width: 139px;height:100px;">`
21	右区块：左浮动、宽度固定、高度固定
22	`    </div>`
23	`</div>`
24	
25	`<div class="main" style=" height:50px;background-color:#cf9;">`宽度自适应浏览器窗口，高度固定
26	`</div>`

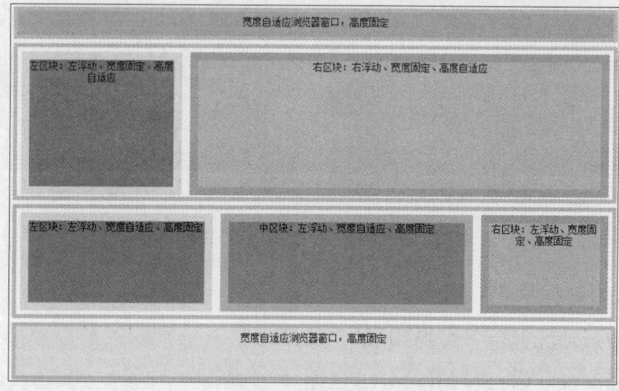

图5-22　多行多列混合布局的浏览效果

（2）并列浮动的多行多列布局

并列浮动的多行多列布局的CSS代码如表5-43所示。

表5-43　并列浮动的多行多列布局的CSS代码

行号	CSS代码	行号	CSS代码
01	contain {	11	.list {
02	width: 455px;	12	width: 144px;
03	height: 230px;	13	height: 95px;
04	border: 1px solid #9dd3ff;	14	float: left;
05	margin: 5px auto;	15	padding: 2px;
06	}	16	margin-top: 2px;
07	.title {	17	margin-bottom: 2px;
08	height: 22px;	18	margin-left: 2px;
09	margin: 2px;	19	background-color: #def;
10	}	20	}

　　并列浮动的多行多列布局的HTML代码如表5-44所示，其浏览效果如图5-23所示。这种布局方式包括单列式布局结构和多列式布局结构，多列式布局的每一个区块宽度和高度都固定，通过左浮动形成并列结构，当子区块的宽度超出父元素的总宽度时自动换行。

表5-44　并列浮动的多行多列布局的HTML代码

行号	HTML代码
01	`<div class="contain">`
02	`    <div class="title"></div>`
03	`    <div class="list"> </div>`
04	`    <div class="list"> </div>`
05	`    <div class="list"> </div>`
06	`    <div class="list"> </div>`
07	`    <div class="list"> </div>`
08	`    <div class="list"> </div>`
09	`</div>`

图5-23　并列浮动的多行多列布局的浏览效果

（3）利用列表项的多列布局

利用列表项的多列布局的CSS代码如表5-45所示。

表5-45　利用列表项的多列布局的CSS代码

行号	CSS代码	行号	CSS代码
01	`ul,li {`	16	`html,body {`
02	`  word-break: break-all;`	17	`  height: 100%;`
03	`  padding: 0px;`	18	`  font-size: 12px;`
04	`  margin: 0px;`	19	`  margin: 10px;`
05	`  list-style-type: none;`	20	`}`
06	`  list-style-position: outside;`	21	
07	`}`	22	`.main li {`
08	`.main {`	23	`  width: 22%;`
09	`  width: 800px;`	24	`  height: 100px;`
10	`  clear: both;`	25	`  float: left;`
11	`  margin-right: auto;`	26	`  border: 10px solid #cc0;`
12	`  margin-left: auto;`	27	`  background-color: #fc9;`
13	`  border: 5px solid #fcc;`	28	`  overflow: hidden;`
14	`  overflow: auto;`	29	`  margin-right: 5px;`
15	`}`	30	`}`

利用列表项的多列布局的HTML代码如表5-46所示，其浏览效果如图5-24所示。这种布局方式利用项目列表及列表项形成并列多行布局结构，每一个列表项的宽度采用百分比的形式，形成自适应宽度，且都为左浮动。

表5-46　利用列表项的多列布局的HTML代码

行号	HTML代码
01	<div class="main">
02	<ul>
03	<li></li>
04	<li></li>
05	<li></li>
06	<li style="margin-right:0"></li>
07	</ul>
08	</div>

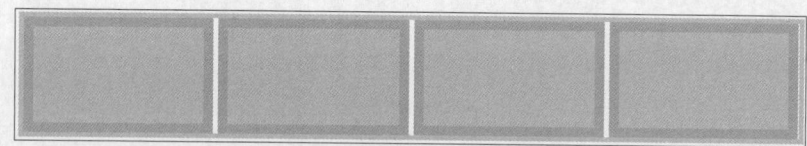

图5-24　利用列表项的多列布局的浏览效果

单元小结

本单元重点介绍了使用CSS布局与美化网页。CSS在当前的网页设计中已经成为不可缺少的技术。对于网页设计者来说，CSS是一个非常灵活的工具，有了它设计者不必再把繁杂的样式定义编写在文档结构中，可以将所有有关文档的样式指定内容全部脱离出来。CSS样式可以用来一次对多个网页文档的所有样式进行控制。和HTML样式相比，使用CSS样式表的好处在于，除了它可以同时链接多个网页文档之外，在CSS样式有所更新或被修改之后，所有应用了该样式的网页都会被自动更新。本单元对网页的单列式布局与网页元素的自适应、网页的两列式布局、三列式网页布局、多行多列式网页布局等技术要点都进行了说明。

单元习题

（1）创建自定义CSS样式时，样式名称的前面必须加一个_____。
    A．$　　　　　　B．#　　　　　　C．圆点　　　　　　D．？
（2）如果一个元素外层套用了CSS样式，内层套用了HTML样式，在起作用的是_____。
    A．CSS样式　　　　　　　　　　　　B．HTML样式
    C．两种样式的混合效果　　　　　　　D．冲突，不能同时套用
（3）如果一个元素外层套用了HTML样式，内层套用了CSS样式，在起作用的是_____。
    A．CSS样式　　　　　　　　　　　　B．HTML样式

C．两种样式的混合效果　　　　　D．冲突，不能同时套用

（4）CSS样式定义中表示"上边框"的代码是_____。

　　A．border-top:10px;　　　　　　B．border-left:10px;

　　C．border-bottom:10px;　　　　　D．border-right:10px;

（5）下列关于CSS的说法中错误的是_____。

　　A．CSS的全称是Cascading Style Sheet，中文含义是"层叠样式表"

　　B．CSS的作用是精确定义页面中各个元素及页面的整体布局

　　C．CSS样式不仅可以控制大多数传统的文本格式属性，还可以定义一些特殊的HTML属性

　　D．使用Dreamweaver CC只能可视化定义CSS样式，无法以源代码的方式对其进行编辑

单元 6
模板应用与制作商品推荐页面

通常在一个网站中会有大量风格基本相似的页面，如果逐页创建和修改，既费时又费力，而且效率不高，整个网站中的网页很难做到有统一的外观及结构。为了避免重复劳动，可以使用Dreamweaver CC提供的模板和库功能，将具有相同版面结构的页面制作成模板，再通过模板来创建其他页面。也可以将相同的页面元素制作成库项目，并存储在库文件中以便随时调用。

教学导航

教学目标	（1）学会制作用来生成模板的网页，并将现有的网页另存为模板
	（2）学会正确编辑模板，掌握定义与修改可编辑区域、可选区域的方法
	（3）熟悉用模板生成新网页的操作方法，并能对新网页进行编辑加工
	（4）能熟练地修改网页模板及其属性，并同步更新该模板生成的网页
	（5）学会创建库项目，并且能修改库项目，更新包含库项目的网页
	（6）学会创建代码片段，并在网页中插入已有的代码片段
	（7）理解模板和库的作用
教学方法	任务驱动法、理论实践一体化、讲练结合
课时建议	6课时

渐进训练

任务 6-1 设计与制作电脑版商品推荐页面0601.html

■ 任务描述

设计与制作电脑版商品推荐页面0601.html，其浏览效果如图6-1所示。

【任务6-1-1】规划与设计商品推荐页面的布局结构

■ 任务描述

① 规划商品推荐页面0601.html的布局结构，并绘制各组成部分的页面内容分布示意图。

② 编写商品推荐页面0601.html布局结构对应的HTML代码。

③ 定义商品推荐页面0601.html布局结构对应的CSS样式代码。

图6-1　电脑版商品推荐页面0601.html的整体浏览效果

■ 任务实施

1. 规划与设计商品推荐页面0601.html的布局结构

商品推荐页面0601.html内容分布示意图如图6-2所示。

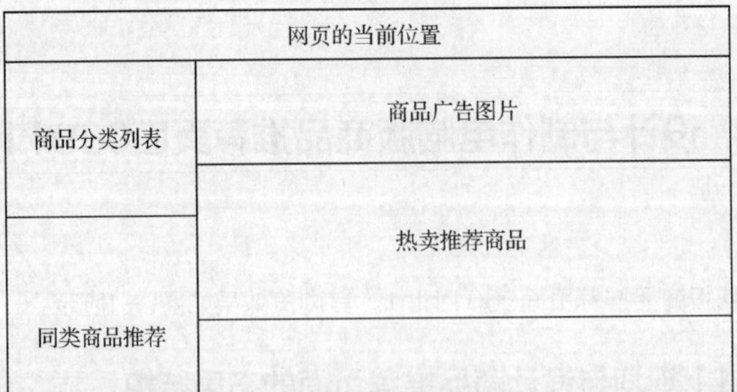

网页的当前位置	
商品分类列表	商品广告图片
	热卖推荐商品
同类商品推荐	
	商品列表
最近浏览的商品	

图6-2　商品推荐页面0601.html内容分布示意图

商品推荐页面0601.html的布局结构设计示意图如图6-3所示。

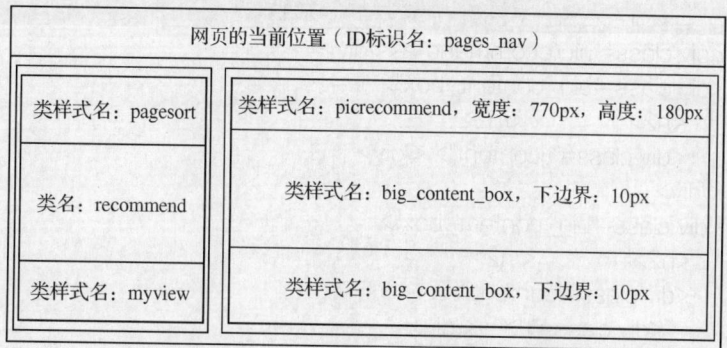

图6-3　商品推荐页面0601.html的布局结构设计示意图

2．创建所需的文件夹

在站点"易购网"中创建文件夹"06模板应用与制作商品推荐页面"，在该文件夹中创建文件夹"0601"，并在文件夹"0601"中创建子文件夹"CSS"和"image"，将所需的图片文件复制到"image"文件夹中。

3．创建网页文档0601.html

在文件夹"0601"中创建网页文档0601.html。商品推荐页面0601.html布局结构对应的HTML代码如表6-1所示。

表6-1　商品推荐页面0601.html布局结构对应的HTML代码

行号	HTML代码
01	<div id="page_wrapper">
02	<div class="pages_nav">
03	<a href="#">易购网</a> >>
04	<a href="#">手机通信</a>
05	</div>
06	<div id="l_sidebar">
07	<div class="pagesort">
08	<h2>　　　　</h2>
09	<div class="content_box"></div>
10	</div>
11	<div class="recommend">
12	<h2>　　　　</h2>
13	<div class="content_box"></div>
14	</div>
15	<div class="myview">
16	<h2>　　　　</h2>
17	<div class="content_box"></div>
18	</div>
19	</div>
20	<div id="r_content">

行号	HTML代码
21	<div class="picrecommend"> </div>
22	<div class="big_content_box">
23	<h2> </h2>
24	<div class="tjcontent"> </div>
25	</div>
26	<div class="big_content_box">
27	<h2> </h2>
28	<div class="content">
29	<div class="l"> </div>
30	<div class="r"> </div>
31	</div>
32	</div>
33	</div>
34	</div>

4．创建样式文件与编写CSS样式代码

在文件夹"CSS"中创建样式文件main.css，在该样式文件中定义CSS代码，商品推荐页面0601.html布局结构对应的CSS样式代码如表6-2所示。

表6-2　商品推荐页面0601.html布局结构对应的CSS样式代码

行号	CSS代码	行号	CSS代码
01	#l_sidebar .pagesort h2 {	24	font-weight:bold;
02	background: url(../images/0ig-li.gif)	25	}
03	no-repeat scroll 3% 50%;	26	
04	height:32px;	27	#l_sidebar .recommend .content_box {
05	line-height:32px;	28	padding:5px;
06	padding-left:22px;	29	border:1px solid #a0dafe;
07	font-size:14px;	30	background:#fff;
08	font-weight:bold;	31	}
09	}	32	
10		33	#l_sidebar .myview h2 {
11	#l_sidebar .pagesort .content_box {	34	background: url(../images/0ig-li.gif)
12	padding:5px;	35	no-repeat scroll 3% 50%;
13	border:1px solid #ccc;	36	height:32px;
14	background:#fff;	37	line-height:32px;
15	}	38	padding-left:22px;
16		39	font-size:14px;
17	#l_sidebar .recommend h2 {	40	font-weight:bold;
18	background: url(../images/0ig-li.gif)	41	}
19	no-repeat scroll 3% 50%;	42	
20	height:32px;	43	#l_sidebar .myview .content_box {
21	line-height:32px;	44	padding:5px;
22	padding-left:22px;	45	border:1px solid #eeca9f;
23	font-size:14px;	46	background:#fff;

续表

行号	CSS代码	行号	CSS代码
47	overflow:hidden;	78	color:#c00;
48	height:1%;	79	font-weight:bold;
49	}	80	padding-left:15px;
50		81	}
51	#r_content {	82	
52	float:right;	83	#r_content .big_content_box .tjcontent{
53	width:790px;	84	padding:0 0 10px 10px;
54	}	85	height:1%;
55	#r_content .picrecommend {	86	clear:both;
56	background:#f5f5f5	87	overflow:hidden;
57	url(../images/guanggaobg.gif)	88	zoom:1;
58	no-repeat scroll 0 0;	89	}
59	width:770px;	90	
60	height:180px;	91	#r_content .big_content_box .content {
61	padding:10px;	92	padding:7px;
62	text-align:center;	93	height:1%;
63	margin-bottom:10px;	94	clear:both;
64	}	95	zoom:1;
65		96	}
66	#r_content .big_content_box {	97	
67	margin-bottom:10px;	98	#r_content .big_content_box .content .l {
68	border:3px solid #ccc;	99	float:left;
69	}	100	width:200px;
70		101	border-right:2px solid #ccc;
71	#r_content .big_content_box h2 {	102	}
72	background:#f5f5f5	103	
73	url(../images/title_bg.gif)	104	#r_content .big_content_box .content .r {
74	repeat-x left top;	105	float:right;
75	height:34px;	106	width:560px;
76	line-height:34px;	107	height:1%;
77	font-size:14px;	108	}

 说　明：表6-2中部分CSS代码被省略，详见"单元5"中的表5-2。

　　在文件夹"CSS"中可创建通用样式文件base.css，在该样式文件中定义CSS代码，样式文件base.css的CSS代码如"单元5"中的表5-3所示。
　　网页0601.html主体布局结构的设计外观效果如图6-4所示。

图6-4　网页0601.html主体布局结构的设计外观效果

【任务6-1-2】制作用于生成网页模板的网页0601.html

■ 任务描述

设计与制作用于生成网页模板的网页0601.html，其浏览效果如图6-1所示。

■ 任务实施

网页0601.html为左右结构，通过浮动方式实现左右布局，网页的左侧版块为左浮动，右侧版块为右浮动。在"<div id="l_sidebar ">"和"</div>"之间、"<div id="r_content ">"和"</div>"之间按由外层向里层的顺序分别插入多层Div标签、<h2></h2>、项目列表<ul></ul>、列表项<li></li>和定义列表<dl></dl>。在网页0601.html中合适的位置输入文字、插入图片和设置超链接。

1. 布局与美化商品推荐页面的左侧列表内容

网页左侧的结构与网页0601.html一致，从上至下依次为"设备类型""同类推荐"和"最近浏览的商品"。其HTML代码如表6-3所示。

表6-3　网页0601.html左侧内容的HTML代码

行号	HTML代码
01	<div id="l_sidebar">
02	<div class="pagesort">
03	<h2><a href="#">手机通信</a></h2>
04	<div class="content_box">
05	<ul>
06	<li class="first">
07	<dl>
08	<dt><a href="#">手机通信</a></dt>
09	<dd><a href="#">3G手机</a></dd>
10	<dd><a href="#">4G手机</a></dd>
11	<dd><a href="#">CDMA手机</a></dd>
12	<dd><a href="#">GSM手机</a></dd>
13	</dl>
14	</li>
15	<li>
16	<dl>

续表

行号	HTML代码
17	<dt><a href="#">手机配件</a></dt>
18	<dd><a href="#">手机电池</a></dd>
19	……
20	<dd><a href="#">其他配件</a></dd>
21	</dl>
22	</li>
23	</ul>
24	</div>
25	</div>
26	<div class="recommend">
27	<h2>同类推荐</h2>
28	<div class="content_box">
29	<ul class="content_list">
30	<li class="first">
31	<dl>
32	<dt><a href="#" target="_blank" title=" "><img src="images/t01.jpg" /></a></dt>
33	<dd><a href="#" target="_blank" title=" ">酷派(Coolpad) 大神F2 8675-A… </a></dd>
34	<dd><span class="price">&yen;999.00</span></dd>
35	</dl>
36	</li>
37	<li> …… </li>
38	<li> …… </li>
39	<li> …… </li>
40	</ul>
41	</div>
42	</div>
43	<div class="myview">
44	<h2>最近浏览的商品</h2>
45	<div class="content_box">
46	<ul class="view_list">
47	<li><a href="#" target="_blank"><img src="images/t05.jpg" /></a>
48	<span class="price">&yen;2037.00</span>
49	</li>
50	<li> …… </li>
51	<li> …… </li>
52	<li> …… </li>
53	</ul>
54	</div>
55	</div>
56	</div>

2. 实现商品推荐页面0601.html右侧的"商品广告"列表

在样式文件main.css中添加必要的CSS代码，实现对商品推荐页面0601.html右侧"商品广告"的布局与美化，对应的CSS样式代码如表6-2所示。

在网页0601.html中编写HTML代码与插入图片，实现商品推荐页面0601.html右侧的"商品广告"列表，对应的HTML代码如表6-4所示。

表6-4 网页0601.html右侧"商品广告"列表对应的HTML代码

行号	HTML代码
01	`<div class="picrecommend">`
02	`  <a href="#" target="_blank"><img src="images/t01b.jpg" alt="" width="770"`
03	`height="180" /></a>`
04	`</div>`

3. 实现商品推荐页面0601.html右侧的"热销推荐"列表

在样式文件main.css中添加必要的CSS代码，实现对商品推荐页面0601.html右侧"热销推荐"内容的布局与美化，对应的CSS样式代码如表6-5所示。

表6-5 实现网页0601.html右侧"热销推荐"布局与美化的CSS代码

行号	CSS代码	行号	CSS代码
01	`.big_content_box {`	31	`.big_content_box .tjcontent .tuijian li {`
02	`  margin-top: 5px;`	32	`  float: left;`
03	`  border: 3px solid #CCC;`	33	`  overflow: hidden;`
04	`}`	34	`  width: 250px;`
05		35	`  padding-right: 5px;`
06	`.big_content_box h2 {`	36	`  padding-top: 10px;`
07	`  background: url(../images//title_bg3.gif)`	37	`}`
08	`       #F5F5F5 repeat-x left top;`	38	`big_content_box .tjcontent .tuijian li img {`
09	`  height: 34px;`	39	`  float: left;`
10	`  line-height: 34px;`	40	`  border: 1px solid #CCC;`
11	`  font-size: 14px;`	41	`  width:100px;`
12	`  color: #C00;`	42	`  height:90px;`
13	`  font-weight: bold;`	43	`}`
14	`  padding-left: 15px;`	44	
15	`}`	45	`.big_content_box .tjcontent .tuijian li dl {`
16		46	`  float: right;`
17	`.big_content_box .tjcontent {`	47	`  width: 125px;`
18	`  padding: 0 0 10px 10px;`	48	`  height: 90px;`
19	`  height: 1%;`	49	`  position: relative;`
20	`  clear: both;`	50	`}`
21	`  overflow: hidden;`	51	
22	`  zoom: 1;`	52	`.big_content_box .tjcontent .tuijian li dt {`
23	`}`	53	`  word-break: break-all;`
24		54	`  padding-left: 5px;`
25	`.big_content_box .tjcontent .tuijian {`	55	`  line-height: 150%;`
26	`  clear: both;`	56	`}`
27	`  overflow: hidden;`	57	`.big_content_box .tjcontent .tuijian li dl span.tj {`
28	`  *zoom: 1 padding:8px 0;`	58	`  display: block;`
29	`}`	59	`  width: 37px;`
30		60	`  height: 37px;`

行号	CSS代码	行号	CSS代码
61	background: url(../images//common.gif)	68	padding-left: 5px;
62	no-repeat 0 0;	69	font-size: 14px;
63	right: 5px;	70	color: #C00;
64	bottom: 0px;	71	font-weight: bold;
65	position: absolute;	72	font-family: arial;
66	}	73	padding-top: 5px;
67	.big_content_box .tjcontent .tuijian li dd {	74	}

在网页0601.html中编写HTML代码，输入文字与插入图片，实现商品推荐页面0601.html右侧"热销推荐"列表，对应的HTML代码如表6-6所示。

表6-6　网页0601.html右侧"热销推荐"列表对应的HTML代码

行号	HTML代码
01	<div class="big_content_box">
02	<h2>热销推荐</h2>
03	<div class="tjcontent">
04	<ul class="tuijian">
05	<li>
06	<a href="#" target="_blank" title=" "><img src="images/t09.jpg"/></a>
07	<dl>
08	<span class="tj"></span>
09	<dt><a href="#" target="_blank" title=" ">酷派(Coolpad) 大神F2 8675-A … </a></dt>
10	<dd>￥995.00</dd>
11	</dl>
12	</li>
13	<li> …… </li>
14	<li> …… </li>
15	<li> …… </li>
16	<li> …… </li>
17	<li> …… </li>
18	</ul>
19	</div>
20	</div>

4. 实现商品推荐页面0601.html右侧的"潮流推荐"列表

在样式文件main.css中添加必要的CSS代码，实现对商品推荐页面0601.html右侧"潮流推荐"列表内容的布局与美化，对应的CSS样式代码如表6-7所示。

表6-7　实现网页0601.html右侧"潮流推荐"列表内容布局与美化的CSS代码

行号	CSS代码	行号	CSS代码
01	.big_content_box .content {	05	overflow: hidden;
02	padding: 5px 10px;	06	zoom: 1;
03	height: 1%;	07	}
04	clear: both;	08	

续表

行号	CSS代码	行号	CSS代码
09	.big_content_box .content .l {	37	height: 1%;
10	float: left;	38	}
11	width: 200px;	39	
12	border-right: 2px solid #CCC;	40	.big_content_box .content .r li {
13	overflow: hidden;	41	float: left;
14	}	42	width: 130px;
15		43	height: 180px;
16	.big_content_box .content .l .focus {	44	text-align: center;
17	width: 190px;	45	padding: 0 5px;
18	margin-bottom: 10px;	46	}
19	}	47	.big_content_box .content .r li img {
20		48	width:100px;
21	.big_content_box .content .l .focuslist {	49	height:90px;
22	width: 200px;	50	}
23	overflow: hidden;	51	.big_content_box .content .r li dl {
24	}	52	height: 18px;
25		53	padding-top: 2px;
26	.big_content_box .content .l .focuslist li {	54	}
27	background: url(../images//dot1.png)	55	.big_content_box .content .r li dl dt span {
28	no-repeat scroll 0 50%;	56	font-size: 14px;
29	padding-left: 10px;	57	color: #C00;
30	height: 20px;	58	font-weight: bold;
31	line-height: 20px;	59	font-family: arial;
32	}	60	line-height: 1.5
33	.big_content_box .content .r {	61	}
34	float: right;	62	.big_content_box .content .r li dl dd {
35	width: 560px;	63	line-height: 1.5;
36	overflow: hidden;	64	}

在网页0601.html中编写HTML代码，输入文字并插入图片，实现商品推荐页面0601.html右侧的"潮流推荐"列表，对应的HTML代码如表6-8所示。

表6-8　网页0601.html右侧"潮流推荐"列表对应的HTML代码

行号	HTML代码
01	<div class="big_content_box">
02	<h2>潮流推荐</h2>
03	<div class="content">
04	<div class="l">
05	<div class="focus">
06	<a href="#" target="_blank"><img src="images/t15.jpg" width="180" height="180" /></a>
07	</div>
08	<ul class="focuslist">
09	<li><a href="#" target="_blank">品牌：华为</a></li>
10	<li><a href="#" target="_blank">型号：Che2-TL00</a></li>

行号	HTML代码
11	\<li>\<a href="#" target="_blank">颜色：白色\</a>\</li>
12	\<li>\<a href="#" target="_blank">制式：移动4G(TD-LTE)\</a>\</li>
13	\<li>\<a href="#" target="_blank">CPU核数：八核\</a>\</li>
14	\<li>\<a href="#" target="_blank">屏幕尺寸：5.5英寸\</a>\</li>
15	\<li>\<a href="#" target="_blank">摄像头像素：1300万像素\</a>\</li>
16	\</ul>
17	\</div>
18	\<div class="r">
19	\<ul>
20	\<li>
21	\<a href="#" target="_blank">\<img src="images/t16.jpg" />\</a>
22	\<dl>
23	\<dt>\<span>￥2199.00\</span>\</dt>
24	\<dd>\<a href="#" target="_blank">三星手机SM-G7509（白色）…\</a>\</dd>
25	\</dl>
26	\</li>
27	\<li> …… \</li>
28	\<li> …… \</li>
29	\<li> …… \</li>
30	\<li> …… \</li>
31	\<li> …… \</li>
32	\<li> …… \</li>
33	\<li> …… \</li>
34	\</ul>
35	\</div>
36	\</div>
37	\</div>

5. 保存网页与浏览网页效果

保存网页0601.html，然后按快捷键【F12】浏览该网页，其浏览效果如图6-1所示。

任务 6-2　制作基于模板的电脑版商品推荐页面0602.html

■ 任务描述

制作基于模板的电脑版商品推荐页面0602.html，其浏览效果如图6-5所示。

【任务6-2-1】基于网页0601.html创建网页模板0602.dwt

■ 任务描述

① 利用网页0601.html创建网页模板0602.dwt。

② 将网页模板0602.dwt中的标题文字"手机通信"定义为可编辑区域。

③ 将网页模板0602.dwt中的图像t01b.jpg定义为可编辑区域。

④ 将网页模板0602.dwt中的区域"<div class="content_box"></div>""<div class="tjcontent"></div>""<div class="content"></div>"定义为可编辑区域。

⑤ 将区域"<div class="picrecommend"></div>"的标签"background"和区域"<div class="pages_nav"></div>"的标签"bgcolor"定义为可编辑的标签属性。

⑥ 将区域"<div class="pages_nav"></div>"定义为可编辑的可选区域。

图6-5　基于模板的电脑版商品推荐页面0602.html的浏览效果

■ 任务实施

1. 创建与编辑网页模板

利用图6-1所示的网页文档0601.html创建网页模板，如果该网页文档已被关闭，则应先打开该网页文档。

① 在Dreamweaver CC主窗口中，选择菜单【文件】→【另存为模板】命令，弹出【另存模板】对话框。

② 在【另存模板】对话框中的"站点"下拉列表框中选择模板保存的站点，本项目选择"易购网"。在"现存的模板"列表框中显示了当前站点中的所有模板，由于本站点暂时没有创建模板，所以显示"（没有模板）"。在"描述"文本框中输入对模板的说明文字。在"另存为"文本框中输入模板的名称，这里输入"0601"，如图6-6所示。

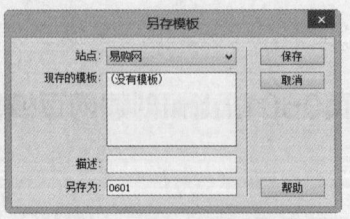

图6-6　【另存模板】对话框

③ 设置完毕后，在【另存模板】对话框中单击【保存】按钮，弹出图6-7所示的"要更新链

接吗"提示信息对话框。如果在该对话框中单击【是】按钮，则当前网页会被转换成模板，同时系统将自动在所选择站点的根目录下创建"Templates"文件夹，并将创建的模板文件保存在该文件夹中，如图6-8所示。

图6-7 "要更新链接吗"提示信息对话框

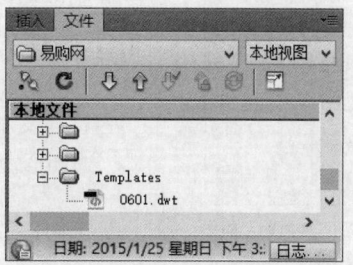

图6-8 站点中创建的"Templates"文本夹

提 示 模板实际上也是文档，它的扩展名为"dwt"，存放在指定站点根目录的"Templates"文件夹中。模板文件并不是Dreamweaver初始就有的，而是在制作模板时由Dreamweaver CC生成的。

2. 定义可编辑区域

模板创建好后，系统默认所有区域都是不可编辑的，也就是说不可对用模板生成的网页做任何编辑操作，所以将模板中的某些区域设置为可编辑区域是非常必要的。设置可编辑区域，需要在制作模板的时候完成。

打开当前站点文件夹"Templates"中的模板文件0601.dwt。

（1）定义文字为可编辑区域

选中标签"<h2>"与"</h2>"之间的文字"手机通信"，在Dreamweaver CC主界面中选择菜单命令【插入】→【模板】→【可编辑区域】，如图6-9所示，弹出【新建可编辑区域】对话框。

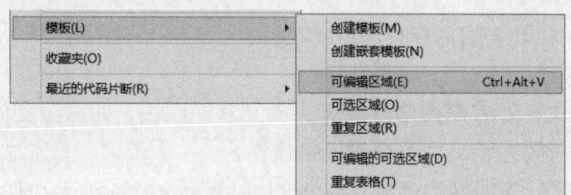

图6-9 "可编辑区域"菜单项

在【新建可编辑区域】对话框中的"名称"文本框中输入可编辑区域的名称"EditRegion1"，如图6-10所示。然后单击【确定】按钮，完成可编辑区域的创建。

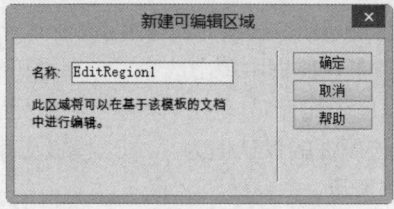

图6-10 【新建可编辑区域】对话框

179

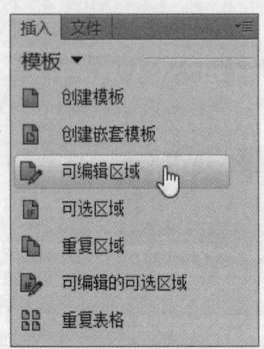

图6-11 常用"插入"工具栏
中的【模板】下拉菜单

可编辑区域创建完成后，该页面中的可编辑区域有蓝色标签，标签上有可编辑区域的名称。

（2）定义图像为可编辑区域

选中区块"<div class="picrecommend"></div>"中的图像"t01b.jpg"，在"插入"工具栏的【模板】下拉菜单中单击【可编辑区域】按钮，如图6-11所示，在弹出的【新建可编辑区域】对话框中的"名称"文本框中输入第2个可编辑区域的名称"EditRegion2"。

（3）定义区域"<div class="content_box"></div>"为可编辑区域

选中区域"<div class="content_box"></div>"，在图6-11所示的【模板】下拉菜单中选择【可编辑区域】选项，在弹出的【新建可编辑区域】对话框中的"名称"文本框中输入第3个可编辑区域的名称"EditRegion3"。

按照类似的方法，将另外两个区域"<div class="content_box"></div>"分别定义为可编辑区域，且将该可编辑区域分别命名为"EditRegion4""EditRegion5"。

（4）定义区域"<div class="pages_nav"></div>"中的文字"手机通信"为可编辑区域

选中区域"<div class="pages_nav"></div>"中的文字"手机通信"，在图6-11所示的【模板】下拉菜单中选择【可编辑区域】选项，在弹出的【新建可编辑区域】对话框中的"名称"文本框中输入第6个可编辑区域的名称"EditRegion6"。

（5）定义区域"<div class="tjcontent"></div>"为可编辑区域

选中区域"<div class="tjcontent"></div>"，在图6-11所示的【模板】下拉菜单中选择【可编辑区域】选项，在弹出的【新建可编辑区域】对话框中的"名称"文本框中输入第7个可编辑区域的名称"EditRegion7"。

（6）定义区域"<div class="content"></div>"为可编辑区域

选中区域"<div class="content"></div>"，在图6-11所示的【模板】下拉菜单中选择【可编辑区域】选项，在弹出的【新建可编辑区域】对话框中的"名称"文本框中输入第8个可编辑区域的名称"EditRegion8"。

（7）将区域"<div class="picrecommend"></div>"的属性"background"定义为可编辑的标签属性

对于基于模板的网页，如果需要修改某些页面元素的属性，如背景图像、背景颜色等，则可以在创建模板时，将这些属性定义为可编辑标签属性。

选择想要设置可编辑标签属性的区域"<div class="picrecommend"></div>"。

在Dreamweaver CC主界面中，选择菜单命令【修改】→【模板】→【令属性可编辑】，如图6-12所示，此时弹出【可编辑标签属性】对话框。

在【可编辑标签属性】对话框的"属性"下拉列表框中选择"BACKGROUND"选项。如果需要设置的标签没有出现在下拉列表框中，则可以单击列表框右侧的【添加】按钮，弹出一个添加属性标签的对话框，如图6-13所示，在该对话框中添加一个新的可编辑标签名称。

然后，在【可编辑标签属性】对话框中单击选中"令属性可编辑"复选框；在"标签"文本框中输入该属性的标签"background"；在"类型"下拉列表框中选择"URL"，即链接地址；在"默认"文本框设置该属性的默认值为"../06模板应用与制作商品推荐页面/0601/images/t01b.jpg"，如图6-14所示。

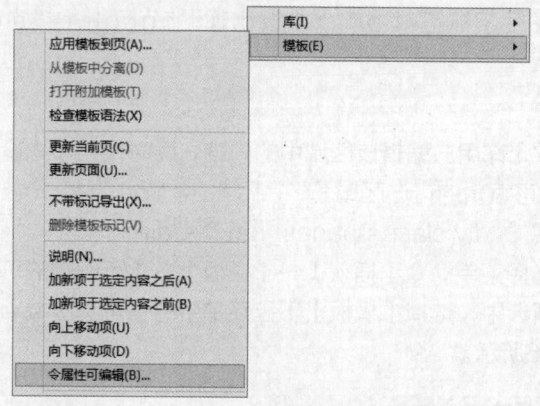

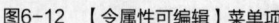

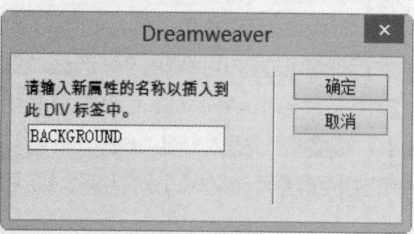

图6-12 【令属性可编辑】菜单项　　　　　图6-13 "添加新的可编辑标签"对话框

设置完成后，单击【确定】按钮，将区域"<div class="picrecommend"></div>"的"背景图像"设置为可编辑的标签属性。

页面元素的标签属性background设置完成后，Div标签"<div class="picrecommend"></div>"中会出现"background="@@(background)@@""代码。

> **提示** 如果在【可编辑标签属性】对话框中，取消选中"令属性可编辑"复选框，则选中的属性将不能被编辑。

（8）将HTML标签<body>的属性"bgcolor"定义为可编辑的标签属性

选择想要设置可编辑标签属性的HTML标签<body>，在Dreamweaver CC主界面中，选择菜单命令【修改】→【模板】→【令属性可编辑】，此时弹出【可编辑标签属性】对话框。在【可编辑标签属性】对话框的"属性"下拉列表框中选择"BGCOLOR"。然后在此对话框中单击选中"令属性可编辑"复选框，在"标签"文本框中输入该属性的标签"bgcolor"，在"类型"下拉列表框中选择"颜色"，在"默认"文本框中输入该属性的默认值"#FFF"，如图6-15所示。

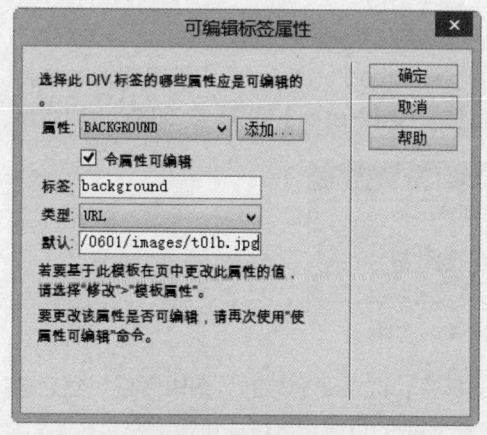

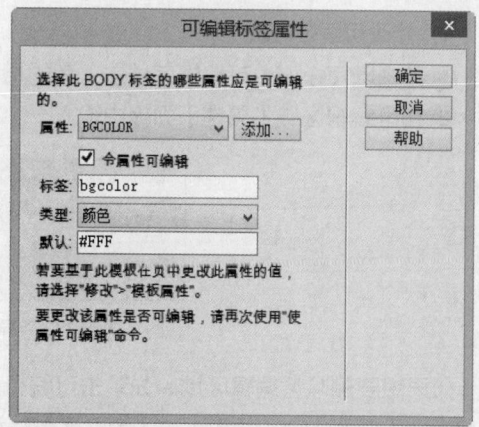

图6-14 在【可编辑标签属性】对话框中设置"background"　　　图6-15 在【可编辑标签属性】对话框中设置"bgcolor"
　　　　　　　为可编辑属性　　　　　　　　　　　　　　　　　　　　　　　　为可编辑属性

设置完成后，单击【确定】按钮，将标签<body>的"背景颜色"设置为可编辑的标签属性。

181

页面元素的标签属性bgcolor设置完成后，标签<body>中会出现"bgcolor="@@(bgcolor)@@""代码。

3．定义可编辑的可选区域

对于基于模板创建的网页，如果有些区域允许用户编辑该区域中的内容，同时根据事先设置的条件控制该区域显示或隐藏，则可以设置为可编辑的可选区域。

① 选择要设置为可编辑的可选区域的区域"<div class="pages_nav"></div>"。

② 在Dreamweaver CC主界面中，选择菜单命令【插入】→【模板】→【可编辑的可选区域】。或者在"插入"工具栏"常用"选项卡中，选择【模板】下拉菜单中的【可选区域】选项。弹出【新建可选区域】对话框，如图6-16所示。

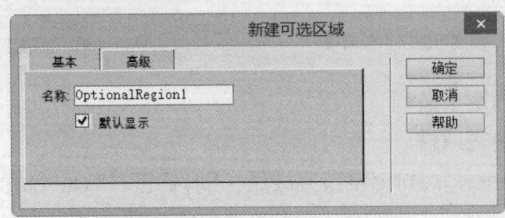

图6-16　【新建可选区域】对话框

③ 在【新建可选区域】对话框"基本"选项卡的"名称"文本框中输入该可编辑的可选区域的名称。如果选中"默认显示"复选框，则该可编辑的可选区域在默认情况下将在基于模板的网页中显示。

切换到"高级"选项卡，选择现有参数或输入一个表达式，确定该区域是否可见。

④ 切换到"基本"选项卡，然后单击【确定】按钮，即可定义一个可编辑的可选区域。

设置完成后，页面中可编辑的可选区域有蓝色标签，标签"If OptionalRegion1"上显示可选区域的名称。

多个可编辑区域完成后，网页模板中所有的可编辑区域的名称都显示在【修改】菜单中的【模板】级联菜单中，利用这些可编辑区域的名称可以快速选择可编辑区域，名称前带有标记"√"的表示当前选中的可编辑区域。

4．修改可编辑区域

① 单击网页模板中可编辑区域左上角的标签，如"EditRegion1"，选中该可编辑区域。

② 在可编辑区域【属性】面板中输入一个新的名称，按【Enter】键确认，如图6-17所示。

图6-17　可编辑区域【属性】面板

如果想要删除可编辑区域，先单击可编辑区域的标签，选中要删除的可编辑区域，然后选择菜单命令【修改】→【模板】→【删除模板标记】，被选中的可编辑区域即可被删除。

5．修改可选区域

可选区域设置完成后，如果需要对可选区域的名称及其他参数进行修改，可以先选中可选区域，然后单击图6-18所示的可选区域【属性】面板中的【编辑】按钮，弹出图6-16所示的对话框，重新修改其名称或设置其参数即可。

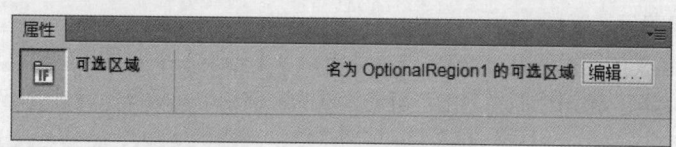

图6-18 可选区域【属性】面板

取消可选区域与取消可编辑区域的方法相同。保存所创建的模板文档0602.dwt。

【任务6-2-2】创建基于模板的网页0602.html

■ 任务描述

① 创建基于网页模板0602.dwt的网页0602.html。

② 修改和更新模板0602.dwt的属性。

③ 编辑与更新网页0602.html的内容。

④ 对网页模板0602.dwt进行必要的修改，然后更新由该模板生成的网页文档0602.html。网页0602.html的浏览效果如图6-5所示。

■ 任务实施

1. 应用网页模板创建网页文档

① 在Dreamweaver CC主界面中，选择菜单命令【文件】→【新建】，弹出【新建文档】对话框，在【新建文档】对话框中依次单击选择【网站模板】→【易购网】→【0601】选项，如图6-19所示。

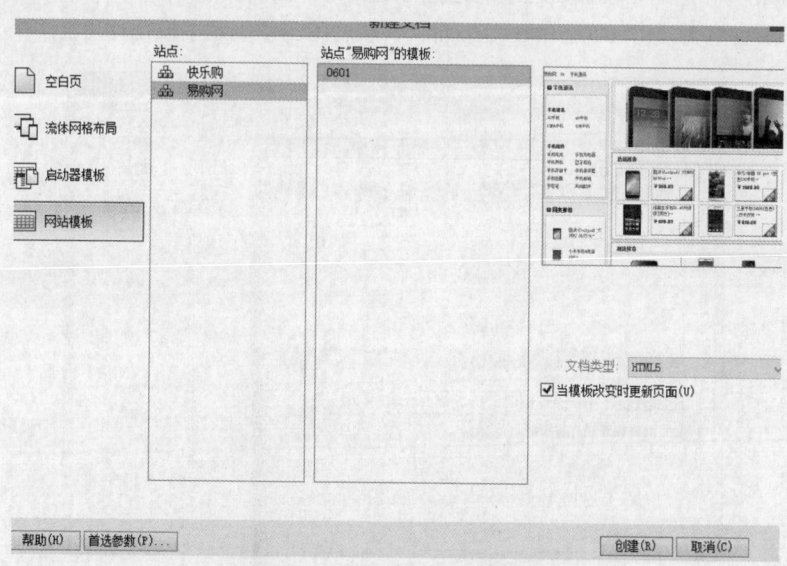

图6-19 【新建文档】对话框

② 单击【创建】按钮，这样将基于该模板创建一个新的网页。

③ 将新创建的基于此模板的网页保存在文件夹"0601"中，命名为"0602.html"，然后预览其效果。

2. 修改和更新网页模板属性

（1）显示或隐藏可选区域

打开基于模板创建的网页0602.html，选择菜单命令【修改】→【模板属性】，弹出图6-20所示的【模板属性】对话框，该对话框中列出了可选区域的名称和可编辑标签属性的标签名称。

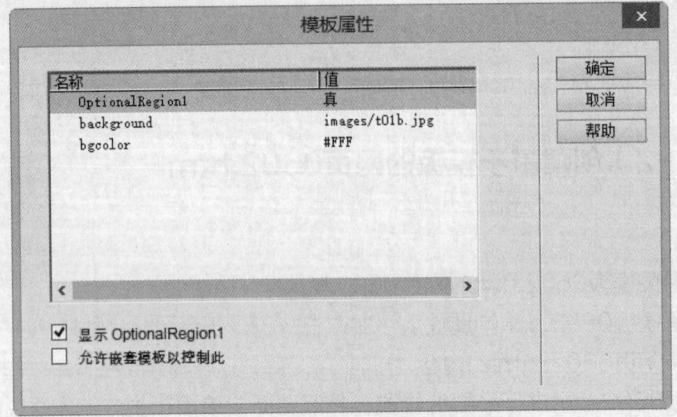

图6-20　【模板属性】对话框

在【模板属性】对话框中，单击选中一个可选区域的名称"OptionalRegion1"，并取消复选框"显示OptionalRegion1"的选中状态，再单击【确定】按钮即可。即在网页0602.html中不显示可选区域OptionalRegion1。

（2）设置可编辑标签属性的属性值

打开图6-21所示的【模板属性】对话框，在该对话框中选中可编辑标签属性的名称"background"，这时【模板属性】对话框有所变化。在"background"文本框中修改背景图像的路径和文件名为"images/title_bg.gif"，然后单击【确定】按钮即可。

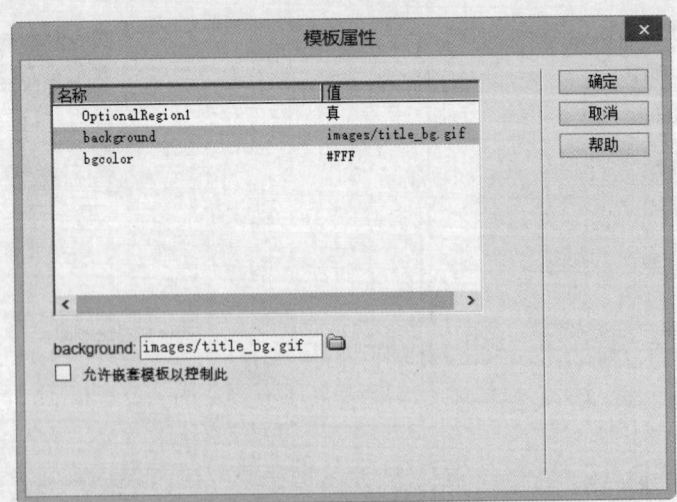

图6-21　在【模板属性】对话框中修改背景图像标签属性

在图6-21所示的【模板属性】对话框中选中可编辑标签属性的名称"bgcolor"，这时【模板属性】对话框有所变化，在"bgcolor"文本框中直接输入背景颜色值，或者单击颜色设置按钮设置颜色，然后单击【确定】按钮即可。

3. 编辑与更新基于网页模板创建的网页0602.html

① 在【文档】工具栏中将网页标题修改为"电脑产品-易购网"。

② 将网页中的标题文字"手机通信"修改为"电脑产品"。

③ 将网页中的图像"images/t01b.jpg"修改为"images/img/t02b.jpg"。

④ 在网页0602.html的区域"<div class="content_box"></div>""<div class="tjcontent"></div>""<div class="content"></div>"中分别输入文字，插入图像和设置超链接。保存网页0602.html，其浏览效果如图6-5所示。

4. 修改网页模板并更新网页

对网页模板进行修改后，可以将网页模板的修改应用于所有由该模板生成的网页。

① 删除区域"<div class="pages_nav"></div>"的可编辑的可选区域模板标记。

单击可选区域的模板标记"If OptionalRegion1"，选中区域"<div class="pages_nav"></div>"。然后在Dreamweaver CC主界面中，选择菜单命令【修改】→【模板】→【删除模板标记】。

② 定义区域"<div class="pages_nav"></div>"为可选区域。

重新选中区域"<div class="pages_nav"></div>"，在【模板】下拉菜单中选择【可选区域】命令，在弹出的【新建可选区域】对话框"基本"选项卡的"名称"文本框中输入该可选区域的名称，然后单击【确定】按钮，即可定义一个可选区域。

③ 单击【标准】工具栏中的【保存】按钮，弹出图6-22所示的【更新模板文件】对话框，在该对话框中单击【更新】按钮，系统开始更新模板文件，并且会弹出图6-23所示的【更新页面】对话框。

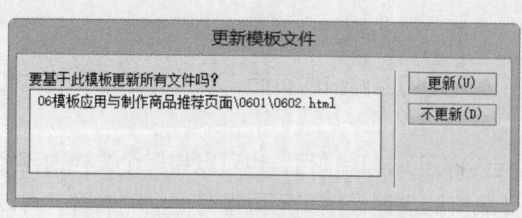

图6-22 【更新模板文件】对话框

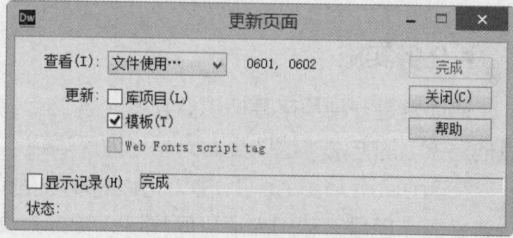

图6-23 【更新页面】对话框

> **提示** 在Dreamweaver CC主界面中，选择菜单命令【修改】→【模板】→【更新页面】，也会弹出图6-23所示的【更新页面】对话框，在该对话框中设置相应的参数后，单击【完成】按钮，Dreamweaver将对选定范围中基于模板创建的网页进行更新。

④ 在【更新页面】对话框中选中复选框"显示记录"，该对话框变成图6-24所示的形式，在其下方"状态"列表框中显示检查文件数、更新文件数等详细的更新信息。

⑤ 在【更新页面】对话框中设置相应的参数，在"查看"下拉列表框中如果选择"整个站点"，则要选择需要更新的站点（这里为"易购网"），然后单击【开始】按钮，对基于模板创建的网页进行更新，如图6-25所示。

⑥ 更新完成后，单击该对话框中的【关闭】按钮，更新网页操作结束。

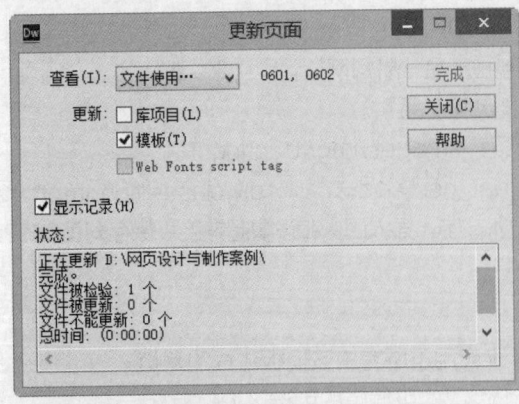

图6-24 在【更新页面】对话框中显示详细的更新信息

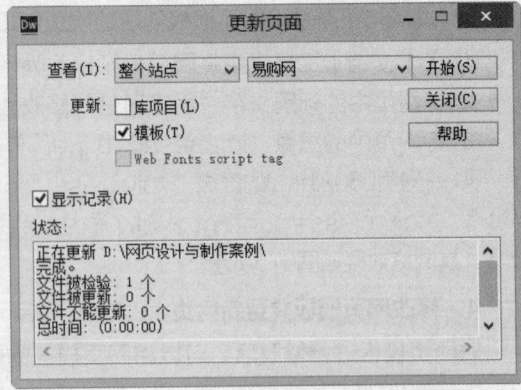

图6-25 在【更新页面】对话框中选择更新整个站点

5. 保存网页与浏览网页效果

保存更新的网页0602.html，然后按快捷键【F12】浏览该网页，其浏览效果如图6-5所示。

【任务6-2-3】在网页0602.html中插入库项目和代码片段

■ 任务描述

① 将网页basepage.html中的版权信息区域定义为库项目footer.lbi。

② 在网页0602.html中的对应位置插入库项目footer.lbi。

③ 将网页basepage.html中底部的友情链接区域定义为代码片段friend-link。

④ 在网页0602.html中的对应位置插入代码片段friend-link。

■ 任务实施

库项目是一种用来存储想要在整个网站上经常重复使用或更新的页面元素（如图像、文本和其他对象）的方法，这些页面元素称为库项目。

在Dreamweaver CC中，可以将单独的文档内容定义成库项目，也可以将多个文档内容组合定义成库项目。利用库项目同样可以实现对文件风格的维护。很多网页带有相同的内容，可以将这些文档中的共有内容定义为库项目，然后插入网页文档中。

1. 使用【新建文档】对话框创建库

① 在Dreamweaver CC主界面中，选择菜单命令【文件】→【新建】，在弹出的【新建文档】对话框中选择"空白页"→"库项目"选项，如图6-26所示。然后单击【创建】按钮，创建一个空白网页。

② 保存库项目文件。单击【标准】工具栏中的【保存】按钮，在弹出的【另存为】对话框中选择"站点根目录"中的文件夹"Library"，如图6-27所示，在"保存类型"下拉列表框中选择"库文件(*.lbi)"，在"文件名"文本框中输入"footer.lbi"，然后单击【保存】按钮，保存库项目文件。

③ 在库项目中插入Div标签与输入文字内容。

在库项目中插入Div标签，然后输入文字内容，完整的代码如下。

```
<div id="footer">

    <p> 易购网 版权所有 </p>

</div>
```

④ 保存库文件。

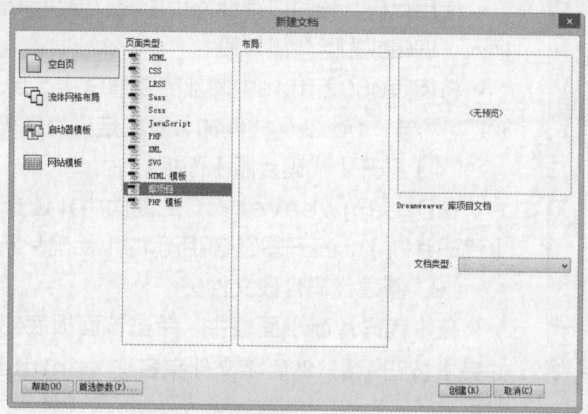

图6-26　在【新建文档】对话框中新建库项目

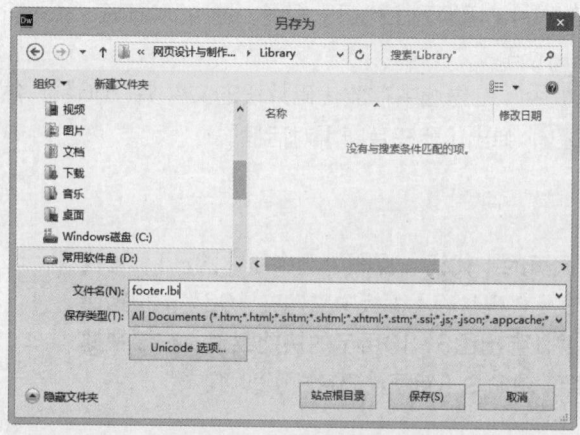

图6-27　【另存为】对话框

2. 在网页0602.html中的对应位置插入库项目footer.lbi

① 打开网页文档0602.html，将光标置于"</body>"之前。

② 在Dreamweaver CC主界面中选择菜单命令【窗口】→【资源】，切换到【资源】面板，也可以在【文件】面板中直接单击"资源"选项卡切换到【资源】面板。

③ 在【资源】面板中单击左侧的【库】按钮，显示本站点所有的库项目文件，选中要插入的库项目"footer"，如图6-28所示。单击该面板左下角的【插入】按钮，即可插入一个库项目。插入到网页中的库项目背景会显示为淡黄色，是不可编辑的。

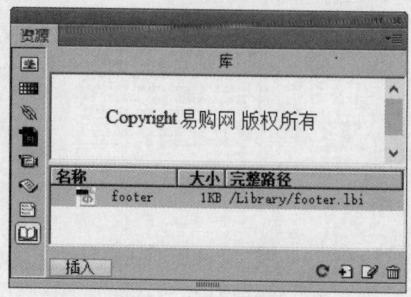

图6-28　在【资源】面板中选择库项目

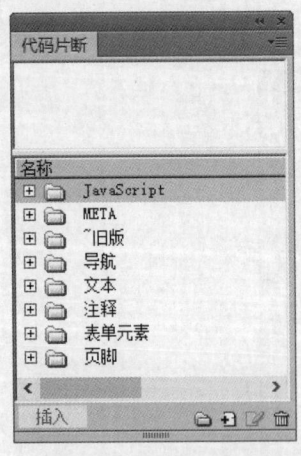

图6-29 【代码片断】面板

3. 新建代码片段

使用代码片段可以存储网页内容以便快速重复使用，可以创建、插入、编辑或删除代码片段。

将网页0602.html中底部的友情链接区域"<div id="friend-link">"与"</div>"之间的导航栏定义为代码片段friend-link。

（1）打开【代码片断】面板

在Dreamweaver CC主界面中，选择菜单命令【窗口】→【代码片断】，打开图6-29所示的【代码片断】面板。

（2）新建代码片段文件夹

在【代码片断】面板中，单击该面板底部的【新建代码片断文件夹】按钮 ，然后将文件夹名称"untitled"重命名为"06"即可。

（3）创建代码片段

打开网页文档0602.html，切换到【代码】视图，选中Div标签"<div id="friend-link">"与"</div>"之间的HTML代码。

在【代码片断】面板中，首先选中存放代码片段的文件夹"06"，然后单击该面板底部的【新建代码片断】按钮 ，弹出【代码片断】对话框。

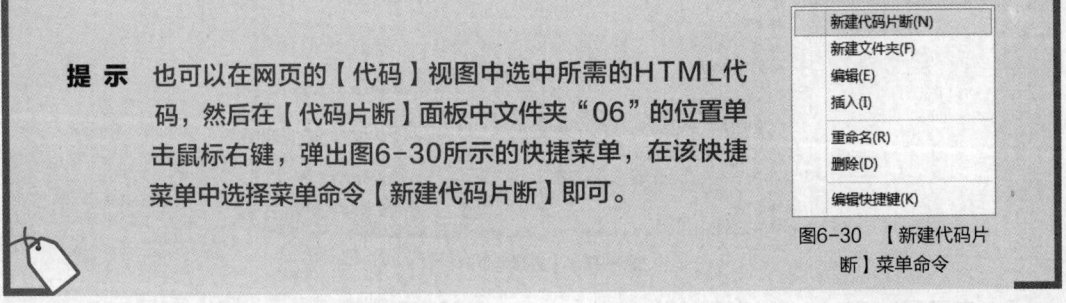

提 示 也可以在网页的【代码】视图中选中所需的HTML代码，然后在【代码片断】面板中文件夹"06"的位置单击鼠标右键，弹出图6-30所示的快捷菜单，在该快捷菜单中选择菜单命令【新建代码片断】即可。

图6-30 【新建代码片断】菜单命令

在"名称"文本框中输入代码片段的名称"friend-link"，在"描述"文本框中输入代码片段的描述性文本，"代码片断类型"选择"环绕选定内容"单选按钮，在"前插入"文本框中会自动出现前面所选中的代码，"预览类型"选择"代码"单选按钮，如图6-31所示。

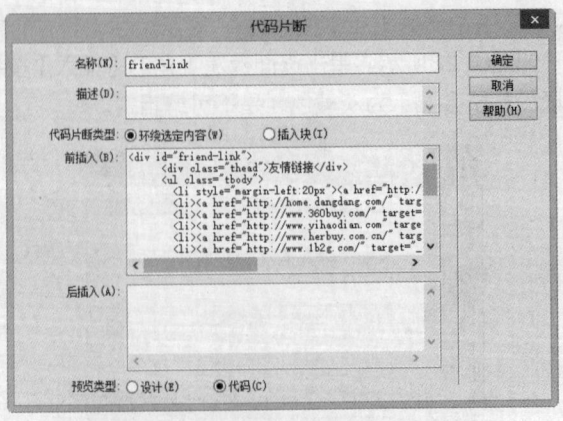

图6-31 创建代码片段"friend-link"

接着单击【确定】按钮，关闭【代码片断】对话框。

在【代码片断】面板中，单击右下角的【编辑代码片断】按钮
，可以打开图6-31所示的【代码片断】对话框，对对应的代码
片段进行编辑修改。单击右下角的【删除】按钮 🗑 ，可以删除已有
代码片段。

新建了一个代码片段的【代码片断】面板如图6-32所示。

4. 在网页0602.html中的对应位置插入代码片段friend-link

打开网页文档0602.html，切换到【代码】视图，将光标置于
需要插入"友情链接"的位置，然后在【代码片断】面板中选择文
件夹"06"中的"friend-link"，单击【代码片断】面板左下角的
【 插入 】按钮，这样代码片段"friend-link"便被插入到了光标所在
的位置。

图6-32　新建了一个代码片段的
【代码片断】面板

5. 保存网页与浏览网页效果

保存插入库项目与代码片段之后的网页0602.html，然后按快捷键【F12】浏览该网页。

📚 探索训练

任务 6-3　设计与制作触屏版商品促销页面0603.html

■ 任务描述

① 设计与制作触屏版商品促销页面0603.html，该网页用于创建网页模板，其浏览效果如图
6-33所示。

图6-33　触屏版商品促销页面0603.html的浏览效果

② 基于网页0603.html创建网页模板0604.dwt，且将网页中\<body>与\</body>的全部内容定义为可编辑区域。

③ 将网页0603.html的顶部导航按钮区域定义为库项目topbtn.lbi。

④ 将网页0603.html的底部导航按钮和版权信息区域定义为代码片段footer。

■ 任务实施

1. 创建文件夹

在站点"易购网"的文件夹"06模板应用与制作商品推荐页面"中创建文件夹"0602"，并在文件夹"0602"中创建子文件夹"CSS"和"image"，将所需的图片文件复制到"image"文件夹中。

2. 创建通用样式文件base.css

在文件夹"CSS"中创建通用样式文件base.css，并在该样式文件中编写样式代码，如表6-9所示。

表6-9　网页0603.html中样式文件base.css的CSS代码

序号	CSS代码	序号	CSS代码
01	.wb {	14	.w {
02	word-wrap: break-word;	15	width: 320px!important;
03	word-break: break-all;	16	margin: 0 auto;
04	text-overflow: ellipsis;	17	}
05	}	18	
06		19	.layout {
07	.tr {	20	margin:10px auto;
08	text-align: right;	21	-webkit-box-sizing: border-box;
09	}	22	}
10		23	
11	.tc {	24	.wbox {
12	text-align: center;	25	display: -webkit-box;
13	}	26	}

3. 创建主体样式文件main.css

在文件夹"CSS"中创建样式文件main.css，并在该样式文件中编写样式代码，为了便于区分网页的顶部导航按钮、中部主体内容和底部导航按钮，对样式文件main.css中的CSS代码分别说明如下。网页0603.html的顶部导航按钮对应的CSS代码如表6-10所示。

表6-10　网页0603.html的顶部导航按钮对应的CSS代码

序号	CSS代码	序号	CSS代码
01	nav {	08	position: relative;
02	height: 46px;	09	}
03	background: -webkit-gradient(linear,	10	
04	0% 0,0% 100%,	11	.nav .goback {
05	from(#F9F3E6),to(#F1E8D6));	12	position: absolute;
06	border-top: 1px solid #FBF8F0;	13	left: 15px;
07	border-bottom: 1px solid #E9E5D7;	14	width: 30px;

续表

序号	CSS代码	序号	CSS代码
15	height: 46px;	41	right: 90px;
16	background: url(../images/arrow_header.png)	42	width: 20px;
17	no-repeat center;	43	height: 23px;
18	background-size: 25px 20px;	44	background:
19	text-indent: -100px;	45	url(../images/user.png)
20	overflow: hidden;	46	no-repeat 0 0;
21	}	47	background-size: contain;
22		48	}
23	.nav .nav-title {	49	
24	line-height: 46px;	50	.nav .home {
25	width: 30%;	51	right: 15px;
26	font-size: 16px;	52	width: 19px;
27	margin: 0 auto;	53	height: 22px;
28	text-align: center;	54	background: url(../images
29	color: #766d62;	55	/icon-home.png) no-repeat 0 0;
30	height: 46px;	56	background-size: contain;
31	overflow: hidden;	57	}
32	}	58	.nav .my-cart {
33	.nav .cate-all,.nav .my-account,	59	right: 50px;
34	.nav .my-cart,.nav .home {	60	width: 24px;
35	position: absolute;	61	height: 20px;
36	top: 12px;	62	background: url(../images,
37	}	63	/shop_cart_on.png)
38		64	no-repeat 0 2px;
39	.nav .my-account {	65	background-size: contain;
40		66	}

网页0603.html的中部主体内容对应的CSS代码如表6-11所示。

表6-11 网页0603.html的中部主体内容对应的CSS代码

序号	CSS代码	序号	CSS代码
01	pro-list {	15	}
02	font-size: 14px;	16	
03	}	17	.pro-list li:after {
04		18	content: '';
05	.pro-list li {	19	position: absolute;
06	position: relative;	20	rlght: 10px;
07	padding: 10px 0;	21	top: 45%;
08	border-bottom: 1px solid #CCC;	22	width: 11px;
09	margin: 0 0 5px;	23	height: 15px;
10	padding-bottom: 5px;	24	background: url(../images/img
11	}	25	/arrow1.png) no-repeat;
12		26	background-size: 11px 15px;
13	.pro-list li:last-child {	27	}
14	border: none;	28	.pro-list li a {

序号	CSS代码	序号	CSS代码
29	display: -webkit-box;	50	color: #d00;
30	}	51	}
31	.pro-list li img {	52	
32	width: 100px;	53	.snPrice em {
33	height: 100px;	54	padding-left: 2px;
34	margin-right: 10px;	55	}
35	}	56	
36	pro-list li .pro-info {	57	.pro-list li .pro-info .huodong {
37	overflow: hidden;	58	margin: 2px 0 2px;
38	-webkit-box-flex: 1;	59	color: #666;
39	}	60	height: 35px;
40		61	overflow: hidden;
41	.pro-list li .pro-info .pro-name {	62	line-height: 1.4;
42	font-size: 14px;	63	width: 90%;
43	padding-top:5px;	64	}
44	height: 25px;	65	
45	line-height: 1.2;	66	.pro-list li .pro-info .snPrice {
46	overflow: hidden;	67	font-size: 15px;
47	}	68	display: inline-block;
48		69	width: 90px;
49	.snPrice {	70	}

网页0603.html的底部导航按钮对应的CSS代码如表6-12所示。

表6-12　网页0603.html的底部导航按钮对应的CSS代码

序号	CSS代码	序号	CSS代码
01	.footer {	20	content: '';
02	margin-top: 10px;	21	position: absolute;
03	}	22	left: 10px;
04		23	top: 4px;
05	.backTop {	24	width: 0;
06	position: relative;	25	height: 0;
07	display: inline-block;	26	border: 6px solid #fff;
08	width: 85px;	27	border-color: transparent transparent
09	height: 25px;	28	#fff transparent;
10	line-height: 25px;	29	}
11	color: #fff;	30	.list-ui-a li {
12	text-align: left;	31	height: 40px;
13	text-indent: 30px;	32	line-height: 40px;
14	background: #A9A9A9;	33	border-bottom: 1px solid #EBE3D9;
15	margin: 0 10px 10px 0;	34	color: #776D61;
16	border-radius: 2px;	35	background: -webkit-gradient(linear,
17	}	36	50% 0,50% 100%,
18		37	from(#FDF0DF),to(#FBF2E7));
19	.backTop:after {	38	font-size: 14px;

续表

序号	CSS代码	序号	CSS代码
39	}	65	background-size: 16px 15px;
40	.list-ui-a li:first-child {	66	}
41	border-top: 1px solid #EBE3D9;	67	
42	}	68	.foot-list a.foot3 {
43	.list-ui-a li a {	69	background: url(../images/img
44	color: #776D61;	70	/icon-b3.png) no-repeat 6px 1px;
45	}	71	background-size: 16px 15px;
46	foot-list a {	72	}
47	padding: 0 15px 0 25px;	73	.foot-list a.foot4 {
48	border-right: 1px solid #AFABA5;	74	background: url(../images/img
49	margin: 0 7px;	75	/icon-b4.png) no-repeat 6px
50	}	76	3px;
51		77	background-size: 16px 13px;
52	.foot-list a:last-child {	78	}
53	border: none;	79	
54	}	80	.foot-list a.foot5 {
55		81	background: url(../images/img
56	.foot-list a.foot1 {	82	/icon-b5.png) no-repeat 6px 2px;
57	background: url(../images/img	83	background-size: 10px 15px;
58	/icon-b1.png) no-repeat 6px 1px;	84	}
59	background-size: 16px 15px;	85	
60	}	86	.copyright {
61		87	color: #776d61;
62	.foot-list a.foot2 {	88	padding: 5px 0;
63	background: url(../images/img	89	background: #FCF1E4;
64	/icon-b2.png) no-repeat 6px 1px;	90	}

4. 创建网页文档0603.html与链接外部样式表

在文件夹 "0602" 中创建网页文档0603.html, 切换到网页文档0603.html的【代码】视图, 在标签 "</head>" 的前面输入链接外部样式表的代码, 如下所示。

```
<link rel="stylesheet" type="text/css" href="css/base.css" />
<link rel="stylesheet" type="text/css" href="css/main.css" />
```

5. 编写网页主体布局结构的HTML代码

网页0603.html主体布局结构的HTML代码如表6-13所示。

表6-13　网页0603.html主体布局结构的HTML代码

序号	HTML代码
01	`<nav class="nav">　　</nav>`
02	`<div class="layout w">　</div>`
03	`<footer class="footer">　</footer>`

6. 输入HTML标签、文字与插入图片

在网页文档0603.html中输入所需的HTML标签、文字与插入图片, 顶部导航按钮对应的

HTML代码如表6-14所示。

表6-14　网页0603.html的顶部导航按钮对应的HTML代码

序号	HTML代码
01	<nav class="nav">
02	<a class="goback" href="JavaScript:history.back(1)">返回</a>
03	<div class="nav-title wb">商品促销</div>
04	<a href="" class="my-account"></a>
05	<a href="" class="my-cart"></a>
06	<a href="" class="home"></a>
07	</nav>

网页0603.html的中部主体内容对应的HTML代码如表6-15所示。

表6-15　网页0603.html的中部主体内容对应的HTML代码

序号	HTML代码
01	<div class="layout w">
02	<ul class="pro-list">
03	<li>
04	<a href=""> <img src="images/t01.jpg" alt="" />
05	<div class="pro-info">
06	<div class="pro-name">
07	三星手机SM-N9006（简约白）
08	</div>
09	<div class="huodong">
10	5.7英寸高清触屏，2.3GHZ四核处理器，1300万像素摄像头！全新精彩!
11	</div>
12	<span class="snPrice">¥<em>3998.00</em></span>
13	</div>
14	</a>
15	</li>
16	<li> …… </li>
17	<li> …… </li>
18	<li> …… </li>
19	</ul>
20	</div>

网页0603.html的底部导航按钮和版权信息对应的HTML代码如表6-16所示。

表6-16　网页0603.html的底部导航按钮和版权信息对应的HTML代码

序号	HTML代码
01	<footer class="footer">
02	<div class="tr"><a href="" class="backTop" id="backTop">回顶部</a></div>
03	<ul class="list-ui-a foot-list tc">
04	<li>
05	<a href="" class="foot1">登录</a>
06	<a href="" class="foot2">注册</a>

续表

序号	HTML代码
07	<a href="" class="foot3">购物车</a>
08	</li>
09	<li> <a href="" class="foot4">电脑版</a> <a href="" class="foot5">客户端</a> </li>
10	</ul>
11	<div class="tc copyright">
12	Copyright m.ebuy.com
13	</div>
14	</footer>

7. 保存与浏览网页

保存网页文档0603.html，其在浏览器Google Chrome中的浏览效果如图6-33所示。

完成网页文档0603.html的制作之后，利用网页0603.html创建网页模板0604.dwt，且将网页中<body>与</body>的全部内容定义为可编辑区域。

将网页0603.html的顶部导航按钮区域定义为库项目topbtn.lbi。

将网页0603.html的底部导航按钮和版权信息区域定义为代码片段footer。

任务 6-4   设计与制作触屏版商品促销页面0604.html

图6-34　触屏版商品促销页面
0604.html的浏览效果

■ 任务描述

① 基于网页模板0604.dwt创建触屏版商品促销页面0604.html。

② 在网页0604.html中的对应位置插入库项目topbtn.lbi。

③ 在网页0604.html中的对应位置插入代码片码footer。

网页0604.html的浏览效果如图6-34所示。

■ 任务实施

① 基于网页模板0604.dwt创建触屏版商品促销页面0604.html。

② 在网页0604.html中的对应位置插入库项目topbtn.lbi。

③ 在网页0604.html中的对应位置插入代码片段footer。

④ 保存网页文档0604.html，其在浏览器Google Chrome中的浏览效果如图6-34所示。

析疑解惑

【问题1】网页中哪些页面元素可以设置成可编辑区域？几个不同的单元格及内容是否可以设置为同一个可编辑区域？

网页中可设置为可编辑区域的页面元素主要有以下几项。

① 图像和文本。

② 表格及表格里的内容。

③ 表格单元格及单元格里的内容。

几个不同的单元格及内容不可以设置为同一个可编辑区。在网页模板中创建可编辑区域时可以将整个表格或单独的单元格定义为可编辑区域，但是不能将多个单元格定义为单个可编辑区域。如果<td>被选定，则可编辑区域中包括单元格周围的区域。如果<td>未被选定，则可编辑区域将只影响单元格中的内容。

【问题2】什么是模板的重复区域和可选区域？各有何作用？

重复区域是指在基于模板的网页文档中添加所选区域的多个拷贝，可以使用重复区域来控制想要在页面中重复出现的区域，也可以重复数据行。在模板中可以插入重复区域或重复表格。

可选区域是指可将其设置为在基于模板的网页文档中显示或隐藏的区域。可选区域分为两类：①不可编辑的可选区域，在基于模板的网页中可以显示或隐藏该区域，但不允许编辑该区域的内容；②可编辑的可选区域，在基于模板的网页中可以显示或隐藏该区域，并能够编辑该区域的内容。

【问题3】怎样将网页文档从网页模板中分离？

如果要更改基于模板的网页文档的锁定区域，就必须将网页文档从网页模板中分离。将网页文档从网页模板中分离后，整个网页文档都将变为可编辑的。打开基于网页模板创建的网页文档，在Dreamweaver CC主界面中，选择菜单命令【修改】→【模板】→【从模板中分离】，即可将网页从模板中分离。网页从模板中分离后，所有模板代码将被删除，当更新模板时，从模板中分离的网页将不会自动进行更新。

单元小结

本单元主要介绍使用模板和库制作网页的方法。使用模板和库的组合可以使网站维护变得很轻松，尤其是在对一个规模较大的网站进行维护时，就更能体会使用模板的优点。另外，通过修改库项目，可以方便地对远程网站进行更新，而不用将每一个网页文件上传到远程网站中。

单元习题

（1）想让页面具有相同的页面布局，最好 _____。

A. 使用库 　　　　　　　　　B. 使用模板
C. 使用库或模板均可 　　　　D. 每个页面单独设计

（2）下列说法中错误的是 _____。

A. Dreamweaver CC中，网页模板的扩展名是dwt
B. 模板被保存在站点的本地根文件夹中的"Templates"文件夹中
C. 可以将多个表格单元格标记为单个可编辑区域
D. 将网页文档从网页模板中分离后，整个网页文档都将变为可编辑的

（3）在模板中不能定义的模板区域类型有 _____。

A. 可编辑区域 　　　　　　　B. 重复区域
C. 可选区域 　　　　　　　　D. 锁定区域

（4）如果模板中没有可编辑区域，则可以向基于模板的文档中添加的元素有 _____。

A. 表格 　　　B. AP Div 　　　C. 图像 　　　D. 声音

（5）Dreamweaver CC中，模板文件的扩展名为 _____ 。

    A. lbi   B. html   C. dwt   D. asp

（6）模板文件被保存在站点根目录下的 _____ 文件夹下。

    A. "Library"   B. "Template"

    C. "Dreamweaver"   D. "Css"

（7）下列说法中正确的是 _____ 。

    A. 某个网页中使用了库项目以后，只能更新不能分离

    B. 库项目是一个独立的文件

    C. 基于模板的文件只能在模板保存时得到更新

    D. 使用模板能够做到多个网页风格一致、结构统一

（8）Dreamweaver CC中,库文件的扩展名为 _____ 。

    A. dwt   B. htm   C. lbi   D. doc

（9）更新库文件时，以下说法中正确的是 _____ 。

    A. 使用库文件的网页会自动更新   B. 使用模板文件的网页会自动更新

    C. 使用库文件的网页不会自动更新   D. 使用模板文件的网页不会自动更新

（10）在编辑模板时可以定义，但在编辑网页时不可以定义的是 _____ 。

    A. 可编辑区域   B. 可选区域

    C. 重复区域   D. 框架

单元 7
网页特效与制作商品详情页面

　　将JavaScript程序嵌入HTML代码中，对网页元素进行控制，对用户操作进行响应，从而实现网页动态交互的特殊效果，这种特殊效果通常称为网页特效。在网页中添加一些恰当的特效，使页面具有一定的交互性和动态性，能吸引浏览者的眼球，提高页面的观赏性和趣味性。

　　JavaScript是一种基于对象和事件驱动的脚本语言。使用它的目的是与HTML超文本标记语言一起实现网页中的动态交互功能。JavaScript通过嵌入或调用在标准的HTML语言中实现其功能，它与HTML标记结合在一起，弥补了HTML语言的不足，JavaScript使得网页变得更加生动。

　　JavaScript是一种脚本编程语言，它的基本语法与C语言类似，但运行过程中不需要单独编译，而是逐行解释执行，运行快。JavaScript具有跨平台性，与操作环境无关，只依赖于浏览器本身，对于支持JavaScript的浏览器就能正确执行。

教学导航

教学目标	（1）学会编写简单的JavaScript程序，能看懂较复杂的JavaScript程序，明确其实现的功能和各语句的含义
	（2）掌握在网页中显示当前日期的实现方法
	（3）掌握不同时间段显示不同问候语的实现方法
	（4）掌握动态改变网页中局部区域文本字体大小的实现方法
	（5）了解在网页中自动滚动图片的实现方法
	（6）了解在网页中选项卡功能的实现方法
	（7）了解在网页中商品图片轮换展示与放大的实现方法
	（8）通过对典型JavaScript程序代码的分析，掌握JavaScript的基本语法、JavaScript程序的基本语法格式，能熟练链接外部JavaScript脚本文件等
教学方法	任务驱动法、分组讨论法、理论实践一体化、讲练结合
课时建议	8课时

渐进训练

任务 7-1 设计与制作电脑版商品详情页面0701.html

■ 任务描述

设计与制作电脑版商品详情页面0701.html，其浏览效果如图7-1所示。

图7-1 电脑版商品详情页面0701.html的整体浏览效果

【任务7-1-1】规划与设计商品详情页面的布局结构

■ 任务描述

① 规划商品详情页面0701.html的布局结构，并绘制各组成部分的页面内容分布示意图。

② 编写商品详情页面0701.html布局结构对应的HTML代码。

③ 定义商品详情页面0701.html主体布局结构对应的CSS样式代码，以及布局结构的各个局部结构对应的CSS代码。

■ 任务实施

1. 规划与设计商品详情页面0701.html的布局结构

商品详情页面0701.html的内容分布示意图如图7-2所示。

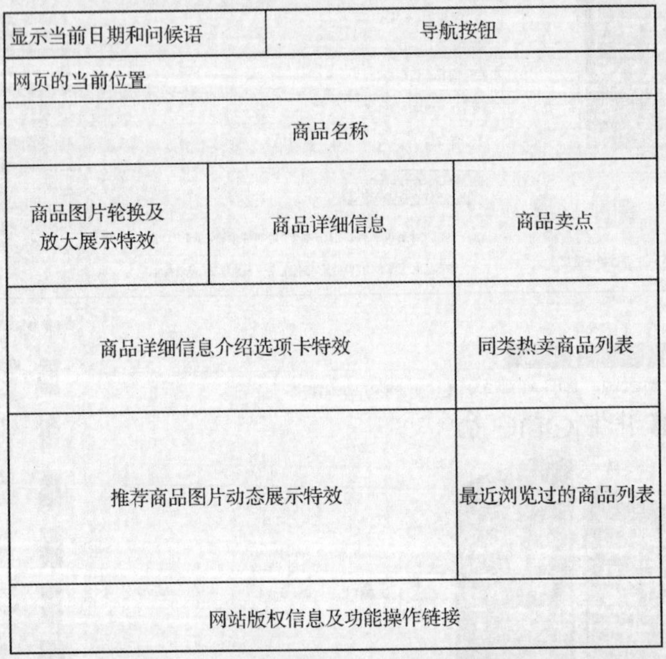

显示当前日期和问候语	导航按钮	
网页的当前位置		
商品名称		
商品图片轮换及放大展示特效	商品详细信息	商品卖点
商品详细信息介绍选项卡特效		同类热卖商品列表
推荐商品图片动态展示特效		最近浏览过的商品列表
网站版权信息及功能操作链接		

图7-2　商品详情页面0701.html的内容分布示意图

2. 创建所需的文件夹

在站点"易购网"中创建文件夹"07网页特效与制作商品详情页面"，在该文件夹中创建文件夹"0701"，并在文件夹"0701"中创建子文件夹"CSS""image"和"js"，将所需的图片文件复制到"image"文件夹中，将所需的JavaScript文件复制到"js"文件夹中。

3. 创建网页文档0701.html

在文件夹"0701"中创建网页文档0701.html。商品详情页面0701.html布局结构对应的HTML代码如表7-1所示。

表7-1　商品详情页面0701.html布局结构对应的HTML代码

行号	HTML代码
01	`<div  id="header">`
02	`<div class="topmenu">`
03	`<div class="tx">  </div>`
04	`<ul class="menur">  </ul>`
05	`</div>`
06	`<div class="clear">  </div>`
07	`</div>`
08	`<div id="page_wrapper">`
09	`<div class="pages_nav">        </div>`
10	`<div id="product_focus">`
11	`<div class="product_title"> </div>`
12	`<div class="l_column">`
13	`<div class="slider">`
14	`<a>`
15	`<div class="jqzoom">  </div>`
16	`</a>`
17	`<div id="sPicture">    </div>`
18	`<div class="clear">    </div>`
19	`<div class="btn">      </div>`
20	`</div>`
21	`<div class="info">`
22	`<div id="updatePanel4">  </div>`
23	`<div class="support_payment_box">  </div>`
24	`<div class="promise">     </div>`
25	`</div>`
26	`<div class="clear"></div>`
27	`</div>`
28	`<div class="r_column">`
29	`<div class="sort_info">`
30	`<h2>商品卖点</h2>`
31	`<div class="content">     </div>`
32	`</div>`
33	`</div>`
34	`<div class="clear"></div>`
35	`</div>`
36	`<div id="product_main">`
37	`<div class="l_column">`
38	`<div class="product_contentbox">`
39	`<h2>商品详细信息</h2>`
40	`<div class="content">`
41	`<div class="menu_tag" id="tagtitle1">    </div>`
42	`<div id="tagcontent1">`
43	`<div class="tab_content">  </div>`

行号	HTML代码
44	<div class="tab_content"> </div>
45	<div class="tab_content"> </div>
46	<div class="tab_content"> </div>
47	</div>
48	</div>
49	</div>
50	<div class="product_contentbox">
51	<h2>推荐商品</h2>
52	<div class="flexslider"> </div>
53	</div>
54	</div>
55	<div class="r_column">
56	<div class="sidebar">
57	<h2>同类热卖商品</h2>
58	<div class="content"> </div>
59	</div>
60	<div class="sidebar">
61	<h2>最近浏览过的商品</h2>
62	<div class="content"> </div>
63	</div>
64	</div>
65	</div>
66	</div>
67	<div class="clear"></div>
68	<div id="footer"> </div>

4. 创建样式文件与编写CSS样式代码

在文件夹"CSS"中创建样式文件main.css，在该样式文件中定义CSS代码，商品详情页面0701.html主体布局结构对应的CSS样式代码如表7-2所示。

表7-2　商品详情页面0701.html主体布局结构对应的CSS样式代码

行号	CSS代码	行号	CSS代码
01	#header {	13	#page_wrapper {
02	width: 990px;	14	width: 990px;
03	margin: 0 auto;	15	margin: 5px auto;
04	}	16	}
05		17	
06	.topmenu {	18	#page_wrapper .pages_nav {
07	background:	19	margin-bottom: 10px;
08	url(../images/top_bar.png)	20	margin-left:20px;
09	no-repeat;	21	}
10	height: 24px;	22	
11	}	23	#product_focus {
12		24	width: 990px;

续表

行号	CSS代码	行号	CSS代码
25	margin-bottom: 10px;	55	#product_main {
26	padding-bottom: 2px;	56	width: 990px;
27	border-bottom: 2px solid #D50050;	57	margin-bottom: 10px;
28	}	58	}
29		59	
30	#product_focus .product_title {	60	#product_main .l_column {
31	border-top: 1px solid #CCC;	61	float: left;
32	border-bottom: 2px solid #D50050;	62	width: 750px;
33	height: 38px;	63	}
34	line-height: 38px;	64	
35	text-align: center;	65	.l_column .product_contentbox {
36	font-size: 18px;	66	margin-bottom: 10px;
37	text-shadow: 1px 1px 1px #CCC;	67	}
38	font-weight: bold;	68	
39	margin-bottom: 10px;	69	#product_main .r_column {
40	}	70	float: right;
41	#product_focus .l_column .slider {	71	width: 230px;
42	width: 310px;	72	}
43	float: left;	73	
	}	74	#product_main .r_column .sidebar {
44	#product_focus .l_column .info {	75	margin-bottom: 12px;
45	width: 430px;	76	border: 1px solid #eeca9f;
46	float: right;	77	}
47	}	78	
48		79	#footer {
49	#product_focus .r_column {	80	width: 990px;
50	float: right;	81	margin: 0 auto;
51	width: 230px;	82	height: 50px;
52	position: relative;	83	padding: 5px 0;
53	}	84	background: #f0f0f0;
54		85	margin-bottom:5px;
		86	}

商品详情页面0701.html布局结构各局部结构对应的CSS样式代码如表7-3所示。

表7-3　商品详情页面0701.html布局结构各局部结构对应的CSS样式代码

行号	CSS代码	行号	CSS代码
01	.tx {	09	float: left;
02	float: left;	10	width: 500px;
03	width: 430px;	11	line-height: 22px;
04	padding-left: 50px;	12	position: relative;
05	line-height: 24px;	13	z-index: 666;
06	}	14	}
07		15	
08	.menur {	16	#product_focus .l_column .slider .btn {

续表

行号	CSS代码	行号	CSS代码
17	text-align: center;	53	
18	margin-top: 15px;	54	.l_column .product_contentbox h2 {
19	cursor: pointer;	55	background: url(../images/ig-li.gif)
20	}	56	#f5f5f5 no-repeat
21		57	scroll 1% 50%;
22	.l_column .info .support_payment_box {	58	border: 1px solid #CCC;
23	font-size: 14px;	59	border-bottom: 0;
24	overflow: hidden;	60	height: 31px;
25	*zoom: 1;	61	font-weight: bold;
26	border: 1px solid #F6A100;	62	line-height: 31px;
27	background: #FFFEE6;	63	padding-left: 25px;
28	padding: 11px 10px;	64	color: #C00;
29	_padding: 10px;	65	font-size: 14px;
30	margin-bottom: 10px;	66	}
31	}	67	
32		68	.l_column .product_contentbox .content {
33	.l_column .info .promise {	69	border: 1px solid #CCC;
34	border-top: 1px dotted #CCC;	70	padding: 8px;
35	border-bottom: 1px dotted #CCC;	71	border-top: 0px;
36	height: 34px;	72	line-height: 1.5;
37	margin-top: 8px;	73	overflow: hidden;
38	line-height: 34px;	74	*zoom: 1;
39	text-align: center;	75	}
40	}	76	
41	.r_column .sort_info .content {	77	.flexslider {
42	padding: 5px 8px;	78	margin: auto;
43	color: #333	79	border: 1px solid #CCC;
44	}	80	background: #fff;
45	#product_focus .r_column .sort_info {	81	position: relative;
46	border: 1px solid #ccc;	82	z-index: 1;
47	background: url(../images/	83	}
48	maidian_bg.jpg)	84	
49	repeat-x left bottom;	85	.r_column .sidebar .content {
50	height: 332px;	86	padding: 8px 5px;
51	margin-bottom: 5px;	87	height: 1%;
52	}	88	}

在文件夹"CSS"中可创建通用样式文件base.css，在该样式文件中定义CSS代码，样式文件base.css的CSS代码如表5-3所示。

【任务7-1-2】在网页顶部显示当前日期和问候语

■ 任务描述

在网页文档0701.html中编写JavaScript代码实现以下功能。

① 在网页文档0701.html的顶部显示当前日期及星期数，日期格式为：年-月-日-星期。

② 在网页文档0701.html顶部当前日期及星期数的右侧根据不同时间段（采用24小时制）显示相应的问候语。

网页顶部显示当前日期和问候语的浏览效果如图7-3所示。

今天是：2019年2月23日　星期六　上午好！

图7-3　网页顶部显示当前日期和问候语的浏览效果

■ 任务实施

1. 编写JavaScript代码在网页中显示当前日期

打开网页文档0701.html，在网页头部输入表7-4所示的JavaScript代码。

表7-4　显示当前日期的JavaScript代码之一

行号	JavaScript代码
01	`<script language="javascript" type="text/javascript">`
02	`<!--`
03	`function dateweek() {`
04	`    var currentDate,thisDate,thisMonth,thisYear ;`
05	`    currentDate=new Date();`
06	`    thisDate=currentDate.getDate();`
07	`    thisMonth=currentDate.getMonth()+1;`
08	`    thisYear=currentDate.getFullYear();`
09	`    var weekArray=new Array(6);`
10	`    weekArray[0]="星期日";`
11	`    weekArray[1]="星期一";`
12	`    weekArray[2]="星期二";`
13	`    weekArray[3]="星期三";`
14	`    weekArray[4]="星期四";`
15	`    weekArray[5]="星期五";`
16	`    weekArray[6]="星期六";`
17	`    thisWeek=weekArray[currentDate.getDay()];`
18	`    document.write("今天是："+thisYear+"年"+thisMonth+"月"+thisDate+"日"+"`
19	`"+thisWeek);`
20	`  }`
21	`//-->`
22	`</script>`

在网页0701.html主体部分的合适位置输入如下所示的HTML代码调用自定义函数dateweek()，显示当前日期。

```
<script type=text/JavaScript>dateweek()</script>
```

表7-4中JavaScript代码的功能是在网页中显示当前日期（包括年、月、日和星期数），该代码中应用了以下JavaScript知识。

① JavaScript代码嵌入到HTML代码中的标记符<script>与</script>。

② 对于某些浏览器不支持JavaScript代码的注释符。

③ JavaScript区分字母的大小写，具有大小写敏感的特点。

④ JavaScript的变量声明语句、赋值语句和输出语句。

⑤ JavaScript中变量的定义与赋值，数组对象的定义、数组元素的赋值和数组元素的访问。

⑥ JavaScript的对象：Date、Array、document。

⑦ Date对象的方法：getFullYear、getMonth、getDate和getDay。

⑧ document对象的方法：write。

⑨ JavaScript的表达式："今天是："+thisYear+"年"+thisMonth+"月"+thisDate+"日" +" "+thisWeek"。

表7-4中JavaScript代码的具体含义解释如下。

① JavaScript脚本程序必须置于<script>与</script>标记符中。

第01行和第22行使用<script> </script>标记符指明其间的程序代码是JavaScript脚本程序。<script>标记中的"language="javascript""标识脚本程序语言的类型，用于区别其他的脚本程序语言。这里使用的脚本语言是JavaScript，所以language的属性值为"javascript"。如果使用的脚本语言为"VBScript"，则language的属性值为"VBScript"。

同样，<script>标记中的"type="text/javascript""也是用于标识脚本程序的类型，用于区别其他的程序类型，如"text/css"。

language属性和type属性可以只使用其中一种，以适应不同的浏览器。

如果需要，还可以在"language"属性中标明javascript的版本号，那么，所使用的JavaScript脚本程序就可以应用该版本中的功能和特性，如"language=javascript1.2"。

② 第02行的标记"<!--"和第21行的标记"//-->"对于不支持脚本的浏览器忽略其间的脚本程序。

并非所有的浏览器都支持JavaScript，另外由于浏览器版本和JavaScript脚本程序之间存在兼容性问题，可能会导致某些JavaScript脚本程序在某些版本的浏览器中无法正确执行。如果浏览不能识别<script>标记，就会将<script>与</script>标记符之间的JavaScript脚本程序当成普通的HTML字符显示在浏览器中。针对此类问题，可以将JavaScript脚本程序代码置于HTML注释符之间，这样对于不支持JavaScript的浏览器就不会把代码内容当成文本显示在页面上，而是把它们当成注释，不会做任何操作。

"<!--"是HTML注释符的起始标记，"-->"是HTML注释符的结束标记。对于不支持JavaScript脚本程序的浏览器，标记<!—和//-->之间的内容被视为注释内容，对于支持JavaScript程序的浏览器，这对标记将不起任何作用。另外，需要注意的是，第21行是以JavaScript单行注释"//"开始的，它告诉JavaScript编译器忽略HTML注释的内容。

③ 第03行至第20行定义了函数dateweek()，第04行至第19行为函数主体，共有15条语句，每一条语句都以";"结束。

④ JavaScript区分字母的大小写。

在同一个程序中使用大写字母或使用小写字母表示不同的意义，不能随意将大写字母写成小写，也不能随意将小写字母写成大写。例如，第04行中声明的变量"currentDate"，该变量名的第8个字母为大写"D"，在程序中使用该变量时，该字母必须统一写成大写"D"，而不能写成小写"d"。如果声明变量时，变量名称为"currentdate"形式，全为小写字母，在程序中使用该变量时，也不能写成大写。也就是说，使用变量时的名称应与声明变量的名称完全一致。

JavaScript的日期对象"Date"的首字母必须是大写字母"D"，不能写成小写字母，否则不能识别该日期对象；同样，日期对象的方法"getFullYear""getMonth""getDate"和"getDay"中的大写字母都不能写成小写，否则不能识别该方法名称。JavaScript的数组对象

"Array"的首字母是大写字母"A",也不能写成小写"a"。

JavaScript的文档对象"document"则全部为小写字母,而不能写成"Document",否则会由于不能识别"Document",而出现错误。

⑤ 第04行为声明变量的语句:声明4个变量,变量名分别为currentDate、thisDate、thisMonth和thisYear。

⑥ 第05行创建一个日期对象实例,其内容为当前日期和时间,且将日期对象实例赋给变量currentDate。

⑦ 第06行使用日期对象的getDate方法获取日期对象的当前日期数(即1~31),且赋给变量thisDate。

⑧ 第07行使用日期对象的getMonth方法获取日期对象的当前月份数,且赋给变量thisMonth。注意:由于月份的返回值是从0开始的索引序号,即1月返回0,其他月份依次类推,为了正确表述月份,需要做加1处理,让1月显示为"1月"而不是"0月"。

⑨ 第08行使用日期对象的getFullYear方法获取日期对象的当前年份数,且赋给变量thisYear。如果年份在2000年以前,则返回值是与1900年的年份差值(即用两位数表示年份);如果年份在2000年及以后,则直接返回完整年份(即用四位数表示年份)。

⑩ 第09行使用关键字new和构造函数Array()创建一个数组对象weekArray,并且创建数组对象时指定了数组的长度为7,即该数组元素的个数为7,数组元素的下标(序列号)从0开始,各个数组元素的下标为0~6。此时数组对象的每一个元素都尚未指定类型。

⑪ 第10行至第16行分别给数组对象weekArray的各个元素赋值。

⑫ 第17行使用日期对象的getDay方法获取日期对象的当前星期数,其返回值为0~6,序号0对应星期日,序号1对应星期一,以此类推,序号6对应星期六。且使用"[ ]"运算符访问数组元素,即获取当前星期数的中文表示。

⑬ 第18行和第19行使用文档对象document的write方法向网页中输出当前日期,表达式""今天是: "+thisYear+"年"+thisMonth+"月"+thisDate+"日" +" "+thisWeek" 使用运算符"+"连接字符串,其中thisYear、thisMonth、thisDate和thisWeek是变量,"年""月""日"是字符串。

2. 编写JavaScript代码在网页中显示问候语

在网页的【代码】视图中,将光标置于显示当前日期的JavaScript代码之后,然后输入表7-5所示的JavaScript代码。

表7-5　在不同时间段显示不同问候语的JavaScript代码

行号	JavaScript代码
01	`<script language="javascript" type="text/javascript">`
02	`<!--`
03	`var today , hour ;`
04	`today = new Date() ;`
05	`hour = today.getHours() ;`
06	`if (hour < 8) { document.write(" 早晨好!") ; }`
07	`else if (hour < 12) { document.write(" 上午好!") ; }`
08	`else if (hour < 14) { document.write(" 中午好!") ; }`
09	`else if (hour < 17) { document.write(" 下午好!") ; }`
10	`else { document.write(" 晚上好!") ;}`
11	`// -->`
12	`</script>`

表7-5中JavaScript代码应用了以下的JavaScript知识。

① JavaScript的变量声明语句、赋值语句和if...else if语句。

② 关系运算符和关系表达式。

③ JavaScript的对象：Date、document。

④ Date对象的方法：getHours。

⑤ document对象的方法：write。

表7-5中JavaScript代码的具体含义解释如下。

① 第03行声明了两个变量，变量名分别为today、hour。

② 第04行是一条赋值语句，创建一个日期对象，且赋给变量today。

③ 第05行是一条赋值语句，调用日期对象的方法getHours()获取当前日期对象的小时数，且赋给变量hour。

④ 第06行至第10行是一个较为复杂的if...else if语句，该语句的执行规则如下。

首先判断条件表达式hour < 8是否成立，如果该条件表达式的值为true（如早晨7点），则程序将执行对应语句"document.write(" 早晨好!")；"，即在网页中显示"早晨好!"的问候语。

如果条件表达式hour < 8的值为false（如上午9点），那么判断第1个else if后面的条件表达式hour < 12是否成立；如果该条件表达式的值为true（如上午9点），则程序将执行对应语句"document.write(" 上午好!")；"，即在网页中显示"上午好!"的问候语。

以此类推，直到完成最后一个else if条件表达式hour < 17的测试，如果所有的if和else if的条件表达式都不成立（如晚上20点），则执行else后面的语句"document.write(" 晚上好!")；"，即在网页中显示"晚上好!"的问候语。

3. 分析具有类似功能的JavaScript代码的作用与含义

表7-6也是显示当前日期的JavaScript代码，试分析这些代码的作用与含义，以及应用了哪些JavaScript知识。

表7-6　显示当前日期的JavaScript代码之二

行号	JavaScript代码
01	`<script language="javascript1.2" type="text/javascript">`
02	`<!--`
03	`var today , year , day ;`
04	`today = new Date () ;`
05	`year=today.getFullYear() ;`
06	`day=today.getDate() ;`
07	`var isMonth = new Array("1月","2月","3月","4月","5月","6月",`
08	`"7月","8月","9月","10月","11月","12月") ;`
09	`var isDay = new Array("星期日","星期一","星期二",`
10	`"星期三","星期四","星期五","星期六") ;`
11	`document.write(year+"年"+isMonth[today.getMonth()]+day+"日 "`
12	`+isDay[today.getDay()]) ;`
13	`//-->`
14	`</script>`

表7-7中JavaScript代码的功能是在不同的节假日显示不同的问候语，试分析这些代码的作用与含义，以及应用了哪些JavaScript知识。

表7-7 在不同节假日显示不同问候语的JavaScript代码

行号	JavaScript代码
01	`<script language="javascript1.2" type="text/javascript">`
02	`<!--`
03	`var msg ;`
04	`var now=new Date() ;`
05	`var month=now.getMonth()+1 ;`
06	`var date=now.getDate() ;`
07	`if (month==5 && date==1)  { msg="劳动节快乐！" ; }`
08	`if (month==10 && date==1 )  { msg="国庆节快乐！" ; }`
09	`document.write(msg) ;`
10	`//-->`
11	`</script>`

【任务7-1-3】在网页中动态改变局部区域文本字体大小

■ 任务描述

动态改变网页中文本字体大小，可以满足不同浏览者的需求。在网页文档0701.html中的合适位置编写JavaScript代码，实现动态改变网页中文本字体大小的功能。

网页中动态改变局部区域文本字体大小的浏览效果如图7-4所示，单击"大""中"或"小"选项可以动态改变该区域的字体大小，选择"在线打印"选项会弹出【打印】对话框，选择"关闭"选项可以关闭该页面。

Copyright 易购网 版权所有

设置网页字体大小及其他操作： 大 │ 中 │ 小 │ 在线打印 │ 关闭

图7-4 网页中动态改变局部区域文本字体大小的浏览效果

■ 任务实施

1. 编写改变文本字体大小的代码

在网页的【代码】视图中，将光标置于"`</head>`"之前，然后输入表7-8所示的JavaScript代码。

表7-8 动态改变网页中文本字体大小的JavaScript代码

行号	JavaScript代码
01	`<script language="javascript" type="text/javascript">`
02	`<!--`
03	`function setFontSize(size){`
04	`document.getElementById('footer').style.fontSize=size+'px'`
05	`}`
06	`//-->`
07	`</script>`

> **说 明：** 表7-8中第04行中的"footer"是改变字体大小所在区块的ID标识。Document
> 对象的getElementById方法的功能是通过元素的id属性访问该元素。

2. 设置超链接，调用改变字体大小的函数

切换到【设计】视图，在"功能操作"所在的区块，选中文字"大"，然后在【属性】面板的"链接"列表框中输入代码"JavaScript:setFontSize(16)"，调用改变字体大小的函数，如图7-5所示。调用函数时传递的参数为"16"，即文本的字体大小为"16像素"。

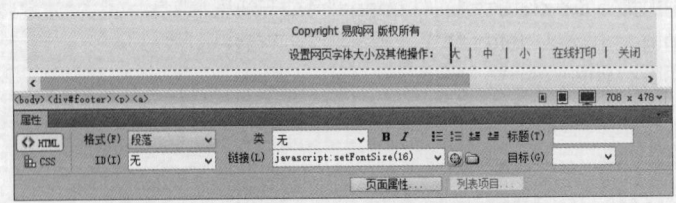

图7-5 设置超链接，调用改变字体大小的函数

以同样的方法选中文本"中"，在【属性】面板的"链接"列表框中输入代码"javascript:setFontSize(14.9)"；选中文本"小"，在"链接"列表框中输入代码"javascript:setFontSize(12)"。

参照设置字体大小的方法设置"在线打印"和"关闭网页"，选中文本"在线打印"，在【属性】面板的"链接"列表框中输入代码"javascript:window.print()"；选中文本"关闭"，在"链接"列表框中输入代码"javascript:window.close()"。其中print()和close()为window对象的方法。

【任务7-1-4】在网页中自动滚动图片

■ 任务描述

在网页文档0701.html中的合适位置编写JavaScript代码，实现横向定时自动滚动图片和单击按钮滚动图片的效果。横向滚动图片的浏览效果如图7-6所示。

图7-6 横向滚动图片的浏览效果

■ 任务实施

1. 编写代码引入外部JavaScript库文件

在网页文档0701.html的头部添加以下代码，引入外部JavaScript库文件jquery.scrollLoading-min.js和jquery.flexslider-min.js，这两个JS文件包含了实现图片滚动的通用代码。

```
<script src="js/jquery.scrollLoading-min.js" type="text/javascript"></script>
```

```
<script src="js/jquery.flexslider-min.js" type="text/javascript"></script>
```

2. 编写JavaScript代码实现横向滚动图片的效果

打开网页文档0701.html，切换到【代码】视图，在<div class="product_contentbox">与</div>之间输入HTML代码，实现展示推荐商品的功能，代码如表7-9所示。

表7-9 实现展示推荐商品功能的HTML代码

行号	HTML代码
01	<div class="product_contentbox">
02	<h2>推荐商品</h2>
03	<div class="flexslider">
04	<ul class="slides">
05	<li>
06	<ul class="list-pic c_fixed">
07	<li>
08	<a href="" target="_blank" title=" ">
09	<img src="images/t12.jpg" class="productimg" alt=" " /></a>
10	<dl>
11	<dt class="price">¥4198.00</dt>
12	<dd class="dec">
13	<a href="" target="_blank" title="">Apple iPhone 5s (16GB)(金)…</a>
14	</dd>
15	<dd class="btn">
16	<a href="" target="_blank"><img src="images/common/btn_1.png" /></a>
17	<a href="" target="_blank"><img src="images/common/btn_2.png" /></a>
18	</dd>
19	</dl>
20	</li>
21	<li>……</li>
22	<li>……</li>
23	</ul>
24	</li>
25	<li>
26	<ul class="list-pic c_fixed">……</ul>
27	</li>
28	<li>
29	<ul class="list-pic c_fixed">……</ul>
30	</li>
31	<li>
32	<ul class="list-pic c_fixed">……</ul>
33	</li>
34	</ul>
35	<ul class="flex-direction-nav">
36	<li><a class="flex-prev" href="#"></a></li>
37	<li><a class="flex-next" href="#"></a></li>
38	</ul>
39	</div>
40	</div>

在0701.html的头部编写JavaScript代码，实现横向滚动图片功能，其代码如表7-10所示。

表7-10 实现横向滚动图片的JavaScript代码

行号	JavaScript代码
01	`<script>`
02	`$(function(){`
03	`    $('.flexslider').flexslider({`
04	`        animation: "slide",`
05	`        easing:"easeOutQuad",`
06	`        controlNav: false,`
07	`        directionNav: true,`
08	`        animationLoop: true,`
09	`        slideshow: true,`
10	`        pauseOnHover: true,`
11	`        slideshowSpeed: 10000,`
12	`        animationSpeed: 800,`
13	`        before: function(slider){`
14	`            $("img.scrollLoadingImg",slider).scrollLoading();`
15	`        }`
16	`    });`
17	`});`
18	`</script>`

【任务7-1-5】在网页中实现选项卡功能

■ 任务描述

在网页文档0701.html中编写HTML代码和JavaScript代码实现选项卡结构及其切换功能，其浏览效果如图7-7所示。

图7-7 网页0701.html中选项卡功能的浏览效果

■ 任务实施

1. 编写HTML代码实现选项卡结构

打开网页文档0701.html，切换到【代码】视图，在"<div class="l_column">"与"</div>"之间输入HTML代码，实现选项卡结构，代码如表7-11所示。

表7-11 实现选项卡结构的HTML代码

行号	HTML代码
01	<div class="l_column">
02	<div class="product_contentbox">
03	<h2>商品详细信息</h2>
04	<div class="content">
05	<div class="menu_tag" id="tagtitle1">
06	<ul>
07	<li class="nowtag"><a>商品介绍</a></li>
08	<li><a>参数规格</a></li>
09	<li><a>包装清单</a></li>
10	<li><a>售后服务</a></li>
11	</ul>
12	</div>
13	<div id="tagcontent1">
14	<div class="tab_content">
15	<div class="m_content"> </div>
16	</div>
17	<div class="tab_content">
18	<div class="m_content">
19	<table id="itemParameter" class="pro-para-tbl">……</table>
20	</div>
21	</div>
22	<div class="tab_content">
23	<div class="m_content">……</div>
24	<div class="tip"> …… </div>
25	</div>
26	<div class="tab_content">
27	<div class="m_content"> …… </div>
28	</div>
29	</div>
30	</div>
31	</div>
32	</div>

2. 编写JavaScript代码实现选项卡切换功能

在子文件夹"js"中创建JavaScript文件tabchange.js，然后打开该文件，输入表7-12所示的JavaScript代码。

表7-12　实现选项卡切换功能的JavaScript代码

行号	JavaScript代码
01	$(document).ready(function()
02	{
03	SwitchBoxDetail(1);
04	});
05	
06	function SwitchBoxDetail(num)
07	{
08	$("#tagcontent"+num+".tab_content:not(:first)").hide();
09	$("#tagtitle"+num+" li").each(function(i){
10	$(this).mousedown(
11	function(){
12	$("#tagtitle"+num+" li.nowtag").removeClass("nowtag");
13	$(this).addClass("nowtag");
14	$("#tagcontent"+num+" .tab_content:visible").hide();
15	$("#tagcontent"+num+" .tab_content:eq(" + i + ")").fadeIn(400);
16	});
17	});
18	}

实现选项卡切换功能的JavaScript代码中相关的CSS代码如表7-13所示。

表7-13　实现选项卡切换功能的JavaScript代码中相关的CSS代码

行号	CSS代码
01	#product_main .l_column .product_contentbox .menu_tag {
02	background: transparent url(../images/bg_line_menu.gif) repeat-x scroll left bottom;
03	clear: both;
04	height: 24px;
05	margin: 0 0 5px;
06	padding: 2px 0;
07	text-align: left;
08	cursor: pointer;
09	}
10	
11	#product_main .l_column .product_contentbox .menu_tag ul {
12	float: left;
13	}
14	
15	#product_main .l_column .product_contentbox .menu_tag ul li {
16	float: left;
17	cursor: pointer;
18	}
19	
20	#product_main .l_column .product_contentbox .menu_tag ul li a {
21	background-color: #C00000;
22	border: 1px solid #C00000;

行号	CSS代码
23	border-bottom-color: #C00000;
24	float: left;
25	height: 20px;
26	margin: 0 0 0 5px;
27	padding: 4px 10px 0;
28	text-decoration: none !important;
29	color: #FFF;
30	}
31	
32	#product_main .l_column .product_contentbox .menu_tag ul li.nowtag a {
33	border: 1px solid #C00000;
34	border-bottom-color: #FFF;
35	background-color: #FFF;
36	color: #C00000;
37	font-weight: bold;
38	}
39	
40	#product_main .l_column .product_contentbox .tab_content {
41	clear: both;
42	padding: 5px 8px;
43	line-height: 1.6;
44	overflow: hidden;
45	}
46	
47	#product_main .l_column .product_contentbox .tab_content p {
48	line-height: 1.7;
49	padding-bottom: 6px;
50	text-indent: 2em;
51	}

3. 编写代码引入外部JavaScript库文件

在网页文档0701.html的头部添加以下代码，引入外部JavaScript库文件tabchange.js。

```
<script src="js/tabchange.js" type="text/javascript"></script>
```

【任务7-1-6】在网页中实现商品图片轮换展示与放大功能

■ 任务描述

在网页文档0701.html中编写HTML代码和JavaScript代码，实现商品图片轮换展示与放大功能，其浏览效果如图7-8所示。

■ 任务实施

1. 编写HTML代码实现商品图片轮换展示结构

打开网页文档0701.html，切换到【代码】视图，在"<div class="slider">"与"</div>"

之间输入HTML代码，实现商品图片轮换展示结构，代码如表7-14所示。

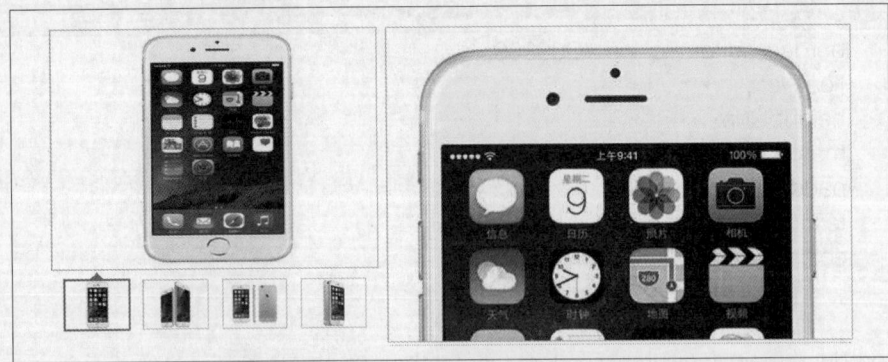

图7-8　商品图片轮换展示与放大的浏览效果

表7-14　实现商品图片轮换展示结构的HTML代码

行号	HTML代码
01	`<div class="slider">`
02	`<a href="images/t01.jpg" target="_blank" id="aimg">`
03	`  <div class="jqzoom">`
04	`   <img src="images/tximg/t01m.jpg" />`
05	`  </div> </a>`
06	`<div id="sPicture">`
07	`  <ul>`
08	`   <li class="selected">`
09	`    <div class="img">`
10	`      <img src="images/tximg/t01s.jpg" id="Picture1" />`
11	`    </div>`
12	`   </li>`
13	`   <li>`
14	`    <div class="img">`
15	`      <img src="images/tximg/t02s.jpg" id="Picture2" />`
16	`    </div>`
17	`   </li>`
18	`   <li>`
19	`    <div class="img">`
20	`      <img src="images/tximg/t03s.jpg" id="Picture3" />`
21	`    </div>`
22	`   </li>`
23	`   <li>`
24	`    <div class="img">`
25	`      <img src="images/tximg/t04s.jpg" id="Picture4" />`
26	`    </div>`
27	`   </li>`
28	`  </ul>`
29	`</div>`
30	`</div>`

2. 编写JavaScript代码实现商品图片放大的通用功能

在子文件夹"js"中创建JavaScript文件jqzoom.js，然后打开该文件，输入表7-15所示的JavaScript代码，实现商品图片放大的通用功能。

表7-15　实现商品图片放大的通用功能的JavaScript代码

行号	JavaScript代码
01	function($) {
02	$.fn.jqueryzoom = function(options) {
03	var settings = {
04	xzoom: 200,
05	yzoom: 200,
06	offset: 10,
07	position: "right",
08	lens: 1,
09	preload: 1
10	};
11	if (options) {
12	$.extend(settings, options)
13	}
14	var noalt = '';
15	$(this).hover(function() {
16	var imageLeft = $(this).offset().left;
17	var imageTop = $(this).offset().top;
18	var imageWidth = $(this).children('img').get(0).offsetWidth;
19	var imageHeight = $(this).children('img').get(0).offsetHeight;
20	noalt = $(this).children("img").attr("alt");
21	var bigimage = $(this).children("img").attr("jqimg");
22	$(this).children("img").attr("alt", '');
23	if ($("div.zoomdiv").get().length == 0) {
24	$(this).after("<div class='zoomdiv'><img class='bigimg' src='" + bigimage
25	+ "'/></div>");
26	$(this).append("<div class='jqZoomPup'> </div>")
27	}
28	if (settings.position == "right") {
29	if (imageLeft + imageWidth + settings.offset + settings.xzoom > screen.width) {
30	leftpos = imageLeft − settings.offset − settings.xzoom
31	} else {
32	leftpos = imageLeft + imageWidth + settings.offset
33	}
34	} else {
35	leftpos = imageLeft − settings.xzoom − settings.offset;
36	if (leftpos < 0) {
37	leftpos = imageLeft + imageWidth + settings.offset
38	}
39	}
40	$("div.zoomdiv").css({

行号	JavaScript代码
41	top: imageTop,
42	left: leftpos
43	});
44	$("div.zoomdiv").width(settings.xzoom);
45	$("div.zoomdiv").height(settings.yzoom);
46	$("div.zoomdiv").show();
47	if (!settings.lens) {
48	$(this).css('cursor', 'crosshair')
49	}
50	$(document.body).mousemove(function(e) {
51	mouse = new MouseEvent(e);
52	var bigwidth = $(".bigimg").get(0).offsetWidth;
53	var bigheight = $(".bigimg").get(0).offsetHeight;
54	var scaley = 'x';
55	var scalex = 'y';
56	if (isNaN(scalex) | isNaN(scaley)) {
57	var scalex = (bigwidth / imageWidth);
58	var scaley = (bigheight / imageHeight);
59	$("div.jqZoomPup").width((settings.xzoom) / scalex);
60	$("div.jqZoomPup").height((settings.yzoom) / scaley);
61	if (settings.lens) {
62	$("div.jqZoomPup").css('visibility', 'visible')
63	}
64	}
65	xpos = mouse.x − $("div.jqZoomPup").width() / 2 − imageLeft;
66	ypos = mouse.y − $("div.jqZoomPup").height() / 2 − imageTop;
67	if (settings.lens) {
68	xpos = (mouse.x − $("div.jqZoomPup").width() / 2 < imageLeft) ? 0 : (mouse.x
69	+ $("div.jqZoomPup").width() / 2 > imageWidth + imageLeft) ?
70	(imageWidth − $("div.jqZoomPup").width() − 2) : xpos;
71	ypos = (mouse.y − $("div.jqZoomPup").height() / 2 < imageTop) ? 0 : (mouse.y
72	+ $("div.jqZoomPup").height() / 2 > imageHeight + imageTop) ?
73	(imageHeight − $("div.jqZoomPup").height() − 2) : ypos
74	}
75	if (settings.lens) {
76	$("div.jqZoomPup").css({
77	top: ypos,
78	left: xpos
79	})
80	}
81	scrolly = ypos;
82	$("div.zoomdiv").get(0).scrollTop = scrolly * scaley;
83	scrollx = xpos;
84	$("div.zoomdiv").get(0).scrollLeft = (scrollx) * scalex

续表

行号	JavaScript代码
85	})
86	},
87	function() {
88	$(this).children("img").attr("alt", noalt);
89	$(document.body).unbind("mousemove");
90	if (settings.lens) {
91	$("div.jqZoomPup").remove()
92	}
93	$("div.zoomdiv").remove()
94	});
95	count = 0;
96	if (settings.preload) {
97	$('body').append("<div style=\"display:none;' class=' jqPreload" + count
98	+ "'>sdsdssdsd</div>");
99	$(this).each(function() {
100	var imagetopreload = $(this).children("img").attr("jqimg");
101	var content = jQuery('div.jqPreload' + count + "').html();
102	jQuery('div.jqPreload' + count + "').html(content + '<img src=\"'
103	+ imagetopreload +'\">')
104	})
105	}
106	}
107	})(jQuery);
108	
109	function MouseEvent(e) {
110	this.x = e.pageX;
111	this.y = e.pageY
112	}

3. 编写JavaScript代码实现商品图片轮换与放大功能

在子文件夹"js"中创建JavaScript文件basic.js，然后打开该文件，输入表7-16所示的JavaScript代码，实现商品图片轮换与放大功能。

表7-16　实现商品图片轮换与放大功能的JavaScript代码

行号	JavaScript代码
01	$(document).ready(function() {
02	Pictures();
03	$(".jqzoom").jqueryzoom({
04	xzoom: 432,
05	yzoom: 295,
06	offset: 10,
07	position: "right",
08	preload: 1,

行号	JavaScript代码
09	`        lens: 0`
10	`    });`
11	`});`
12	
13	`function Pictures() {`
14	`    $("#sPicture ul li").each(function(i) {`
15	`        $(this).mouseover(function() {`
16	`         var path = $("#sPicture ul li img:eq(" + i + ")").attr("src").replace("s.", "m.");`
17	`            $(".jqzoom > img")[0].src = path;`
18	`            $(".jqzoom > img")[0].jqimg = path.replace("m.", ".");`
19	`            $("#sPicture ul li.selected").removeClass("selected");`
20	`            $("#sPicture ul li:eq(" + i + ")").addClass("selected");`
21	`            $("#aimg").attr("href", path.replace("m.", ".").replace("s.", "."));`
22	`        });`
23	`    });`
24	`}`

实现商品图片轮换与放大功能的JavaScript代码中相关的CSS代码如表7-17所示。

表7-17　实现商品图片轮换与放大功能的JavaScript代码中相关的CSS代码

序号	CSS代码	序号	CSS代码
01	`.jqzoom {`	25	`        display: none;`
02	`    border: 1px solid #ccc;`	26	`        text-align: center;`
03	`    float: left;`	27	`        overflow: hidden;`
04	`    position: relative;`	28	`}`
05	`    cursor: pointer;`	29	
06	`    width: 308px;`	30	`div.jqZoomPup {`
07	`    height: 225px;`	31	`    width: 50px;`
08	`}`	32	`    height: 50px;`
09		33	`    z-index: 10;`
10	`.jqzoom img {`	34	`    visibility: hidden;`
11	`    float: left;`	35	`    position: absolute;`
12	`    width: 308px;`	36	`    top: 0px;`
13	`    height: 225px;`	37	`    left: 0px;`
14	`}`	38	`    border: 1px solid #f6a100;`
15		39	`    background-color: #fffee6;`
16	`div.zoomdiv {`	40	`    opacity: 0.4;`
17	`    z-index: 100;`	41	`    -moz-opacity: 0.4;`
18	`    position: absolute;`	42	`    -khtml-opacity: 0.4;`
19	`    top: 0px;`	43	`    filter: alpha(Opacity=40);`
20	`    left: 0px;`	44	`}`
21	`    width: 432px;`	45	
22	`    height: 302px;`	46	`#product_focus .l_column .slider ul {`
23	`    background: #ffffff;`	47	`    width: 100%;`
24	`    border: 1px solid #ccc;`	48	`    height: 64px;`

续表

序号	CSS代码	序号	CSS代码
49	background: url(../images/bg_sl.gif)	77	}
50	no-repeat;	78	
51	margin-top: 6px;	79	#product_focus .l_column .slider li.selected {
52	}	80	background: url(../images/selet.gif)
53	#product_focus .l_column .slider li {	81	no-repeat;
54	margin: 2px 0 0 11px;	82	}
55	}	83	
56		84	#product_focus .l_column .slider
57	#product_focus .l_column .slider li .img {	85	li.selected .img {
58	width: 60px;	86	border: 1px solid #979696;
59	height: 45px;	87	}
60	border: 1px solid #d9d9d9;	88	#product_focus .l_column .slider ul:after {
61	margin: 7px 0 0 1px;	89	content: '';
62	text-align: center;	90	visibility: hidden;
63	overflow: hidden;	91	display: block;
64	}	92	height: 0;
65		93	clear: both;
66	#product_focus .l_column .slider li .img img {	94	}
67	vertical-align: middle;	95	#product_focus .l_column .slider .btn {
68	height: 45px;	96	text-align: center;
69	}	97	margin-top: 15px;
70		98	cursor: pointer;
71	#product_focus .l_column .slider li {	99	}
72	width: 64px;	100	
73	height: 55px;	101	#product_focus .l_column .slider .btn img {
74	float: left;	102	width: 100px;
75	cursor: pointer;	103	height: 24px;
76	display: inline;	104	}

4. 编写代码引入外部JavaScript库文件

在网页文档0701.html的头部添加以下代码，引入外部JavaScript库文件jquery.min.js、jqzoom.js和basic.js。

```
<script src="js/jquery.min.js" type="text/javascript"></script>
<script src="js/jqzoom.js" type="text/javascript"></script>
<script src="js/basic.js" type="text/javascript"></script>
```

探索训练

任务 7-2 制作触屏版商品详情页面0702.html

■ 任务描述

① 设计与制作触屏版商品详情页面0702.html，其浏览效果如图7-9所示。

图7-9　触屏版商品详情页面0702.html的整体浏览效果

② 编写JavaScript代码实现选项卡切换功能。

③ 编写JavaScript代码实现颜色切换选择功能。

④ 编写JavaScript代码实现商品图片单击切换与定时自动轮换功能。

■ 任务实施

1. 创建文件夹

在站点"易购网"的文件夹"07网页特效与制作商品详情页面"中创建文件夹"0702"，并在文件夹"0702"中创建子文件夹"CSS""image"和"js"，将所需的图片文件复制到"image"文件夹中，将所需的JavaScript文件复制到"js"文件夹中。

2. 编写CSS代码

在文件夹"CSS"中创建样式文件main.css，并在该样式文件中编写样式代码，网页0702.html主体结构的CSS代码如表7-18所示。

表7-18　网页0702.html主体结构的CSS代码

序号	CSS代码	序号	CSS代码
01	.list-ui-div {	06	background: -webkit-gradient(linear,
02	position: relative;	07	50% 0,50% 100%,
03	height: 38px;	08	from(#FBF8F0),to(#F4EFDF));
04	line-height: 38px;	09	border-top: 1px solid #ccc;
05	overflow: hidden;	10	border-bottom: 1px solid #ccc;

续表

序号	CSS代码	序号	CSS代码
11	font-size: 14px;	55	display: block;
12	}	56	}
13		57	
14	.detail-list-ui-div {	58	.w {
15	border-top: none;	59	width: 320px!important;
16	}	60	margin: 0 auto;
17		61	}
18	.type-filter ul {	62	.pro_gallery {
19	display: -webkit-box;	63	position: relative;
20	}	64	}
21		65	.pro-h1 {
22	.type-filter li {	66	clear: both;
23	-webkit-box-flex: 1;	67	font-size: 16px;
24	text-align: center;	68	font-weight: 400;
25	border-right: 1px solid #ccc;	69	margin: 10px 10px 10px;
26	}	70	word-wrap: break-word;
27		71	word-break: break-all;
28	.type-filter li.cur {	72	text-overflow: ellipsis;
29	background: #fff;	73	}
30	color: #f60;	74	
31	font-weight: 700;	75	.pro_buy_detail {
32	}	76	margin: 0 10px;
33		77	font-size: 14px;
34	.type-filter li a {	78	}
35	display: block;	79	
36	}	80	.pro_buy_detail li {
37		81	display: -webkit-box;
38	.type-filter li a.cur,.type-filter li a.cur {	82	margin: 3px 0;
39	position: relative;	83	padding: 9px 0;
40	display: block;	84	}
41	background: #fff;	85	
42	color: #f60;	86	.pro_buy_detail li.disblock {
43	font-size: 14px;	87	display: block;
44	}	88	}
45		89	
46	.type-filter li:last-child {	90	.pro_buy_detail li .attr {
47	border: 0 none;	91	color: #666;
48	}	92	}
49		93	
50	.detail-para {	94	.pro_buy_detail li .data-box {
51	padding: 0 10px 10px;	95	-webkit-box-flex: 1;
52	}	96	}
53		97	
54	.block {	98	.mt5 {

续表

序号	CSS代码	序号	CSS代码
99	margin-top: 5px!important;	114	border: 2px solid #f60;
100	}	115	}
101		116	
102	.pro_buy_detail li .data-box a {	117	.layout {
103	position: relative;	118	margin: 10px;
104	display: inline-block;	119	-webkit-box-sizing: border-box;
105	padding: 7px 10px;	120	}
106	background: #fff;	121	
107	border: 1px solid #ccc;	122	.wbox {
108	margin: 0 0px 5px 0;	123	display: -webkit-box;
109	border-radius: 4px;	124	}
110	}	125	
111		126	.hide {
112	.pro_buy_detail li .data-box a.cur {	127	display: none;
113	padding: 6px 9px;	128	}

在文件夹"CSS"中创建通用样式文件base.css，在该样式文件中定义CSS代码，样式文件base.css的CSS代码如表5-3所示。

3. 创建网页文档0702.html与链接外部样式表

在文件夹"0702"中创建网页文档0702.html，切换到网页文档0702.html的【代码】视图，在标签"</head>"的前面输入链接外部样式表的代码，如下所示。

```
<link rel="stylesheet" type="text/css" href="css/base.css" />
<link rel="stylesheet" type="text/css" href="css/main.css" />
<link rel="stylesheet" type="text/css" href="css/view.css" />
```

4. 编写网页主体布局结构的HTML代码

网页0702.html主体布局结构的HTML代码如表7-19所示。

表7-19　网页0702.html主体布局结构的HTML代码

序号	HTML代码
01	<div class="type-filter list-ui-div detail-list-ui-div" id="detail">
02	<ul class="tab0">
03	<li class="cur">简介</li>
04	<li>详情</li>
05	<li>评论</li>
06	<li>咨询</li>
07	</ul>
08	</div>
09	<div id="content">
10	<div class="tabBox detail-para">
11	<div class="block">
12	<div class="pro_gallery w mt10">
13	<div class="scroll_m">
14	<ul class="contentlist">

序号	HTML代码
15	<li><img width="260" src="images/01f.jpg" alt="" /></li>
16	<li><img width="260" src="images/02f.jpg" alt="" /></li>
17	<li><img width="260" src="images/03f.jpg" alt="" /></li>
18	<li><img width="260" src="images/04f.jpg" alt="" /></li>
19	</ul>
20	</div>
21	</div>
22	<h1 class="pro-h1">　　</h1>
23	<ul class="pro_buy_detail">
24	<li class="disblock">
25	<div class="attr">颜色：</div>
26	<div class="data-box mt5" id="Color_type">
27	<a href="">银</a>
28	<a href="">金</a>
29	<a class="cur" href="">星空灰</a>
30	</div>
31	</li>
32	</ul>
33	<div class="layout">
34	<div id="comAddCart" class="wbox"> </div>
35	</div>
36	</div>
37	<div class="hide"> </div>
38	<div class="hide"> </div>
39	<div class="hide"> </div>
40	</div>
41	</div>

5. 编写JavaScript代码实现选项卡切换功能和颜色切换选择功能

在子文件夹"js"中创建JavaScript文件mwproduct.js，然后在该文件中输入表7-20所示的JavaScript代码，实现选项卡切换功能。

表7-20　JavaScript文件mwproduct.js中实现选项卡切换功能的JavaScript代码

序号	JavaScript代码
01	function tab(){
02	var _obj = $("#detail").find(".tab0>li");
03	$(_obj).click(function(){
04	var _ID = $(_obj).index(this);
05	$(_obj).removeClass();
06	$(this).addClass("cur");
07	$("#content").find(".tabBox>div").removeClass().addClass("hide");
08	$("#content").find(".tabBox>div:eq("+ _ID +")").removeClass().addClass("block");
09	});
10	}

在JavaScript文件mwproduct.js中输入表7-21所示的JavaScript代码，实现颜色切换选择功能。

表7-21　JavaScript文件mwproduct.js中实现颜色切换选择功能的JavaScript代码

序号	JavaScript代码
01	function initColorAndVersion() {
02	$("#Color_type").find("a").click(function() {
03	$(this).addClass("cur").siblings().removeClass("cur");
04	if (this.href == "#" || this.href.indexOf("JavaScript")) {
05	return false
06	}
07	});
08	}

接着，在JavaScript文件mwproduct.js中输入表7-22所示的JavaScript代码，调用自定义函数。

表7-22　JavaScript文件mwproduct.js中调用自定义函数的JavaScript代码

序号	JavaScript代码
01	$(document).ready(function(){
02	tab();
03	initColorAndVersion();
04	});

6. 编写代码引入外部JavaScript库文件

在网页文档0702.html的头部添加以下代码，引入外部JavaScript库文件jquery.min.js、jquery-ui-ectrip.min.js和mwproduct.js。

```
<script type="text/JavaScript" src="js/jquery.min.js"></script>
<script type="text/JavaScript" src="js/jquery-ui-ectrip.min.js"></script>
<script type="text/JavaScript" src="js/mwproduct.js"></script>
```

7. 编写JavaScript代码实现商品图片单击切换与定时自动轮换功能

实现商品图片单击切换与定时自动轮换功能的自定义函数picFocusScroll已在JavaScript文件jquery-ui-ectrip.min.js中进行定义，由于教材篇幅的限制，这里不列出具体代码，请读者参见本教材提供的电子资源。

在网页文档0702.html的头部添加表7-23所示的JavaScript代码，调用JavaScript文件jquery-ui-ectrip.min.js中定义的自定义函数picFocusScroll。

表7-23　网页0702.html中调用自定义函数picFocusScroll的JavaScript代码

序号	JavaScript代码
01	<script>
02	$(function(){
03	//商品图片切换
04	$(".pro_gallery").picFocusScroll({"direction":"x","hascontrol":true,"synshow":true,

序号	JavaScript代码
05	"speed":800,"autoShowSpeed":5000,method: 'mouseclick'});
06	});
07	</script>

实现商品图片单击切换与定时自动轮换功能相关的CSS代码如表7-24所示。

表7-24 实现商品图片单击切换与定时自动轮换功能相关的CSS代码

序号	CSS代码	序号	CSS代码
01	.scroll_m {	37	right: 0;
02	margin: 10px auto 0;	38	bottom: −30px;
03	overflow: hidden;	39	}
04	}	40	
05		41	.numlist .prev:hover {
06	.scroll_m,.contentlist li {	42	background-position: 0 0;
07	float: left;	43	}
08	display: inline;	44	.numlist a:link,.numlist a:visited {
09	position: relative;	45	width: 18px;
10	overflow: hidden;	46	height: 18px;
11	width: 350px;	47	position: relative;
12	height: 300px;	48	float: left;
13	vertical-align: middle;	49	margin-left: 3px;
14	}	50	text-align: center;
15		51	color: #FFF;
16	.contentlist {	52	background-color: #60615f;
17	width: 350px;	53	filter: Alpha(Opacity=95);
18	overflow: hidden;	54	opacity: .95;
19	zoom: 1;	55	line-height: 18px;
20	}	56	font-family: Verdana, Geneva, sans-serif
21		57	}
22	.contentlist li img {	58	
23	width: 260px;	59	.numlist a:hover {
24	height: 260px;	60	background-color: #999;
25	margin: auto;	61	color: #FFF;
26	display: block;	62	}
27	border-radius: 0;	63	
28	}	64	.numlist .prev:link,.numlist .prev:visited,
29		65	.numlist .next:link,.numlist .next:visited {
30	.contentlist li a:hover {	66	width: 40px;
31	text-decoration: none;	67	height: 69px;
32	}	68	background-color: transparent;
33		69	position: absolute;
34	.numlist {	70	right: −5px;
35	position: absolute;	71	margin-left: 0;
36	left: auto;	72	top: −215px;

序号	CSS代码	序号	CSS代码
73	line-height: 99em;	80	right: 300px;
74	background-image: url(../images/	81	background-position: –84px 0;
75	bg-control.png);	82	}
76	background-position: right 0;	83	
77	}	84	.numlist .next:hover {
78		85	background-position: –43px 0;
79	.numlist .prev:link,.numlist .prev:visited {	86	}

8. 保存与浏览网页

保存网页文档0702.html，其在浏览器Google Chrome中的浏览效果如图7-9所示。

析疑解惑

【问题1】JavaScript的常量有哪几种类型？各有何特点？

JavaScript有6种基本类型的常量，如下所述。

① 整型常量：整型常量是不能改变的数据，可以使用十进制、十六进制、八进制表示其值。

② 实型常量：实型常量是由整数部分加小数部分表示，可以使用科学表示法或标准方法来表示。

③ 布尔值：布尔常量只有两种值，即true或false，主要用来说明或代表一种状态或标志。

④ 字符型常量：使用单引号（'）或双引号（""）括起来的一个或几个字符。

⑤ 空值：JavaScript中有一空值NULL，表示什么也没有。如果试图引用没有定义的变量，则返回一个NULL值。

⑥ 特殊字符：JavaScript中包含以反斜杠（/）开头的特殊字符，通常称为控制字符。

【问题2】JavaScript变量的命名有哪些规则？变量有哪几种类型？如何声明变量？

变量的命名必须以字母开头，中间可以出现字母、数字、下划线（_），变量名不能有空格、"+""–"等字符，JavaScript的关键字不能做变量名。

变量有4种类型：整型变量、实型变量、布尔型变量、字符串变量。

JavaScript变量在使用前可以使用var关键字先做声明，并可赋值。JavaScript中，变量可以不做声明，而在使用时再根据数据的类型来确定其变量的类型，但是这样可能会引起混乱，建议变量使用前先进行声明。

【问题3】JavaScript常用的运算符有哪几种？表达式有哪几种？

JavaScript常用的运算符有算术运算符（包括+、–、*、/、%、++、--）、比较运算符（包括<、<=、>、>=、==、!=）、逻辑运算符（&&、||、!）、赋值运算符（=）、条件运算符（？:）及其他类型的运算符。

JavaScript的表达式可以分为算术表达式、字符串表达式、赋值表达式、逻辑表达式等。

【问题4】JavaScript的条件语句有哪几种？各自的语法格式和执行规则如何？

JavaScript的条件语句有3种：if语句、if else语句、switch语句。

（1）if语句

if语句的语法格式如下。

```
if (表达式)
  语句块
```

若表达式的值为true，则执行该语句块，否则就跳过该语句块。如果要执行的语句只有一条，则可以和if写在同一行；如果要执行的语句有多条，则应使用"{ }"将这些语句括起来。

（2）if else语句

if else语句的语法格式如下。

```
if (表达式)
  语句块1
else
  语句块2
```

若表达式的值为true，则执行语句块1；否则执行语句块2。同样要执行的语句有多条，应使用"{ }"将这些语句括起来。

（3）switch语句

switch语句的语法格式如下。

```
switch (表达式) {
  case 数据1:
    表达式与数据1相等时所执行的语句块
    break ;
  case 数据2:
    表达式与数据2相等时所执行的语句块
    break ;
  ……
  default :
  表达式与上述数据都不相等时所执行的语句块
}
```

switch语句中的表达式不一定是条件表达式，可以是普通的表达式，其值可以是数值、字符串或布尔值。执行switch语句时，首先将表达式的值与一组数据进行比较，当表达式的值与所列数据值相等时，执行其中的语句块；如果表达式的值与所有列出的数据值都不相等，就会执行default后的语句块；如果没有default关键字，就会跳出switch语句而执行switch语句后面的语句；其中，关键字break用于跳出switch语句。

【问题5】JavaScript的循环语句有哪几种？各自的语法格式和执行规则如何？

JavaScript中提供了3种循环语句：for语句、while语句和do while语句，同时还提供了break语句用于跳出循环，continue语句用于终止当前循环并继续执行一轮循环，以及标号语句。

（1）for语句

for语句的语法格式如下。

```
for (表达式1 ; 表达式2 ; 表达式3 )
  {
    循环语句
  }
```

229

先执行"表达式1"，完成初始化；然后判断"表达式2"的值是否为true，如果为true，则执行"循环语句"，否则退出循环；执行循环语句块之后，执行"表达式3"；然后重新判断"表达式2"的值，若其值为true，再次重复执行"循环语句"，如此循环执行。

（2）while语句

while语句的语法格式如下。

```
while (表达式)
{
  循环语句
}
```

先计算表达式的值，如果表达式的值为true，则执行"循环语句"，否则跳出循环。

（3）do while语句

do while语句的语法格式如下。

```
do
{
  循环语句
} while (表达式)
```

先执行"循环语句"，然后计算表达式的值，如果表达式的值为true，则继续执行循环语句块，否则跳出循环。

【问题6】JavaScript有哪几种全局函数？如何定义JavaScript的函数？

JavaScript有以下7个全局函数，用于完成一些常用的功能：escape()、eval()、isFinite()、isNaN()、parseFloat()、parseInt()、unescape()。

JavaScript函数的定义格式如下。

```
function  函数名称（参数表）
  {
    函数执行部分   ；
    return  表达式  ；
  }
```

函数定义中的return语句用于返回函数的值。

【问题7】JavaScript常用的事件有哪些？这些事件如何被触发？

JavaScript常用的事件有以下各项。

①onClick事件：单击鼠标按钮时触发onClick事件。

②onDblClick事件：双击鼠标按钮时触发onDblClick事件。

③onLoad事件：当前网页被显示时触发onLoad事件。

④onMouseDown事件：按下鼠标按钮触发onMouseDown事件。

⑤onMouseUp事件：松开鼠标按钮触发onMouseUp事件。

⑥onMouseOver事件：鼠标光标移动到页面元素上方时触发onMouseOver事件。

⑦onMove事件：窗口被移动时触发onMove事件。

⑧onReset事件：页面上表单元素的值被重置时触发onReset事件。

⑨onSubmit事件：页面上表单被提交时触发onSubmit事件。

⑩onUnload事件：当前的网页被关闭时触发onUnload事件。

【问题8】编写JavaScript程序时如何正确引用JavaScript对象?

JavaScript中引用对象时根据对象的包含关系,使用成员引用操作符"."一层一层地引用对象。例如,如果要引用document对象,应使用window.document,由于window对象是默认的最上层对象,因此引用其子对象时,可以不使用window,而直接使用document引用document对象。

当引用较低层次的对象时,一般有两种方式:使用对象索引和使用对象名称(或ID)。例如,如果要引用网页文档中第一个表单对象,则可以使用"document.forms[0]"的形式;如果该表单的name属性为form1(或者ID属性为form1),则也可以用"document.forms["form1"]"的形式或直接使用"document1.form1"的形式来引用该表单。如果在名称为"form1"的表单中包括一个名称为"text1"的文本框,则可以用"document.form1.text1"的形式来引用该文本框对象。

对于不同的对象,通常还有一些特殊的引用方法。例如,如果要引用表单对象中包含的对象,可以使用elements数组;引用当前对象可以使用this。

内置对象都有自己的方法和属性,访问的方法如下所述。

① 对象名.属性名称。

② 对象名.方法名称(参数表)。

【问题9】如何在HTML文档中嵌入JavaScript代码?

JavaScript代码嵌入HTML文档的形式有以下几种。

(1)在head部分添加JavaScript脚本

将JavaScript脚本置于head部分,使之在其余代码之前装载,快速实现其功能,并且容易维护。有时在head部分定义JavaScript脚本,在body部分调用JavaScript脚本。

示例如下所示。

```
<script type="text/JavaScript">
    function menu_drop(menuId, displayWay)
    {
        document.getElementById(menuId).style.display=displayWay;
    }
</script>
```

(2)直接在body部分添加JavaScript脚本

由于某些脚本程序在网页中的特定部分显示其效果,此时脚本代码就会位于body中的特定位置。也可以直接在HTML表单的<input>标记符内添加脚本,以响应输入元素的事件。

(3)链接JavaScript脚本文件

引用外部脚本文件,应使用script标记符的src属性来指定外部脚本文件的URL。这种方式,可以使脚本得到复用,从而降低了维护的工作量。

链接外部JS文件的示例代码如下所示。

```
<script src="js/tabchange.js" type="text/JavaScript"></script>
```

单元小结

本单元应用JavaScript语言编写脚本程序,实现多种网页特效,主要包括在网页中显示当前日期和问候语、动态改变网页中局部区域文本字体大小、自动滚动图片、网页中的选项卡功能、商品图片轮换展示与放大等网页特效。

单元习题

（1）关于JavaScript语言，下列说法中错误是 _____ 。

　　A．JavaScript语言是一种解释性语言

　　B．JavaScript语言与操作环境无关

　　C．JavaScript语言是基于客户端浏览器的语言

　　D．JavaScript是动态的，它不可以直接对用户输入做出响应。

（2）下列不属于Script脚本插入方式的是 _____ 。

　　A．在<body>标签内插入Script脚本

　　B．在<head>标签内插入Script脚本

　　C．在<head>与</head>之间插入Script脚本

　　D．在<body>与</body>之间插入Script脚本

（3）声明JavaScript变量使用 _____ 关键字。

　　A．dim　　　　　　B．var　　　　　　　C．type　　　　　　D．const

（4）浏览网页时，当网页被显示时首先会触发的事件是 _____ 。

　　A．onClick　　　B．onUnload　　　C．onReset　　　　D．onLoad

（5）Window对象有多个方法，其中用于显示提示信息对话框的是 _____ 。

　　A．alert()　　　B．confirm()　　　C．prompt()　　　D．open()

（6）打开网页时，自动播放音乐，这种效果需要借助 _____ 网页事件来实现。

　　A．onLoad　　　B．onUnLoad　　　C．onClick　　　　D．onMouseOver

（7）在网页被关闭之后，弹出了警告消息框，这通过 _____ 事件可以实现。

　　A．onLoad　　　B．onUnLoad　　　C．onClick　　　　D．onReset

（8）设置导航栏图像时，当鼠标指针移动到图像上方时图像发生变化，这是通过 _____ 事件来实现的。

　　A．onMouseOver　　　　　　　　　B．onMouseOut

　　C．onClick　　　　　　　　　　　D．onLoad

（9）HTML代码"<body onUnLoad=window. close()></body>"中的方法close()在 _____ 的情况下会被执行。

　　A．单击鼠标　　　B．网页启动　　　C．网页关闭　　　D．鼠标悬停

（10）document对象的setInterval()方法与setTimeout()方法的区别在于_____。

　　A．setInterval()方法用于每隔一定时间重复执行一次函数，而setTimeout()方法用于一定时间之后只执行一次函数

　　B．setTimeout()方法需要浏览者终止定时，而setInterval()方法不需要浏览者终止定时

　　C．setInterval()方法用于每隔一定时间重复执行一次函数，setTimeout()方法则很自由

　　D．两者功能一样

单元 8
网站整合与制作购物网站首页

本单元以整合"购物网站"与制作购物网站首页为例全面介绍网站整合与首页制作的方法，主要包括熟悉网站开发规范、规划网站、设计与制作网站首页、测试网站、发布网站、推广与维护网站等方面。

教学导航

	（1）熟悉网站开发流程和规范
	（2）合理规划网站的风格、栏目结构、目录结构和链接结构
	（3）学会设计网站首页的主体布局结构和导航结构
	（4）熟练制作网站的首页，实现网站首页各个局部版块内容
教学目标	（5）学会编写JavaScript程序代码实现网站首页顶部下拉菜单式导航、网页侧栏菜单显示、促销公告内容定时自动轮换播放、焦点图片自动轮换播放等多种形式的网页特效功能
	（6）熟练测试网站
	（7）掌握发布网站的方法
	（8）了解域名的申请方法
	（9）了解宣传与推广网站的方法
教学方法	任务驱动法、分组讨论法、理论实践一体化、讲练结合
课时建议	10课时

渐进训练

任务 8-1　熟悉网站开发流程和规范

■ 任务描述

① 熟悉网站开发的基本流程。
② 熟悉网站开发的常用规范。

■ 任务实施

1. 熟悉网站开发的基本流程

虽然每个网站的主题、内容、规模、功能等方面都各有不同，但是有一个基本的开发流程可以遵循。网站的基本开发流程如下所述。

第一个阶段：规划网站和准备素材阶段。

① 需求分析，规划网站的主题、风格、规模、功能和内容版块。

② 收集资料，准备素材，并进行整理修改。

③ 规划网站栏目结构、目录结构、链接结构和版式结构。

第二个阶段：设计、制作网页阶段。

① 网站的总体设计。

② 设计、制作网站的主页、二级页面和内容页面等。

③ 将各个网页通过超链接进行整合。

第三个阶段：测试、发布、推广与维护网站阶段。

① 测试、调试与完善网站。

② 发布与推广网站。

③ 维护与更新网站。

2. 熟悉网站开发的基本命名规范

网站中所有文件、文件夹、CSS类的命名应规范，尽量做到字母数量少，见名知意、容易理解。文件夹命名一般采用小写英文字母，特殊情况下可以使用中文拼音。文件名称采用小写英文字母、数字和下划线的组合，也可以大、小写英文字母混合使用。网页菜单名称可以使用菜单名的英文单词或组合英文单词命名。

（1）文件夹的常用名称

网站开发过程中文件夹的常用名称如表8-1所示。

表8-1　文件夹的常用名称

名称	说明	名称	说明	名称	说明
images	存放图像文件	image	存放图像文件	img	存放图像文件
flash	存放flash文件	video	存放视频文件	js	存放JavaScript脚本文件
page	存放网页文件	resource	存放资料文件	style	存放CSS样式表文件
link	存放友情链接	themes	存放主题文件	css	存放CSS样式表文件

（2）CSS样式文件的常用名称

CSS样式文件的常用名称如表8-2所示。

表8-2　CSS样式文件的常用名称

名称	说明	名称	说明
base.css	基本公共CSS样式文件	mend.css	补丁CSS样式文件
columns.css	专栏CSS样式文件	menu.css	菜单CSS样式文件
common.css	通用CSS样式文件	module.css	模块CSS样式文件
content.css	内容CSS样式文件	nav.css	导航CSS样式文件
font.css	文字CSS样式文件	pages.css	页面CSS样式文件

续表

名称	说明	名称	说明
form.css	表单CSS样式文件	print.css	打印CSS样式文件
global.css	公共CSS样式文件	product.css	商品列表CSS样式文件
help.css	帮助CSS样式文件	product-detail.css	商品详情CSS样式文件
index.css	主页CSS样式文件	search.css	搜索CSS样式文件
layout.css	布局、版面CSS样式文件	service.css	服务CSS样式文件
login.css	登录CSS样式文件	themes.css	主题CSS样式文件
master.css	主要CSS样式文件	user.css	用户CSS样式文件

（3）CSS样式表文件中类和ID标识的常用名称

CSS样式表文件中常用的类和ID标识名称如表8-3所示。

表8-3　CSS样式表文件中的常用名称

名称	说明	名称	说明	名称	说明
aboutus	关于我们	header	页眉	note	公告
ad	广告区	help	帮助	partner	合作伙伴
arrow	箭头	homepage	首页	register	注册
banner	广告条	hot	热点	right	右
bottom	底部	hotSale	热卖区	scroll	滚动
brand	品牌区	hotSearch	热门搜索	search	搜索
btn	按钮	icon	图标	service	服务
buide	指南	inside	内部	shoppingCart	购物车
center	中	joinus	加入	sidebar	侧栏
column	分栏	label	标签	site	站点
container	容器	layout	布局	sitemap	网站地图
content	内容块	left	左	source	资源
copyright	版权区	link	链接	spec	特别
cor	转角	list	列表	status	状态
corner	圆角	login	登录	submit	提交
count	统计	loginbar	登录条	summary	摘要
crumb	导航	logo	标志	tab	标签页
current	当前	main	主体	text	文本区
download	下载	menu	菜单	texthox	文本框
drop	下拉	message	留言板	tips	小技巧
droplist	下拉列表	middle	中部	title	标题
favorites	收藏	module	模块	toolbar	工具条
focus	焦点	more	更多	top	顶部
footer	页脚	msg	提示信息	topmenu	顶部菜单
form	表单	nav	导航	vote	投票
friendlink	友情链接	news	新闻	wrap	外层

（4）网页导航栏的常用名称

网页导航栏的常用名称如表8-4所示。

表8-4　网页导航栏的常用名称

名称	说明	名称	说明	名称	说明
nav	导航	topnav	顶部导航	menu	菜单
mainnav	主导航	bottomnav	底部导航	mainmenu	主菜单
subnav	子导航	middlenav	中部导航	submenu	子菜单
leftsidebar	左导航	sidenav	边导航	dropmenu	下拉菜单
rightsidebar	右导航	sidebaricon	边导航图标	menucontainer	菜单容器

（5）网页图片的常用名称

图片的命名可以分为两个部分：第1部分表示图片类型，如广告图片命名为banner；第2部分表示图片的名称或者编号，如banner01。网页图片的常用名称如表8-5所示。

表8-5　网页图片的常用名称

名称	说明	名称	说明	名称	说明
banner	广告图片	logo	logo图片	title	标题图片
menu	菜单图片	photo	照片	brand	品牌图片
btn_login	登录按钮图片	btnUesrReg	注册按钮图片	btn_buy	购买按钮图片
nav	导航图片	btnsearch	搜索按钮图片	validateCode	验证码图片

本单元设计的易购网所使用的文件夹、CSS样式文件、CSS样式表文件中类和ID标识、导航栏和图片的命名都要求符合以上规范。

3. 熟悉网页版面的基本尺寸规范

（1）网页的宽度

制作网页时如果按照1 024像素×768像素的分辨率的规格来设计网页，页面宽度一般不超过1屏，考虑浏览器一般都有一个20像素宽的纵向滚动条，网页的实际宽度必须小于1 024像素，如果网页的左边距设置为0像素，网页的宽度通常设置为1000像素左右，如果左、右设置边距，则网页的宽度为1 000−左边距−右边距。

（2）网页的长度

从理论上来讲，网页的长度可以无限长，但一般不宜超过3屏，最佳长度为1.8~2.5屏，因为屏数过多的网页会严重影响访问者的心情和耐心，同时也不方便浏览者查找自己想要的内容。

（3）网页文件大小

网站的首页大小（包括所有图像、文本、多媒体对象）不宜超过30kB，网站的二级页面的文件（包括所有图像、文本、多媒体对象）不宜超过45kB。如果网页太大，网页下载的速度就会变慢，影响浏览速度。

4. 熟悉网页广告的基本尺寸规范

一般来说，网页广告都有一定的规格要求，也就是标准尺寸，全尺寸banner不超过14kB。各类网页广告的标准尺寸如表8-6所示。

表8-6　网页广告的尺寸标准

标准尺寸（像素）	形状	适用场合
300×250	中等矩形	页面内部
250×250	正方形	页面内部
130×300	垂直矩形	门户网站内容页面，适合与正文混排
360×300	大矩形	弹出窗口广告
468×60	通栏广告	传统长幅广告
234×60	半栏广告	传统半幅广告
88×31	链接用LOGO标志	网站之间交换友情链接的广告
120×60	按钮样式	网站中大量客户的小幅广告
120×240	垂直按钮	网站中大量客户的小幅广告
125×125	正方形按钮	网站中大量客户的小幅广告
120×600	垂直通栏	门户网站内容页面，适合与正文混排

任务 8-2　分析与规划购物网站

■ 任务描述

对购物网站的功能、主题、风格、栏目结构、版式结构、链接结构、目录结构、内容版块等方面进行深入分析和合理规划。

■ 任务实施

1. 网站需求分析

网站是向浏览者提供信息的一种方式，必须明确设计网站的目的和用户需求，从而做出切实可行的设计规划，网站设计的第一步就是进行网站需求分析。由于浏览网页的用户范围非常广，遍及各个领域、各个层次，所以网站设计者必须了解各类用户的习惯、知识、技能，对各类用户的需求进行调研，以便预测不同类别的用户对网站的不同需求，为网站设计提供参考和依据，使设计出的网站适合面更广、用户群更多。

本单元拟开发的网站为一个购物网站，一般的购物网站都为动态网站，后台为数据库，前台使用ASP.NET、PHP和JSP开发平台实现其功能。通常购物网站的基本功能模块包括商品列表、商品详情显示、搜索商品、用户注册、用户登录、选购商品、收藏商品、帮助中心、结算中心、订单查询等，这些功能模块一般使用3层架构（用户界面层、业务逻辑层、数据访问层）实现。由于本教材主要探讨使用Dreamweaver CC设计、制作静态网页的方法，不涉及动态网页设计的内容，所以主要实现用户界面层的功能，重点在网页布局、网页美化、颜色搭配等方面。本单元所设计的易购网的主要功能模块包括网站首页、商品列表页面、商品详情显示页面、用户注册页面、用户登录页面、帮助页面和购物车页面，所有页面都为静态网页，不具备访问数据表中数据的功能。各个页面都要求提供快捷、方便的导航菜单。

2. 策划网站主题和网站名称

在着手设计网站之前，要确定好网站的主题。每个网站都应该有一个鲜明的主题，主题是网站的灵魂，它统领网站的内容和形式。任何网站都要根据其主题形成其风格，只有确定了题材和内容，网页设计才能有的放矢，取得理想的效果。网站主题要突出、鲜明。没有主题的网站将会显得杂乱无章，好像一堆零乱的内容堆积在一块。

本单元所创建的网站，其主题是实现网上购物，主要展示商品信息和商品图片，便于购买者浏览和选购。

网站名称要合法、合情、合理。根据中文网站浏览者的特点，除非特定需要，中文网站名称最好使用中文名称，不要使用英文或者中英文混合名称。网站名称要有特色，体现一定的内涵，给浏览者更多的视觉冲击和想象，在体现出网站主题的同时，又能突出网站特色。

本单元所创建的网站命名为"易购网"，与"e购网"谐音，其意为借助网络方便购物。

3. 规划网站风格

确定好网站的主题后，就要根据该主题确定网站的风格，网站风格是指网站的外观和表现形式，要明确网站的类型，根据网站的类型确定网站的风格。不同类型的网站具有不同的风格，版面设计、颜色搭配也各有特点。网站的风格是通过网站中的页面来体现的，主要是通过首页来体现的，具体包括页面的版式结构、色彩搭配、图像动画的使用等方面。

本单元所创建的购物网站属于电子商务类网站，首页主体部分的版式结构拟采用左、中、右三列式布局，并且左、右两侧较窄，中列较宽。商品展示页面、商品详情页面、帮助页面拟采用左、右二列式布局，左侧较窄，右侧较宽。购物车页面中部拟采用表格布局。

网站的主色调为黑色和灰色，局部使用红色、绿色和蓝色，简洁明了、清晰可见，视觉效果好。各个页面拟采用风格一致的顶部导航和底部导航，顶部包括广告动画和当前购物车中的商品信息。首页中拟增设左侧商品类型导航和商品品牌导航。首页的主体部分拟分为商品类型导航、广告专区、商品品牌导航、焦点图片轮换区、热卖专区、低价专区、促销专区、畅销排行区、热门搜索区9个组成部分。

4. 规划网站结构

规划网站结构首先要建立一张站点图，站点图中包括站点所有的关键页面、它们之间的链接关系等，设计网页的主要技术要点也应规划好。

一个优秀的网站应该结构清晰明了、导航简单方便，使浏览者能够快速、准确地找到自己需要的信息，是一个网站成功的关键因素。

（1）规划网站的栏目结构

先在纸上绘制网站的栏目结构草图，将网站中所要涉及的信息进行细分和合理组织，建立层次结构，经过反复推敲，最后确定完整的栏目组成和内容的层次结构。划分信息的方法有以下两种：一种是自顶向下划分，按照从上到下、从粗到细的原则划分信息块来确定网站的内容结构；另一种是自下而上划分，先将所有的信息都罗列出来，然后逐步向上分类，形成网站的内容结构。

本单元所创建的"易购网"的栏目结构如表8-7所示。

表8-7　"易购网"的栏目结构

一级栏目	二级栏目	三级栏目
"易购网"首页	笔记本	笔记本电脑、笔记本配件、电脑包
	数码影音	数码影像、MP3/MP4、GPS、便携移动存储/读卡器、时尚小数码、相机/摄像机配件、电纸书/手写板、录音笔、电教产品
	电玩产品	电玩套装、电玩主机、电玩配件
	手机通信	手机、手机配件

续表

一级栏目	二级栏目	三级栏目
"易购网"首页	硬件外设	核心硬件、外设产品、网络产品
	办公设备	办公设备、办公耗材
	我的易购	订单管理、编辑个人信息、修改登录密码、收货地址管理、我的收藏夹、商品咨询、意见建议

（2）规划网站的目录结构

网站的目录结构也要事先认真规划，目录结构对于网站的维护、扩展、移植有着重要的影响。一个网站的目录结构要求层次清晰、井然有序，首页、栏目页、内容页区分明确，有利于日后的修改。建议文件夹和文件的名称不要使用中文名，因为中文名在HTML文档中容易生成乱码，导致链接错误。

构建目录结构的基本要求如下所述。

① 不要将所有文件都存放在根目录下。

如果将所有文件都存放在根目录下，一方面，文件管理混乱，时间一长，常常不知道哪些文件需要编辑和更新，哪些文件可以删除，哪些文件相关联，这样会严重影响工作效率，也可能造成误删文件；另一方面，上传速度慢，根目录下的文件数量太多，上传文件时检索文件时间长。

② 按栏目内容建立子目录。

子目录首先按网站的主要栏目建立，其他次要栏目可以按类建立子目录。例如，需要经常更新的栏目可以建立独立的子目录，一些不需要经常更新的栏目可以合并存放在一个统一的子目录下，所有程序存入特定的子目录中，所有需要下载的内容最好也存放在一个子目录中。

③ 在每个主目录下都建立独立的image、flash等子目录。

为了方便管理图像文件、动画文件、声音文件等，建议在网站根目录下建立image、flash、music子目录，主要用于存放首页（包括引导页）的图像、动画、声音等，而在每个栏目文件夹中都建立独立的image、flash、music子目录，分别存放各自的图像、动画、声音等，这样能够保证这些文件的路径不会出错，避免出现图像无法显示或链接无法打开的错误。

共用的图像存放在根目录的"image"文件夹中，所有的JavaScript文件存放在根目录的"js"文件夹中，所有的CSS文件存放在根目录的"css"文件夹中。

④ 目录的层次不要太深。

为了便于维护和管理，网站的目录层次建议不要超过4层。不要使用中文目录名称，有些浏览器不支持中文。不要使用过长的目录。

"易购网"各文件夹所存放的文件类型如表8-8所示。

表8-8　"易购网"的目录结构及其存放的文件类型

文件夹名称	存放的文件类型	文件夹名称	存放的文件类型
css	CSS样式表文件	Library	库文件
flash	动画文件、视频文件	Templates	模板文件
images	图像文件、照片文件	page	网页文件
js	外部脚本文件	other	其他类型的文件

（3）规划网站的链接结构

网站的链接结构与目录结构不同，网站的目录结构指站点的文件存放结构，一般只有设计人员可以直接看到；而网站的链接结构指网站通过页面之间的联系表现的结构，浏览者浏览网站能够观察到这种结构。

链接结构的设计是网页制作中重要的一环，采用什么样的链接结构将直接影响版面的布局，如果设计者自己对站点中的一个内容页面如何联系到另一个内容页面都不清楚，那么浏览者将会更不清楚。

网站常用的链接结构有两种基本形式，如下所述。

① 树状链接结构。

首页链接指向一级页面，一级页面链接指向二级页面。浏览这种链接结构的网站时，一级一级进入，一级一级退出，条理清晰，但浏览效率低，若要从一个子页面到另一个栏目的子页面，必须返回首页才能进入。

② 网状链接结构。

每个页面相互之间都建立有链接，浏览方便，但链接太多。实际应用中，常将两种链接结构混合使用。

本单元所创建的"易购网"拟混合使用这两种链接结构。表8-7所示的一级栏目、二级栏目和三级栏目在任意一个网页都能访问，任意一个网页也能访问用户登录页面和用户注册页面，这些链接结构为网状链接结构。从首页访问商品列表页面和商品详情页面，从商品列表页面访问商品详情页面，从帮助主页面访问标准快递帮助页面和订单状态帮助页面，这些链接结构为树状链接结构。但是通过网站首页中已显示的商品也可以直接打开商品详情页面。

本单元拟制作的网页名称及说明如表8-9所示。

表8-9　本单元拟制作的网页名称及说明

网页文档名称	网页内容说明	网页文档名称	网页内容说明
0801.html	"易购网"的首页	0402.html	用户登录页面
0101.html	商品简介页面	0501.html	商品筛选页面
0201.html	帮助信息页面	0601.html	商品（手机通信）推荐页面
0301.html	购物车页面	0602.html	商品（电脑产品）推荐页面
0401.html	用户注册网页	0701.html	商品详情页面

本单元拟创建网页的链接结构示意图如图8-1所示，该图主要表示的是各二级页面与首页之间的链接关系，没有标注其他页面之间相互的链接关系。

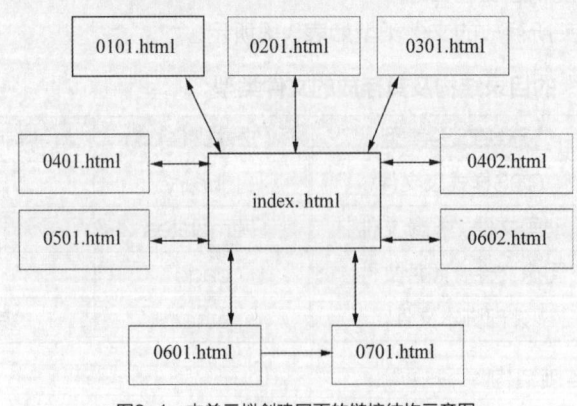

图8-1　本单元拟创建网页的链接结构示意图

任务 8-3　设计与制作电脑版网站首页0801.html

■ 任务描述

设计与制作电脑版网站首页0801.html，其浏览效果如图8-2所示。

图8-2　网站首页0801.html的浏览效果

【任务8-3-1】规划与设计电脑版网站首页的主体布局结构

■ 任务描述

① 规划网站首页页面0801.html的主体布局结构，并绘制各组成部分的页面内容分布示意图。
② 编写网站首页页面0801.html主体布局结构对应的HTML代码。
③ 定义网站首页页面0801.html主体布局结构对应的CSS样式代码。

■ 任务实施

1. 规划与设计"易购网"首页主体部分的布局结构

"易购网"首页的主体部分分为10个板块，左列分别为商品类型侧栏导航菜单、商品广告图片和商品品牌专区，中列分别为焦点图片轮换播放特效、热卖商品专区和低价商品专区，右列分别为商品广告图片、商品促销公告、畅销商品排行和热门商品搜索。首页主体部分的页面内容分布示意图如图8-3所示。

顶部导航		
LOGO图片	Flash动画	
商品类型顶部导航菜单		购物下拉列表
商品类型侧栏导航菜单	焦点图片轮换播放特效	商品广告图片
		商品促销公告
	热卖商品专区	畅销商品排行
商品广告图片		
商品品牌专区	低价商品专区	热门商品搜索

图8-3 "易购网"首页主体部分的页面内容分布示意图

首页主体部分整体布局设计示意图如图8-4所示。该布局结构主体部分宽度为990px，居中显示。整体为左右结构，左列宽度为190px，为左浮动，右列宽度为790px，为右浮动，由于总宽度为990px，所以左列与右列之间有10px的间距。

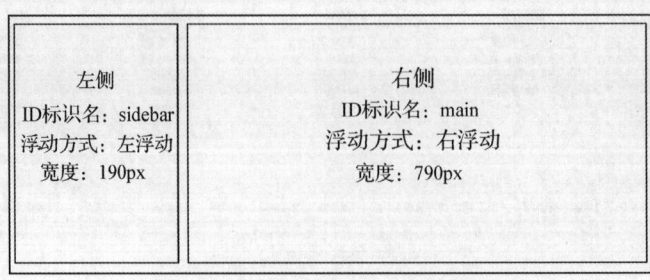

图8-4 首页主体部分整体布局设计示意图

首页主体部分局部布局设计示意图如图8-5所示。由图可以看出，左列从上至下分为3个部分，宽度为190px；右列又分为左、右两块，宽度分别为550px和230px，浮动方式分别为左浮动和右浮动；其间距为10px。

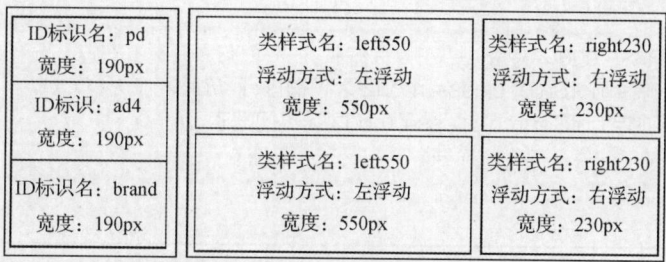

<table>
<tr><td>ID标识名：pd
宽度：190px</td><td>类样式名：left550
浮动方式：左浮动
宽度：550px</td><td>类样式名：right230
浮动方式：右浮动
宽度：230px</td></tr>
<tr><td>ID标识：ad4
宽度：190px</td><td rowspan="2">类样式名：left550
浮动方式：左浮动
宽度：550px</td><td rowspan="2">类样式名：right230
浮动方式：右浮动
宽度：230px</td></tr>
<tr><td>ID标识名：brand
宽度：190px</td></tr>
</table>

图8-5 首页主体部分局部布局设计示意图

2. 创建所需的文件夹

在站点"易购网"中创建文件夹"08网站整合与制作购物网站首页"，在该文件夹中创建文件夹"0801"，并在文件夹"0801"中创建子文件夹"CSS""image""flash"和"js"，将所需的图片文件复制到"image"文件夹中，将所需的JavaScript文件复制到"js"文件夹中，将所需的Flash动画复制到"flash"文件夹中。

3. 创建网页文档0801.html

在文件夹"0801"中创建网页文档0801.html，"易购网"首页的中部主体部分布局结构对应的HTML代码如表8-10所示。

表8-10 "易购网"首页的中部主体部分布局结构对应的HTML代码

行号	HTML代码
01	<div id="content">
02	<div id="sidebar">
03	<div id="pd" class="mod1"> 商品类型侧栏菜单导航 </div>
04	<div id="ad4" class="ad190x250">
05	<a href="#" target="_blank"> 广告图片 </a>
06	</div>
07	<div id="brand" class="mod1"> 品牌专区 </div>
08	</div>
09	<div id="main">
10	<div class="left550" style="margin-bottom:10px;">
11	<div id="focusJs"> 焦点图片自动轮换播放 </div>
12	</div>
13	<div class="right230">
14	<i id="ad1">
15	<a href="#" target="_blank"> 广告图片 </a>
16	</i>
17	<div class="note"> 促销公告 </div>
18	</div>
19	<div class="left550">
20	<div class="mod3"> 热卖专区 </div>

续表

行号	HTML代码
21	<div class="mod3"> 低价专区 </div>
22	</div>
23	<div class="right230">
24	<div id="hotSale" class="mod2"> 畅销排行 </div>
25	<div id="hotSearch" class="mod2"> 热门搜索 </div>
26	</div>
27	</div>
28	</div>

"易购网"首页的顶部布局结构对应的HTML代码如表8-11所示。

表8-11　"易购网"首页的顶部布局结构对应的HTML代码

行号	HTML代码
01	<div id="header">
02	<div class="topmenu">
03	<ul class="menu"> 提示信息 </ul>
04	<ul class="menur"> 导航按钮 </ul>
05	</div>
06	<div class="logo">
07	<div id="l_logo"> LOGO图片 </div>
08	<div id="r_flash"> 广告动画 </div>
09	</div>
10	<div class="clear"></div>
11	<div class="nav">
12	<ul id="droplist_ul"> 商品类型顶部菜单导航 </ul>
13	<div id="mycart"> 购物商品列表 </div>
14	</div>
15	<div class="clear"></div>
16	</div>

"易购网"首页的底部布局结构对应的HTML代码如表8-12所示，首页底部的HTML代码与CSS与"单元2"中的0201.html类似，请参见"单元2"中的相关内容。

表8-12　"易购网"首页的底部布局结构对应的HTML代码

行号	HTML代码
01	<div class="clear"></div>
02	<div class="w"> 帮助导航菜单 </div>
03	<div id="friend-link"> 友情链接 </div>
04	<div id="footer"> 版权信息 </div>

4. 创建样式文件与编写CSS样式代码

在文件夹"CSS"中可创建样式文件main.css，在该样式文件中定义CSS代码，"易购网"首页中部左侧主体布局结构对应的CSS样式代码如表8-13所示。

表8-13 "易购网"首页中部左侧主体布局结构对应的CSS样式代码

行号	CSS代码	行号	CSS代码
01	#content {	34	.ad190x250 {
02	margin: 6px auto 10px;	35	width: 190px;
03	width: 990px;	36	overflow: hidden;
04	}	37	margin: 0 0 1px;
05		38	text-align: center;
06	#sidebar {	39	}
07	width: 190px;	40	
08	float: left;	41	#focusJs {
09	margin: 0;	42	width: 548px;
10	}	43	padding: 1px 1px 0;
11		44	height: 314px;
12	#main {	45	background: #3e3e3e;
13	width: 790px;	46	z-index: -999;
14	margin: 0;	47	}
15	float: right;	48	
16	display: inline;	49	.note {
17	}	50	background: url(../images/
18		51	saleNotice_bg.png) no-repeat;
19	.left550 {	52	margin: 0;
20	width: 550px;	53	height: 96px;
21	float: left;	54	width: 230px;
22	display: inline;	55	overflow: hidden;
23	margin: 0 0 10px;	56	}
24	z-index: -999;	57	
25	}	58	.mod3 {
26	.right230 {	59	width: 550px;
27	width: 230px;	60	margin: 0 0 8px;
28	float: right;	61	}
29	}	62	
30	.mod1 {	63	.mod2 {
31	width: 190px;	64	width: 230px;
32	margin: 0 0 8px;	65	margin: 0 0 8px;
33	}	66	}

在文件夹"CSS"中可创建通用样式文件base.css，在该样式文件中定义CSS代码，样式文件base.css的CSS代码如表5-3所示。

在文件夹"CSS"中可创建顶部导航结构与LOGO的样式文件top.css，在该样式文件中定义CSS代码，样式文件top.css的CSS代码详见"单元2"。

在文件夹"CSS"中可创建底部导航结构样式文件bottom.css，在该样式文件中定义CSS代码，样式文件bottom.css的CSS代码详见"单元2"。

【任务8-3-2】设计与实现电脑版网站首页的导航结构

■ 任务描述

① 设计与实现网站首页的顶部下拉菜单式导航结构。

② 设计与实现网站首页的顶部商品类型下拉菜单式导航结构。

③ 设计与实现网站首页的顶部购物列表下拉菜单结构。

④ 设计与实现网站首页的侧栏菜单显示结构。

■ 任务实施

1. 设计与实现网站首页的顶部下拉菜单式导航结构

网站首页0801.html的顶部下拉菜单式导航结构对应的HTML代码如表8-14所示，对应的CSS代码如表8-15所示。

表8-14 网页0801.html的顶部下拉菜单式导航结构对应的HTML代码

序号	HTML代码
01	<ul class="menu">
02	<li class="drop"><a href="" target="_blank">我的易购</a>
03	<ul class="droplist">
04	<li><a href="#" target="_blank">订单管理</a></li>
05	<li><a href="#" target="_blank">编辑个人信息</a></li>
06	<li><a href="#" target="_blank">修改登录密码</a></li>
07	<li><a href="#" target="_blank">收货地址管理</a></li>
08	<li><a href="#" target="_blank">我的收藏夹</a></li>
09	<li><a href="#" target="_blank">商品咨询</a></li>
10	<li><a href="#" target="_blank">意见建议</a></li>
11	</ul>
12	</li>
13	</ul>

表8-15 网页0801.html的顶部下拉菜单式导航结构对应的CSS代码

序号	CSS代码	序号	CSS代码
01	.menu li {	19	}
02	margin: 1px 8px 0;	20	.menu li.drop a:hover {
03	display: inline;	21	text-decoration: none;
04	width: 60px;	22	}
05	text-align: center;	23	.menu li.index {
06	padding-top: 1px;	24	border: 1px solid #CCC;
07	height: 22px;	25	border-bottom: none;
08	float: left;	26	width: 83px;
09	}	27	background: #fff url(../images/
10		28	putdown.png) no-repeat 67px 6px;
11	.menu li.drop {	29	padding: 0;
12	background: url(../images/putdown.png)	30	margin-right: 9px;
13	no-repeat 68px center;	31	}
14	width: 85px;	32	.menu li.index a {
15	text-decoration: none;	33	color: #000;
16	text-align: left;	34	}
17	text-indent: 6px;	35	.droplist li.hover {
18	padding-left: 1px;	36	background: url(../images/dropbg.png)

续表

序号	CSS代码	序号	CSS代码
37	repeat-x;	64	}
38	}	65	
39	.droplist li.hover a {	66	.droplist li {
40	border-bottom: 1px solid #ccc;	67	clear: both;
41	height: 24px;	68	white-space: nowrap;
42	background: url(../images/ar.gif)	69	min-width: 150px;
43	no-repeat 20px center;	70	_width: 150px;
44	text-indent: 35px;	71	background: url(../images/drop_line.png)
45	}	72	repeat-x left 24px;
46	droplist {	73	height: 25px;
47	display: none;	74	margin: 0 0 0 5px;
48	float: left;	75	font-family: "宋体";
49	clear: both;	76	font-size: 12px;
50	min-width: 150px;	77	line-height: 24px;
51	padding: 10px 0;	78	}
52	border: 1px solid #ccc;	79	
53	border-top: none;	80	.droplist li a {
54	background: #fff;	81	margin: 0;
55	position: absolute;	82	padding: 0;
56	left: 8px;	83	text-align: left;
57	top: 24px;	84	width: 100%;
58	overflow: hidden;	85	height: 25px;
59	z-index: 999;	86	display: block;
60	}	87	background: url(../images/ar.gif)
61		88	no-repeat 10px center;
62	.droplist a:hover {	89	text-indent: 25px;
63	text-decoration: none;	90	}

网站首页的顶部下拉菜单式导航的浏览效果如图8-6所示。

图8-6　网站首页的顶部下拉菜单式导航的浏览效果

2. 设计与实现网站首页的顶部商品类型下拉菜单式导航结构

网站首页0801.html的顶部商品类型下拉菜单式导航结构对应的HTML代码如表8-16所示，对应的CSS代码如表8-17所示。

表8-16　网页0801.html的顶部商品类型下拉菜单式导航结构对应的HTML代码

序号	HTML代码
01	`<ul id="droplist_ul">`
02	`  <li id="n0"><em><a href="" >首页</a></em></li>`
03	`  <li id="n1"><em><a href="#">笔记本</a></em>`
04	`    <ul>`
05	`      <li><a href="#">笔记本电脑</a></li>`
06	`      <li><a href="#">笔记本配件</a></li>`
07	`      <li><a href="#">电脑包</a></li>`
08	`    </ul>`
09	`  </li>`
10	`  <li id="n2"><em><a href="#">数码影音</a></em>`
11	`    <ul> …… </ul>`
12	`  </li>`
13	`  <li id="n3"><em><a href="#">电玩产品</a></em>`
14	`    <ul> …… </ul>`
15	`  </li>`
16	`  <li id="n4"><em><a href="#">手机通信</a></em>`
17	`    <ul> …… </ul>`
18	`  </li>`
19	`  <li id="n5"><em><a href="#">硬件外设</a></em>`
20	`    <ul> …… </ul>`
21	`  </li>`
22	`  <li id="n6"><em><a href="#">办公设备</a></em>`
23	`    <ul> …… </ul>`
24	`  </li>`
25	`</ul>`

表8-17　网页0801.html的顶部商品类型下拉菜单式导航结构对应的CSS代码

序号	CSS代码	序号	CSS代码
01	`.nav {`	13	`    z-index: 999;`
02	`    float: left;`	14	`}`
03	`    clear: both;`	15	
04	`    background: url(../images/navbg.png)`	16	`.nav li {`
05	`            no-repeat;`	17	`    float: left;`
06	`    height: 37px;`	18	`    position: relative;`
07	`    width: 990px;`	19	`    z-index: 1;`
08	`}`	20	`    min-width: 65px;`
09		21	`    display: inline;`
10	`.nav ul {`	22	`    text-indent: 13px;`
11	`    width: 815px;`	23	`    background: url(../images/navli.png)`
12	`    float: left;`	24	`            no-repeat left top;`

续表

序号	CSS代码	序号	CSS代码
25	margin: 0 5px 0 0;	64	clear: both;
26	}	65	z-index: 999;
27		66	}
28	.nav li em {	67	
29	min-width: 65px;	68	.nav li ul li {
30	_width: 65px;	69	width: 190px;
31	display: block;	70	margin: 0 0 0 5px;
32	padding: 0 5px 0 0;	71	height: 32px;
33	}	72	border-bottom: 1px solid #cbcbcb;
34	.nav a {	73	text-indent: 8px;
35	min-width: 45px;	74	overflow: hidden;
36	padding: 0 10px 0 5px;	75	background: none;
37	white-space: nowrap;	76	}
38	font-size: 14px;	77	
39	line-height: 37px;	78	.nav li ul li a {
40	font-weight: bold;	79	background: none;
41	height: 37px;	80	width: 190px;
42	display: block;	81	height: 30px;
43	background: url(../imagesputdown.png)	82	font-size: 12px;
44	no-repeat right center;	83	line-height: 30px;
45	}	84	font-weight: bold;
46		85	white-space: nowrap;
47	.nav li.on {	86	display: block;
48	background: url(../images/nav01.png)	87	color: #333;
49	no-repeat;	88	}
50	}	89	
51	.nav li ul {	90	.nav li ul li a:hover {
52	position: absolute;	91	background:
53	top: 34px;	92	url(../images/ulhover.jpg)
54	left: 0;	93	no-repeat left 2px;
55	width: 200px;	94	color: #c00;
56	border: 1px solid #8c8c8c;	95	}
57	border-top: none;	96	
58	min-height: 60px;	97	.nav li.on em {
59	_height: 60px;	98	background:
60	display: none;	99	url(../images/nav02.png)
61	background: #f2f2f2;	100	no-repeat right top;
62	padding: 10px 0;	101	width: 100%;
63	float: left;	102	}

网站首页的顶部商品类型下拉菜单式导航的浏览效果如图8-7所示。

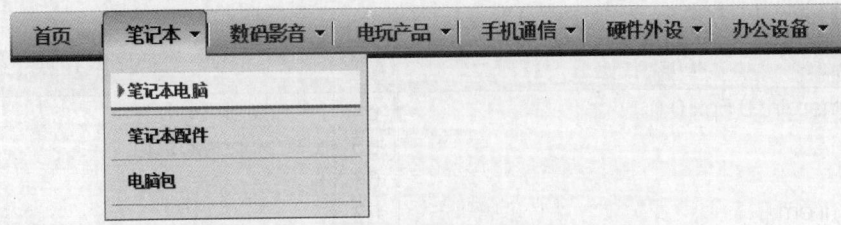

图8-7　网站首页的顶部商品类型下拉菜单式导航的浏览效果

3. 设计与实现网站首页的顶部购物列表下拉菜单结构

网站首页的顶部购物列表下拉菜单对应的HTML代码如表8-18所示，对应的CSS代码如表8-19所示。

表8-18　网页0801.html的顶部购物列表下拉菜单对应的HTML代码

序号	HTML代码
01	`<div id="mycart">`
02	`<i class="icart"><a href="">我的购物车<span>3</span>件</a></i>`
03	`<div class="cars">`
04	`<ul>`
05	`<li class="index">`
06	`<a class="pbox" href="#" target="_blank">`
07	`<img height="60" src="images/buycar/t01.jpg" width="80" /></a>`
08	`<a class="pname" href="#" target="_blank">三星(SAMSUNG) 10.5英寸 平板电脑</a>`
09	`<i class="iprice"><span class="red">&yen; 3488.0</span> x 1</i>`
10	`</li>`
11	`<li>…… </li>`
12	`<li>…… </li>`
13	`</ul>`
14	`<div class="carfoot">`
15	`<i class="itotal">合计<span class="red">3</span>件`
16	`<span class="red">&yen; 6156.00</span></i>`
17	`<input class="paybtn" id="top1_paybtn" type="submit" value="结 算" />`
18	`<input class="paybtn viewcar" id="top1_shoppingcart" type="submit"`
19	`value="查看购物车"/>`
20	`</div>`
21	`</div>`
22	`</div>`

表8-19　网页0801.html的顶部购物列表下拉菜单对应的CSS代码

序号	CSS代码	序号	CSS代码
01	`#mycart {`	07	`background: url(../images/`
02	`float: right;`	08	`shoppingCar.jpg) no-repeat;`
03	`z-index: 1;`	09	`height: 30px;`
04	`margin: 5px 10px 0 0;`	10	`position: relative;`
05	`width: 127px;`	11	`padding-left: 35px;`
06	`display: inline;`	12	`}`

续表

序号	CSS代码	序号	CSS代码
13		56	top: 23px;
14	.icart {	57	border: 2px solid #b41309;
15	width: 120px;	58	border-top: 0;
16	display: block;	59	background: url(../images/carbg.png)
17	margin: 1px auto 0;	60	repeat-x left top #f4f4f4;
18	height: 24px;	61	width: 148px;
19	overflow: hidden;	62	min-height: 100px;
20	}	63	_height: 100px;
21		64	right: 0;
22	.icart a {	65	padding: 10px 5px;
23	line-height: 24px;	66	}
24	white-space: nowrap;	67	
25	margin: 0;	68	#mycart ul {
26	padding: 0;	69	width: 148px;
27	color: #fff;	70	}
28	font-weight: normal;	71	
29	font-size: 12px;	72	#mycart ul li {
30	letter-spacing: 1px;	73	width: 148px;
31	text-shadow: 1px 1px 1px #000;	74	border-bottom: 1px dashed #ccc;
32	}	75	margin: 0;
33		76	padding: 5px 0;
34	#mycart a {	77	float: left;
35	background: none;	78	clear: both;
36	white-space: nowrap;	79	font-size: 12px;
37	margin: 0;	80	line-height: 25px;
38	padding: 0;	81	text-indent: 0;
39	}	82	background: none;
40		83	}
41	.icart a:hover {	84	
42	text-decoration: none;	85	.index {
43	}	86	background: url(../images/navt.gif)
44		87	no-repeat;
45	.icart a span {	88	height: 34px;
46	font-size: 14px;	89	}
47	font-weight: bold;	90	
48	margin: 0 2px;	91	#mycart .index {
49	}	92	height: auto;
50		93	}
51	.cars {	94	
52	clear: both;	95	.index a {
53	z-index: 999;	96	color: #fff;
54	display: none;	97	}
55	position: absolute;	98	#mycart .pbox {

序号	CSS代码	序号	CSS代码
99	width: 60px;	143	line-height: 24px;
100	height: 50px;	144	float: left;
101	float: left;	145	display: inline;
102	margin: 0 5px 0 0;	146	}
103	display: none;	147	
104	overflow: hidden;	148	#mycart .index .iprice {
105	border: 1px solid #333;	149	font-size: 12px;
106	}	150	width: 75px
107		151	}
108	#mycart .index .pbox {	152	
109	display: inline;	153	#mycart span.red {
110	}	154	color: #900;
111		155	margin: 0 2px;
112	#mycart .pbox img {	156	}
113	width: 60px;	157	
114	height: 50px;	158	.carfoot {
115	}	159	clear: both;
116		160	}
117	#mycart .pname {	161	
118	color: #333;	162	.itotal {
119	font-size: 12px;	163	margin: 0;
120	line-height: 24px;	164	padding: 5px 0;
121	width: 80px;	165	font-size: 12px;
122	margin: 0;	166	line-height: 28px;
123	float: left;	167	color: #999;
124	display: inline;	168	display: block;
125	overflow: hidden;	169	height: 28px;
126	height: 24px;	170	text-align: right;
127	}	171	}
128		172	
129	#mycart .index .pname {	173	.paybtn {
130	color: #f60;	174	background: url(../images/carbt.png)
131	overflow: hidden;	175	no-repeat;
132	text-overflow: ellipsis;	176	width: 65px;
133	}	177	height: 18px;
134		178	display: inline;
135	#mycart .iprice {	179	border: 0;
136	width: 60px;	180	float: left;
137	white-space: nowrap;	181	margin: 0 5px 0 4px;
138	overflow: hidden;	182	font-size: 12px;
139	text-align: right;	183	line-height: 18px;
140	margin: 0;	184	color: #fff;
141	height: 24px;	185	text-align: center;
142	font-size: 12px;	186	}

续表

序号	CSS代码	序号	CSS代码
187	.viewcar {	191	}
188	background: url(../images/carbt1.png)	192	.index a:hover {
189	no-repeat;	193	text-decoration: none;
190	color: #000;	194	}

网页0801.html的顶部购物列表下拉菜单的浏览效果如图8-8所示。

图8-8　网页0801.html的顶部购物列表下拉菜单的浏览效果

4．设计与实现网站首页的侧栏菜单显示结构

网站首页的侧栏菜单对应的HTML代码如表8-20所示，对应的CSS代码如表8-21所示。

表8-20　网页0801.html的侧栏菜单对应的HTML代码

序号	HTML代码
01	<div id="pd" class="mod1">
02	<h2 class="thead"><i>所有类别</i></h2>
03	<div class="tbody">
04	<div class="pMod">
05	<h3><a href="#">电脑产品</a></h3>
06	<ul>
07	<li>
08	<i><a href="#">电脑整机</a><span> - 台式电脑 平板电脑 </span></i>
09	<div class="plist">
10	<dl>
11	<dd>&gt;<a href="#">台式电脑</a></dd>
12	<dd>&gt;<a href="#">电脑一体机</a></dd>
13	<dd>&gt;<a href="#">组装电脑</a></dd>
14	<dd>&gt;<a href="#">服务器</a></dd>
15	</dl>
16	</div>
17	</li>
18	<li>……</li>
19	<li>……</li>
20	</ul>
21	</div>
22	<div class="pMod">

序号	HTML代码
23	<h3><a href="#">数码影音</a></h3>
24	<ul> …… </ul>
25	</div>
26	<div class="pMod">
27	<h3><a href="#">手机通信</a></h3>
28	<ul> …… </ul>
29	</div>
30	<div class="pMod">
31	<h3><a href='#'>硬件外设</a></h3>
32	<ul> …… </ul>
33	</div>
34	<div class="pMod">
35	<h3><a href="#">办公设备</a></h3>
36	<ul> …… </ul>
37	</div>
38	</div>
39	<div class="tfoot"></div>
40	</div>

表8-21　网页0801.html的侧栏菜单对应的CSS代码

序号	CSS代码	序号	CSS代码
01	.mod1 .thead {	24	category_bg.png) repeat-y;
02	width: 170px;	25	min-height: 200px;
03	padding-left: 20px;	26	padding-top: 5px;
04	height: 34px;	27	}
05	color: #fff;	28	
06	overflow: hidden;	29	.pMod {
07	font-size: 14px;	30	width: 170px;
08	line-height: 34px;	31	margin: auto 10px;
09	font-weight: bold;	32	border-bottom: 1px solid #ccc;
10	}	33	}
11		34	
12	#pd .thead {	35	.pMod h3 {
13	background: url(../images/category.png)	36	border-bottom: 1px solid #ccc;
14	no-repeat 0 -10px;	37	height: 25px;
15	}	38	color: #c00;
16		39	font-size: 14px;
17	.thead i {	40	line-height: 25px;
18	display: none;	41	font-weight: bold;
19	}	42	}
20		43	
21	#pd .tbody {	44	.pMod h3 a {
22	width: 190px;	45	color: #c00;
23	background: url(../images/	46	}

续表

序号	CSS代码	序号	CSS代码
47		91	
48	.pMod li {	92	.plist dl {
49	font-size: 12px;	93	width: 150px;
50	line-height: 30px;	94	border: 1px solid #ccc;
51	height: 30px;	95	background: #eee;
52	position: relative;	96	}
53	}	97	
54		98	.plist dd {
55	.pMod li i {	99	width: 150px;
56	color: #999;	100	height: 25px;
57	width: 165px;	101	text-indent: 10px;
58	white-space: nowrap;	102	font-size: 12px;
59	overflow: hidden;	103	line-height: 25px;
60	text-overflow: ellipsis;	104	cursor: pointer;
61	height: 30px;	105	color: #bc241a;
62	float: left;	106	}
63	cursor: pointer;	107	
64	clear: both;	108	.plist dd a {
65	font-size: 12px;	109	margin: 0 0 0 5px;
66	line-height: 30px;	110	font-weight: normal;
67	}	111	color: #707070;
68		112	}
69	.pMod li i a {	113	
70	font-weight: bold;	114	.plist dd a:hover {
71	}	115	color: #000;
72	.pMod li i.index a {	116	text-decoration: none;
73	font-weight: normal;	117	}
74	color: #000;	118	
75	}	119	.plist dd.index {
76	.pMod li i.index span {	120	height: 23px;
77	display: none;	121	border-bottom: 2px solid #9c9c9c;
78	}	122	line-height: 23px;
79	.plist {	123	border-right: 2px solid #9c9c9c;
80	position: absolute;	124	background: #fff;
81	width: 155px;	125	}
82	background: url(../images/shadow.gif)	126	
83	no-repeat 1px 1px;	127	.plist dd.index a {
84	padding: 0 0 3px;	128	font-weight: bold;
85	left: 160px;	129	}
86	top: -1px;	130	
87	display: none;	131	.pMod li i.index {
88	float: left;	132	background: #eee;
89	clear: both;	133	position: absolute;
90	}	134	width: 161px;

续表

序号	CSS代码	序号	CSS代码
135	z-index: 6;	146	.mod1 .tfoot {
136	left: −5px;	147	width: 190px;
137	top: −1px;	148	height: 9px;
138	padding-left: 5px;	149	line-height: 0;
139	border-top: 1px solid #ccc;	150	overflow: hidden;
140	height: 26px;	151	}
141	line-height: 30px;	152	
142	border-bottom: 3px solid #898989;	153	#pd .tfoot {
143	}	154	background: url(../images/category.png)
144		155	no-repeat;
145		156	}

网页0801.html的侧栏菜单的浏览效果如图8-9所示。

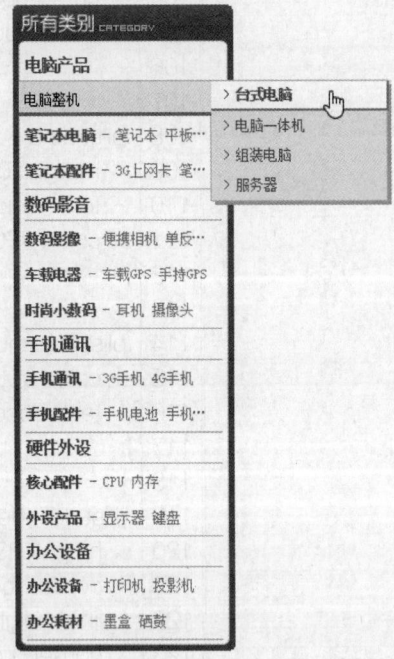

图8-9　网页0801.html的侧栏菜单的浏览效果

【任务8-3-3】设计与实现电脑版网站首页的各个局部版块内容

■ 任务描述

① 设计与实现网站首页的品牌专区版块内容。

② 设计与实现网站首页的热卖专区版块内容。

③ 设计与实现网站首页的低价专区版块内容。

④ 设计与实现网站首页的畅销排行版块内容。

⑤ 设计与实现网站首页的热门搜索版块内容。

■ 任务实施

1. 设计与实现网站首页的品牌专区版块内容

网站首页的品牌专区版块内容对应的HTML代码如表8-22所示，对应的CSS代码如表8-23所示。

表8-22　网页0801.html的品牌专区版块内容对应的HTML代码

序号	HTML代码
01	`<div id="brand" class="mod1" style="margin-bottom:0px">`
02	`<h2 class="thead">品牌专区</h2>`
03	`<div class="tbody">`
04	`<p>`
05	`<i class="iBrand"><a href="#" target="_blank">`
06	`<img src="images/brand01.jpg" alt="77x27" /></a></i>`
07	`<i class="iBrand"……></i>`
08	`……`
09	`</p>`
10	`<div class="more">`
11	`<p><a target="_blank" href="0801.html">&gt;&gt;更多品牌</a></p>`
12	`</div>`
13	`</div>`
14	`<div class="tfoot"></div>`
15	`</div>`

表8-23　网页0801.html的品牌专区版块内容对应的CSS代码

序号	CSS代码	序号	CSS代码
01	`.tfoot, .thead {`	19	`height: 30px;`
02	`line-height: 0;`	20	`}`
03	`}`	21	
04		22	`#brand .tbody {`
05	`.mod1 .thead {`	23	`width: 183px;`
06	`width: 170px;`	24	`border-left: 1px solid #9c9c9c;`
07	`padding-left: 20px;`	25	`border-right: 1px solid #9c9c9c;`
08	`height: 34px;`	26	`padding: 0 0 0 5px;`
09	`color: #fff;`	27	`}`
10	`overflow: hidden;`	28	`.iBrand {`
11	`font-size: 14px;`	29	`width: 77px;`
12	`line-height: 34px;`	30	`height: 27px;`
13	`font-weight: bold;`	31	`border: 1px solid #ccc;`
14	`}`	32	`display: inline;`
15		33	`float: left;`
16	`#brand .thead {`	34	`margin: 5px 5px;`
17	`background: url(../images/darkGray.png)`	35	`text-align: center;`
18	`no-repeat 0 -10px;`	36	`overflow: hidden;`

续表

序号	CSS代码	序号	CSS代码
37	}	56	
38	.iBrand img {	57	#brand .tfoot {
39	width: 77px;	58	background: url(../images/darkGray.png)
40	height: 27px;	59	no-repeat;
41	}	60	height: 5px;
42		61	}
43	.more {	62	
44	clear: both;	63	.on {
45	font-size: 12px;	64	background: url(../images/navt.gif)
46	line-height: 25px;	65	no-repeat -65px center;
47	height: 25px;	66	}
48	margin: 6px 2px 0px 0;	67	
49	width: 175px;	68	.on a {
50	text-align: right;	69	color: #000;
51	}	70	}
52		71	
53	.more a {	72	.on a:hover {
54	color: #901008;	73	text-decoration: none;
55	}	74	}

2. 设计与实现网站首页的热卖专区版块内容

网站首页的热卖专区版块内容对应的HTML代码如表8-24所示，对应的CSS代码如表8-25所示。

表8-24　网页0801.html的热卖专区版块内容对应的HTML代码

序号	HTML代码
01	`<div class="mod3">`
02	`<div class="thead">热卖专区</div>`
03	`<div class="tbody">`
04	`<ul class="index_listbox">`
05	`<li  class="bottomnone"><a href="#" target="_blank">`
06	`<img src="images/c01.jpg" alt="" width="120" height="90" /></a>`
07	`<dl>`
08	`<dt>易购价：<span class="red">&yen; 899.00</span></dt>`
09	`<dd>市场价：<del>&yen; 999.00</del></dd>`
10	`<dd class="text">`
11	`<a href="#"  target="_blank">台电9.7英寸平板电脑 …</a></dd>`
12	`</dl>`
13	`</li>`
14	`<li class="bottomnone"> …… </li>`
15	`<li class="bottomrightnone">…… </li>`
16	`</ul>`

序号	HTML代码
17	<div class="clear"></div>
18	</div>
19	</div>

表8-25　网页0801.html的热卖专区版块内容对应的CSS代码

序号	CSS代码	序号	CSS代码
01	mod3 .thead {	39	padding-top: 2px;
02	width: 520px;	40	line-height: 1.5em;
03	font-weight: bold;	41	margin-top: 5px;
04	height: 33px;	42	}
05	padding-left: 30px;	43	.index_listbox li dl dt {
06	font-size: 14px;	44	font-size: 12px;
07	line-height: 33px;	45	color: #c00;
08	overflow: hidden;	46	font-weight: bold;
09	color: #333;	47	font-family: arial;
10	background-image:	48	}
11	url(../images/mid_title.png);	49	.index_listbox li dl dd {
12	background-repeat: no-repeat;	50	color: #666;
13	}	51	}
14		52	.index_listbox li dl dd.text {
15	.mod3 .tbody {	53	font-size: 12px;
16	padding: 2px 6px 0 20px;	54	line-height: 18px;
17	width: 522px;	55	text-align: left;
18	border: 1px solid #ccc;	56	text-indent: 2em;
19	}	57	}
20		58	.index_listbox li.rightnone {
21	.index_listbox {	59	float: left;
22	width: 510px;	60	width: 150px;
23	clear: both;	61	height: 190px;
24	overflow: hidden;	62	text-align: center;
25	}	63	padding: 5px 4px 5px 10px;
26		64	border-right: 0px none #fff;
27	.index_listbox li {	65	border-bottom: 1px solid #ccc;
28	float: left;	66	}
29	width; 150px;	67	.index_listbox li.bottomnone {
30	height: 190px;	68	float: left;
31	text-align: center;	69	width: 150px;
32	padding: 5px 10px;	70	height: 190px;
33	border-bottom: 1px solid #ccc;	71	text-align: center;
34	border-right: 1px solid #ccc;	72	padding: 5px 10px;
35	}	73	border-right: 1px solid #ccc;
36		74	border-bottom: 0px none #fff;
37	.index_listbox li dl {	75	}
38	height: 18px;	76	.index_listbox li.bottomrightnone {

续表

序号	CSS代码	序号	CSS代码
77	float: left;	81	padding: 5px 4px 5px 10px;
78	width: 150px;	82	border-right: 0px none #fff;
79	height: 190px;	83	border-bottom: 0px none #fff;
80	text-align: center;	84	}

3. 设计与实现网站首页的低价专区版块内容

网站首页的低价专区版块内容对应的HTML代码如表8-26所示，对应的CSS代码同热卖专区版块内容对应的CSS代码，如表8-25所示。

表8-26　网页0801.html的低价专区版块内容对应的HTML代码

序号	HTML代码
01	<div class="mod3" style="margin-bottom:0px">
02	<div class="thead">低价专区</div>
03	<div class="tbody">
04	<ul class="index_listbox">
05	<li><a href="#" target="_blank">
06	<img src="images/c02.jpg" alt="" width="120" height="90" /></a>
07	<dl>
08	<dt>易购价：<span class="red">¥ 2800.00</span></dt>
09	<dd>市场价：<del>¥ 2999.00</del></dd>
10	<dd class="text"><a href="#" target="_blank">联想(Lenovo)平板电脑…</a></dd>
11	</dl>
12	</li>
13	<li></li>
14	<li class="rightnone"></li>
15	<li class="bottomnone"><a href="#" target="_blank">
16	<img src="images/c03.jpg" alt="" width="120" height="90" /></a>
17	<dl>
18	<dt>易购价：<span class="red">¥ 2080.00</span></dt>
19	<dd>市场价：<del>¥ 2288.00</del></dd>
20	<dd class="text"><a href="#" target="_blank">三星…</a></dd>
21	</dl>
22	</li>
23	<li class="bottomnone"> …… </li>
24	<li class="bottomrightnone">……</li>
25	</ul>
26	<div class="clear"></div>
27	</div>
28	</div>

4. 设计与实现网站首页的畅销排行版块内容

网站首页的畅销排行版块内容对应的HTML代码如表8-27所示，对应的CSS代码如表8-28所示。

表8-27　网页0801.html的畅销排行版块内容对应的HTML代码

序号	HTML代码
01	<div id="hotSale" class="mod2">
02	<h2 class="thead"><i>畅销排行</i></h2>
03	<div class="tbody">
04	<a href="#" class="iPd" target="_blank" title="">
05	<img src="images/c04.jpg" width="80" height="65" alt="" />
06	<i class="iTitle">三星(SAMSUNG) 10.5英寸 平板电脑&hellip;</i>
07	<i class="iPrice"><span class="red">&yen; 3488.00</span></i></a>
08	……
09	</div>
10	<div class="tfoot"></div>
11	</div>

表8-28　网页0801.html的畅销排行版块内容对应的CSS代码

序号	CSS代码	序号	CSS代码
01	.mod2 .thead {	31	overflow: hidden;
02	width: 210px;	32	}
03	padding-left: 20px;	33	
04	height: 34px;	34	.iPd i {
05	font-size: 14px;	35	float: left;
06	line-height: 34px;	36	margin: 0 0 0 5px;
07	font-weight: bold;	37	width: 112px;
08	overflow: hidden;	38	font-size: 12px;
09	}	39	line-height: 20px;
10		40	word-break: break-all;
11	#hotSale .thead {	41	cursor: pointer;
12	background:	42	word-wrap: break-word;
13	url(../images/hotSale_title.png)	43	}
14	no-repeat;	44	.iPd img {
15	}	45	float: left;
16		46	display: inline;
17	#hotSale .tbody, #hotSearch .tbody {	47	}
18	background:	48	
19	url(../images/gray230_bg.png)	49	.iPd . iTitle {
20	repeat-y;	50	margin-right: 3px;
21	width: 200px;	51	}
22	padding: 10px 15px;	52	
23	}	53	.iPd .iPrice {
24		54	height: 20px;
25	.iPd {	55	font-size: 12px;
26	width: 200px;	56	line-height: 20px;
27	height: 72px;	57	color: #C00;
28	padding: 3px 0;	58	font-weight: bold;
29	border-bottom: 1px solid #ccc;	59	font-family: arial;
30	display: block;	60	}

续表

序号	CSS代码	序号	CSS代码
61		74	overflow: hidden;
62	.iPd .red {	75	}
63	font-weight: bold;	76	
64	}	77	#hotSale .tfoot, #hotSearch .tfoot {
65		78	background:
66	.last {	79	url(../images/gray230_bottom.png) no-repeat;
67	border-bottom: 1px none #ccc;	80	}
68	}	81	
69		82	#hotSearch .thead {
70	.mod2 .tfoot {	83	background:
71	width: 230px;	84	url(../images/hotSearch_title.png)
72	height: 9px;	85	no-repeat;
73	line-height: 0;	86	}

5. 设计与实现网站首页的热门搜索版块内容

网站首页的热门搜索版块内容对应的HTML代码如表8-29所示，对应的CSS代码同畅销排行版块内容对应的CSS代码，如表8-28所示。

表8-29 网页0801.html的热门搜索版块内容对应的HTML代码

序号	HTML代码
01	<div id="hotSearch" class="mod2">
02	<h2 class="thead"><i>热门搜索</i></h2>
03	<div class="tbody">
04	<a href="#" class="iPd" target="_blank" title=" ">
05	<img src="images/c05.jpg" width="80" height="65" alt="" />
06	<i class="iTitle">Apple iPad Air 9.7英寸平板电脑…</i>
07	<i class="iPrice"><span class="red">¥ 2778.00</span></i>
08	</a>
09	……
10	</div>
11	<div class="tfoot"></div>
12	</div>

【任务8-3-4】实现电脑版网站首页的特效功能

■ 任务描述

① 实现网页顶部下拉菜单式导航功能。
② 实现网页侧栏菜单显示功能。
③ 实现网站首页的促销公告内容定时自动轮换播放功能。
④ 实现网站首页的焦点图片自动轮换播放功能。

■ **任务实施**

1. 编写JavaScript代码实现网站首页的下拉菜单式导航功能

（1）实现网页顶部下拉菜单式导航功能

在子文件夹"js"中创建JavaScript文件base.js，然后打开该文件定义函数headmenu()，实现网页顶部下拉菜单式导航功能，JavaScript代码如表8-30所示。

表8-30　实现网页顶部下拉菜单式导航结构的JavaScript代码

行号	JavaScript代码
01	function headmenu() {
02	//导航栏目
03	$(".nav>ul>li:not(#n0)").hover(function() {
04	//鼠标移动该栏目
05	$(".nav>ul>li:not(#n0)").removeClass("on");
06	$(this).addClass("on");
07	$(this).find("ul").show();
08	}, function() {
09	//鼠标离开该栏目
10	$(this).removeClass("on");
11	$(this).find("ul").hide();
12	});
13	//购物车
14	$("#mycart").hover(function() {
15	//鼠标移动
16	$(".cars").slideDown(200);
17	}, function() {
18	//鼠标离开
19	$(".cars").fadeOut(200);
20	});
21	$(".cars>ul>li").hover(function() {
22	//鼠标移动
23	$(".cars>ul>li").removeClass("index");
24	$(this).addClass("index");
25	},function() {
26	//鼠标离开
27	$(this).removeClass("index");
28	});
29	//顶部下拉菜单
30	$(".menu>li:drop").hover(function() {
31	//鼠标移动
32	$(this).addClass("index");
33	$(".droplist").slideDown(250);
34	}, function() {
35	//鼠标离开
36	$(this).removeClass("index");

行号	JavaScript代码
37	$(".droplist").fadeOut(250);
38	});
39	//顶部菜单弹出后,鼠标移动样式替换
40	$(".droplist>li").hover(function() {
41	//鼠标移动
42	$(this).addClass("hover");
43	}, function() {
44	//鼠标离开
45	$(this).removeClass();
46	});
47	}

（2）实现网页侧栏菜单显示功能

在JavaScript文件base.js中定义函数sideNav()，实现网页侧栏菜单显示功能，JavaScript代码如表8-31所示。

表8-31　实现网页侧栏菜单显示功能的JavaScript代码

行号	JavaScript代码
01	function sideNav() {
02	$(".pMod>ul>li").hover(function() {
03	//鼠标移动
04	$(this).find("i").addClass("index");
05	$(this).find(".plist").show();
06	}, function() {
07	//鼠标离开
08	$(this).find("i").removeClass();
09	$(this).find(".plist").hide();
10	});
11	//弹出分类鼠标移动样式替换
12	$(".plist>dl>dd").hover(function() {
13	//鼠标移动
14	$(this).addClass("index");
15	}, function() {
16	//鼠标离开
17	$(this).removeClass();
18	});
19	}

（3）实现促销公告内容定时自动轮换播放功能

网页0801.html中实现促销公告内容定时自动轮换播放对应的HTML代码如表8-32所示，对应的CSS代码如表8-33所示。

表8-32　网页0801.html中实现促销公告内容定时自动轮换播放对应的HTML代码

序号	HTML代码
01	`<div class="note">`
02	`<h3>促销公告</h3>`
03	`<div class="notelist">`
04	`<ul>`
05	`<li><a href="#" target="_blank">联想在路上！</a></li>`
06	`<li><a href="#" target="_blank" class="red">华硕多款新品任您抢</a></li>`
07	`<li><a href="#" target="_blank">新年"芯"机会，"戴"给你惊喜</a></li>`
08	`<li><a href="#" target="_blank" class="red">英特尔芯平板，不快不HI！</a></li>`
09	`</ul>`
10	`</div>`
11	`</div>`

表8-33　网页0801.html中实现促销公告内容定时自动轮换播放对应的CSS代码

序号	CSS代码	序号	CSS代码
01	.note {	19	.notelist {
02	background:	20	width: 230px;
03	url(../images/saleNotice_bg.png)	21	height: 60px;
04	no-repeat;	22	overflow: hidden;
05	margin: 0;	23	margin: 0 auto;
06	height: 96px;	24	}
07	width: 230px;	25	.note ul {
08	overflow: hidden;	26	width: 200px;
09	}	27	padding: 0 15px;
10		28	font-size: 12px;
11	.note h3 {	29	line-height: 30px;
12	width: 230px;	30	}
13	height: 30px;	31	.note ul li {
14	text-indent: 16px;	32	height: 30px;
15	font-size: 12px;	33	white-space: nowrap;
16	line-height: 30px;	34	width: 200px;
17	color: #901008;	35	overflow: hidden;
18	}	36	}

在JavaScript文件base.js中定义函数note()，实现促销公告内容定时自动轮换播放功能，JavaScript代码如表8-34所示。

表8-34　实现促销公告内容定时自动轮换播放功能的JavaScript代码

行号	JavaScript代码
01	function note() {
02	//定义函数组
03	var fns = {
04	//向上

行号	JavaScript代码
05	_up: function() {
06	$(".note>div>ul").stop().animate({
07	marginTop: "-30px"
08	}, 500, '',
09	function() {
10	$(".note>div>ul>li:lt(1)").appendTo($(".note>div>ul"));
11	$(".note>div>ul").css("marginTop", 0);
12	});
13	}
14	};
15	var _autoUp = null;
16	$(".note").mouseover(function() {
17	autoStop2();
18	});
19	$(".note").mouseout(function() {
20	_autoUp = setInterval(function() {
21	fns._up();
22	}, 2500); //鼠标离开后再重新恢复自动播放时间,单位毫秒
23	});
24	var autoPlay2 = function() {
25	_autoUp = setInterval(function() {
26	fns._up()
27	}, 2500);
28	}; //自动播放时间,单位毫秒
29	var autoStop2 = function() {
30	clearInterval(_autoUp);
31	_autoUp = null;
32	};
33	//自动播放
34	autoPlay2();
35	}

在JavaScript文件base.js中编写如下所示的代码，调用自定义函数。

```javascript
$(document).ready(function() {
    headmenu();      // 实现网页顶部下拉菜单式导航结构
    sideNav();       // 侧栏菜单显示
    note();          // 公告内容定时自动轮换播放
});
```

2. 编写JavaScript代码实现网站首页的焦点图片自动轮换播放功能

实现网站首页的焦点图片自动轮换播放功能的JavaScript代码如表8-35所示。

表8-35　网页0801.html中实现焦点图片自动轮换播放功能的JavaScript代码

行号	JavaScript代码
01	<div id="focusJs">
02	<script type="text/JavaScript">
03	<!--
04	var focus_width=548
05	var focus_height=314
06	/*若不想要提示文字，将这里设为 0 即可*/
07	var text_height=0
08	var swf_height = focus_height+text_height
09	/*修改显示图片，以'开始，以|分隔，最后以'结束*/
10	var pics='images/ad01.jpg|images/ad02.jpg|images/ad03.jpg'
11	/*修改图片及文字超链接，以'开始，以|分隔，最后以'结束*/
12	var links='index0901.html|index0901.html|index0901.html'
13	/*修改图片下方文字，以'开始，以|分隔，最后以'结束*/
14	var texts='鼠标降价促销|笔记本热销|最新CPU'
15	document.write('<object classid="clsid:D27CDB6E-AE6D-11cf-96B8-
16	444553540000" codebase="http://download.macromedia.com/pub/shockwave/cabs/
17	flash/swflash.cab#version=9,0,28,0" width="'+ focus_width +'" height="'+
18	swf_height +'">');
19	/*这里必须填写flash.swf的正确路径*/
20	document.write('<param name="allowScriptAccess" value="sameDomain">
21	<param name="movie" value="flash/01.swf">
22	<param name="quality" value="high">
23	<param name="bgcolor" value="white">');
24	document.write('<param name="menu" value="false"><param name=wmode
25	value="opaque">');
26	document.write('<param name="FlashVars" value="pics='+pics+'&links='+links+'
27	&texts='
28	+texts+'&borderwidth='+focus_width+'&borderheight='
29	+focus_height+'&textheight='+text_height+'">');
30	document.write('<embed src="flash/01.swf" wmode="opaque"
31	FlashVars="pics='+pics
32	+'&links='+links+'&texts='+texts+'&borderwidth='
33	+focus_width+'&borderheight='+focus_height
34	+'&textheight='+text_height+'" menu="false" bgcolor="white"
35	quality="high" width="'+ focus_width +'" height="'
36	+ swf_height +'" allowScriptAccess="sameDomain" pluginspage=
37	"http://www.adobe.com/shockwave/download/download.cgi?P1_
38	Prod_Version=Shockwave
39	Flash" type="application/x-shockwave-flash" />');
40	document.write('</object>');
41	//-->
42	</script>
43	</div>

【任务8-3-5】设置"易购网"的超链接

■ 任务描述

根据任务8-2中所规划的链接关系，创建必要的超链接。

■ 任务实施

根据表8-36的要求设置"易购网"中的超链接。

表8-36　"易购网"中设置的超链接

文档名称	链接位置	链接内容	链接对象	目标
0801.html	顶部导航栏	帮助中心	0201.html	默认
		购物车	0301.html	默认
		【请登录】	0401.html	默认
		【免费注册】	0402.html	默认
	网站商品类型主导航	首页	0801.html	默认
		办公设备	0501.html	默认
		手机通信	0601.html	默认
	左侧商品类型导航栏	办公设备	0501.html	默认
		手机通信	0601.html	默认
		电脑产品	0602.html	默认
	热门搜索	c05.jpg	0701.html	_blank
0601.html	手机通信	t23.jpg	0701.html	_blank

任务 8-4　测试网站

■ 任务描述

① 清理网页文档。
② 检查"易购网"中的链接，验证网页中的标记。
③ 测试本地站点，创建网站报告。

■ 任务实施

一个网站制作完成后，在网站发布之前应进行严密的测试，以检查各个超链接是否正确，网页脚本是否正确，文字、图像、动画显示是否正常等。测试网站一般有4个过程：测试网页、测试本地站点、用户测试、负载测试。

1. 清理文档

清理文档是将制作完成的网站上传到服务器之前需要做的一项重要工作。清理文档也就是清理一些空标签或Word中编辑HTML文档所产生的一些多余的标签，从而最大限度地减少错误的发生，使网站更好地被浏览者访问。

清理文档的具体步骤如下。

① 打开需要清理的网页文档。

② 在Dreamweaver CC主界面中，选择菜单命令【命令】→【清理HTML】，打开【清理HTML/XHTML】对话框，在"移除"选项组中选择"空标签区块（<b></b>, <h1></h1>, …）""多余的嵌套标签""不属于Dreamweaver的HTML注解"复选框，也可以在"指定的标签"文本框中输入所要删除的标签。在"选项"选项组中选中"尽可能合并嵌套的<font>标签"和"完成时显示动作记录"复选框，如图8-10所示。然后单击【确定】按钮，Dreamweaver CC自动开始清理工作。清理完毕后会弹出一个【Dreamweaver的清理总结】对话框，报告清理工作的结果，如图8-11所示，在该对话框中单击【确定】按钮即可。

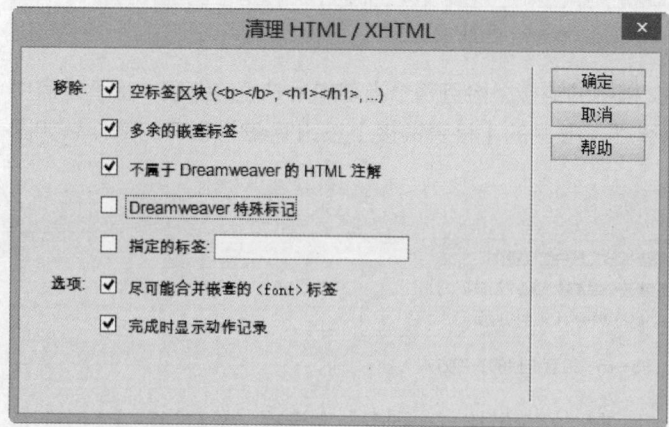

图8-10 【清理HTML/XHTML】对话框

图8-11 【Dreamweaver 的清理总结】对话框

③ 选择菜单命令【命令】→【清理Word生成的HTML】，打开【清理Word生成的HTML】对话框，在该对话框中进行相应的设置之后，单击【确定】按钮即可，如图8-12所示。

清理完毕后弹出图8-13所示的提示信息对话框，然后单击该对话框中的【确定】按钮即可。

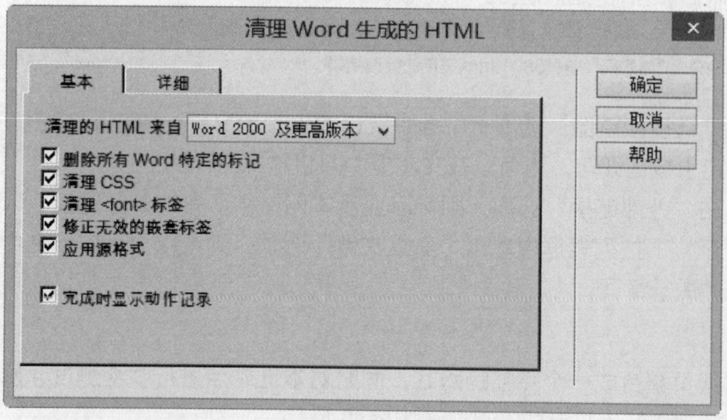

图8-12 【清理Word生成的HTML】对话框

图8-13 清理Word生成HTML的提示信息

2. 检查链接

由网页制作人员测试自己所制作的网页，其测试内容主要是HTML源代码的规范性和完整性，网页程序逻辑是否正确，是否存在空链、断链、链接错误、孤立文件等。

利用Dreamweaver CC提供的"链接检查器"可以方便地检查错误链接，检查方法如下。

切换到已建立的站点"易购网"，在Dreamweaver CC主窗口中，选择菜单命令【站点】→【检查站点范围的链接】，将显示图8-14所示的检查结果，可以看到在"链接检查器"选项卡中显示了网站中断掉的链接和错误的链接。

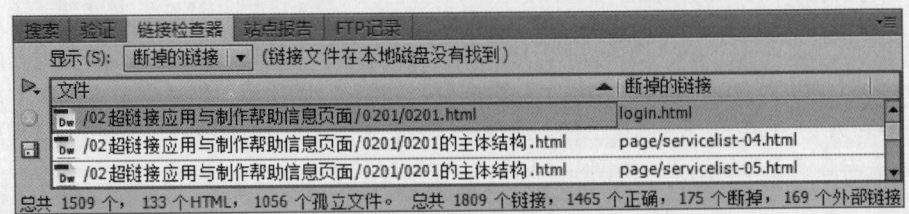

图8-14　站点"单元8"链接的检查结果

检查链接有多种方式：检查当前文档中的链接、检查整个当前本地站点的链接、检查站点中所选文件的链接，可以单击"链接检查器"左侧的【检查链接】按钮进行相应的操作，如图8-15所示。

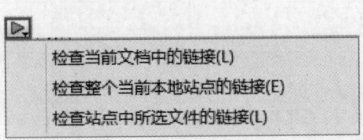

图8-15　检查链接的多种方式

打开"易购网"的首页0801.html，在"检查链接方式列表"中选择"检查当前文档中的链接"命令，其检查结果如图8-16所示。

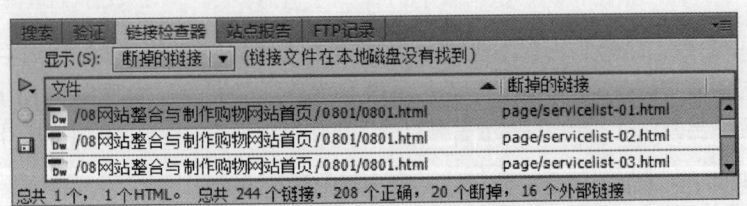

图8-16　"易购网"首页0801.html链接的检查结果

修改错误链接的方法是：在"链接检查器"选项卡中选中要修改链接的文件，单击按钮，然后选择正确的链接，单击【确定】按钮即可。也可以在文本框中直接输入正确的链接。

在"显示"下拉列表框中单击"外部链接"选项，则可以显示本网站中所有的外部链接，以便对外部链接进行管理。在"显示"下拉列表框中单击"孤立文件"选项，则可以显示本网站中所有的孤立文件，以便对孤立文件进行管理。

3. 测试本地站点

将多个网页制作人员制作的网页整合成一个完整的网站，同时对本地站点进行联合测试，测试人员最好是由没有直接参与网站制作的人来完成，其测试内容如下。

（1）检查链接

这一次不再利用"链接检查器"来检查错误链接，而是通过浏览网页逐个检查链接，主要检查是否有空链、断链、链接错误，页面之间是否能顺利切换，是否有回到上层页面或主页的途径等。

（2）检查页面效果

检查网页中的脚本是否正确，是否会出现非法字符或乱码；文字显示是否正常；是否有显示不出来的图片；Flash动画画面出现时间是否过长；网页特效是否能正常起作用等。

（3）检查网页的容错性

检查网页表单区域的文本框中输入字符时是否有长度的限制；表单中填写信息出错时，是否有提示信息，并允许重新填写；对于邮政编码、身份证号码之类的数据是否限制其长度等。

（4）检查兼容性

检查Dreamweaver CC中制作的网页在Chrome、Internet Explorer、Firefox等多种不同的浏览器中显示是否正常；在纯文本模式下（即在【Internet】选项对话框中取消"显示图片""播放网页中的动画""播放网页中的声音""播放网页中的视频"等复选框的选中状态，网页中只显示文字）检查整个网站的信息表现力。

4. 用户测试

以用户身份测试网站的功能。主要测试内容有：评价每个页面的风格、颜色搭配、页面布局，文字的字体、大小等方面与网站的整体风格是否统一、协调；页面布局是否合理；各种链接所放的位置是否合适；页面切换是否简便；对于当前访问位置是否明确等。

5. 负载测试

安排多个用户访问网站，让网站在高强度、长时间的环境中进行测试。主要测试内容有：网站在多个用户访问时访问速度是否正常；网站所在服务器是否会出现内存溢出，CPU资源占用是否不正常等。

6. 创建网站报告

Dreamweaver CC能够自动检测网站内部的网页文件，生成关于文件信息、HTML代码信息的报告，以便网站设计者对网页文档进行修改。

创建网站报告的操作步骤如下所述。

在Dreamweaver CC主窗口中，选择菜单命令【站点】→【报告】，弹出图8-17所示的【报告】对话框。在"报告在"下拉列表框中选择生成站点报告的范围，可以是当前文档、整个当前本地站点、站点中的已选文件或文件夹。根据需要选择复选框，然后单击【运行】按钮，生成网站报告，如图8-18所示。

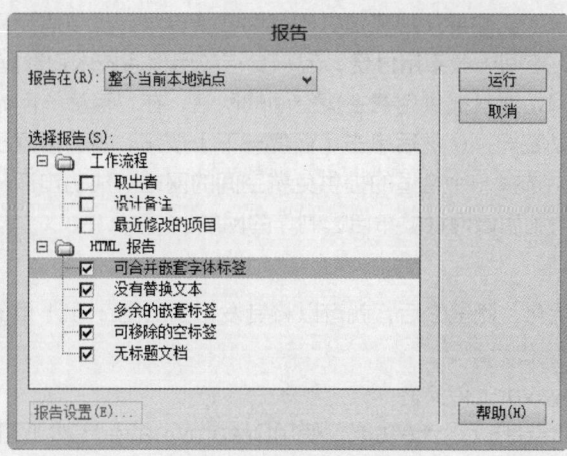

图8-17 【报告】对话框

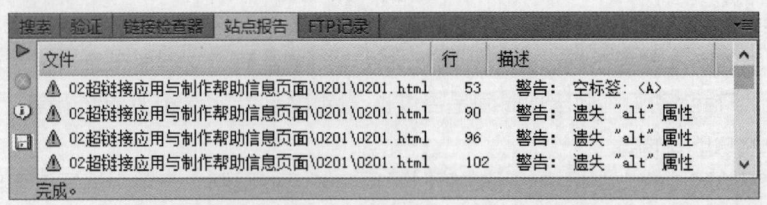

图8-18 "易购网"首页0801.html的检查报告

任务 8-5 发布网站

■ 任务描述

① 尝试申请一定容量大小的免费网站空间。

② 尝试上传网站中的网页文档和素材到远程服务器。

③ 尝试从远程服务器获取文件。

■ 任务实施

要想拥有属于自己的网站，则必须拥有一个域名。域名是Internet上的名字，由若干英文字母和数字组成，由"."分隔成几部分，如"www.baidu.com"就是一个域名。对于公司网站，一般可以使用公司名称或商标作为域名，域名的字母组成要便于记忆，能够给人留下深刻的印象。

域名分国内域名和国际域名是两种。国内域名是由中国互联网中心（网址是：http://www.cnnic.net.cn）管理和注册的。注册申请域名首先要在线填写申请表，收到确认信息后，提交申请表，加盖公章、交费就完成了。国际域名主要申请网址是：http://www.networksolutions.com。

1. 申请网站空间

如果网站的页面设计已完成，网站的属性也已经设置好，接下来就是发布网站。如果本地计算机就是一个Web服务器，则可以将网站通过本地开设的Web服务器进行发布。但是对于大多数用户来说，在本地开设Web服务器，不仅成本较高，而且维护起来比较麻烦，所以大多数用户都是到网上寻找网站空间。

目前，网络上提供的主页空间有两种形式：收费的网站空间和免费的网站空间。收费的网站空间提供的服务更全面一些，主要体现在提供的空间容量更大、支持应用程序技术、提供数据库空间等方面。免费的网站空间一般不用付费，但不支持应用程序技术和数据库技术。

可以通过"百度"网站搜索提供免费主页空间的网站，在"百度"网站"百度搜索"文本框中输入"申请免费的网站空间"，然后单击【百度一下】按钮，将会搜索出所有包含"申请免费网站空间"字样的信息。选择一个合适的提供免费空间的网站，成功申请一定容量的网站空间，注册一个免费的域名，再利用该网址发布自己制作的网站。

2. 上传文件

完成网站的制作、优化、测试之后，就可以将其发布到Internet上供他人浏览了。网页一般可以通过E-mail或FTP上传。

（1）使用Dreamweaver上传文件

Dreamweaver CC自带FTP上传功能，使用Dreamweaver CC FTP功能必须先设置远程服务器。操作步骤如下所述。

① 启动Dreamweaver CC，打开【文件】面板，在本地站点浏览窗口选择上传的文件或文件夹，然后单击【上传文件】按钮 ⇧ 上传文件，如图8-19所示。

② 如果在上传文件之前没有设置过远程服务器，则会弹出图8-20所示的提示定义远程服务器的对话框。

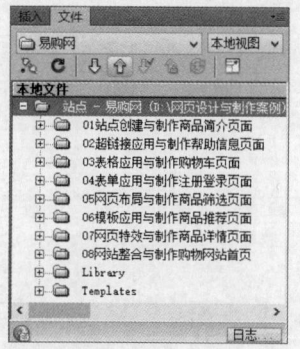

图8-19　单击【文件】面板中的【上传文件】按钮

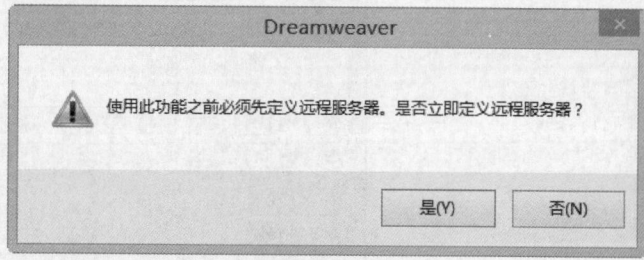

图8-20　提示定义远程服务器的对话框

③ 单击【是】按钮，打开【站点设置对象】对话框中的"服务器"选项卡，然后根据需要设置服务器。

④ 首先在【站点设置对象】对话框中单击【添加新服务器】按钮 ✚ ，打开【添加新服务器】对话框；然后输入服务器名称，选择"连接方法"，填写FTP地址，该地址是由申请的网站空间提供的；再依次填写用户名和密码，用户名和密码是申请网站空间时确定的，填写结果如图8-21所示；最后单击【保存】按钮，对服务器的设置进行保存，且返回【站点设置对象】对话框，如图8-22所示。

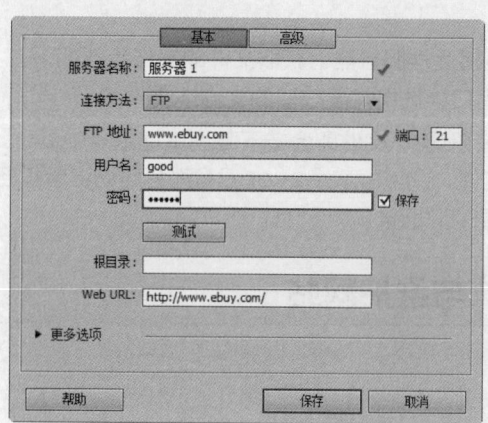

图8-21　填写上传文件的远程信息

服务器正确设置完成后单击【保存】按钮，接着便可以向设置的服务器上传文件了。

⑤ 网站文件上传完成后，单击站点管理器上方的【展开以显示本地和远程站点】按钮 🗗 ，就可以看到站点文件已被上传到主机目录中了。

也可以在上传文件之前，单击【连接到远程服务器】按钮 🔌 ，先与远程服务器进行连接，然后上传文件。

上传文件时会询问是否上传相关文件，相关文件是指插入在网页中的图像和多媒体文件，可以依实际情况进行选择。

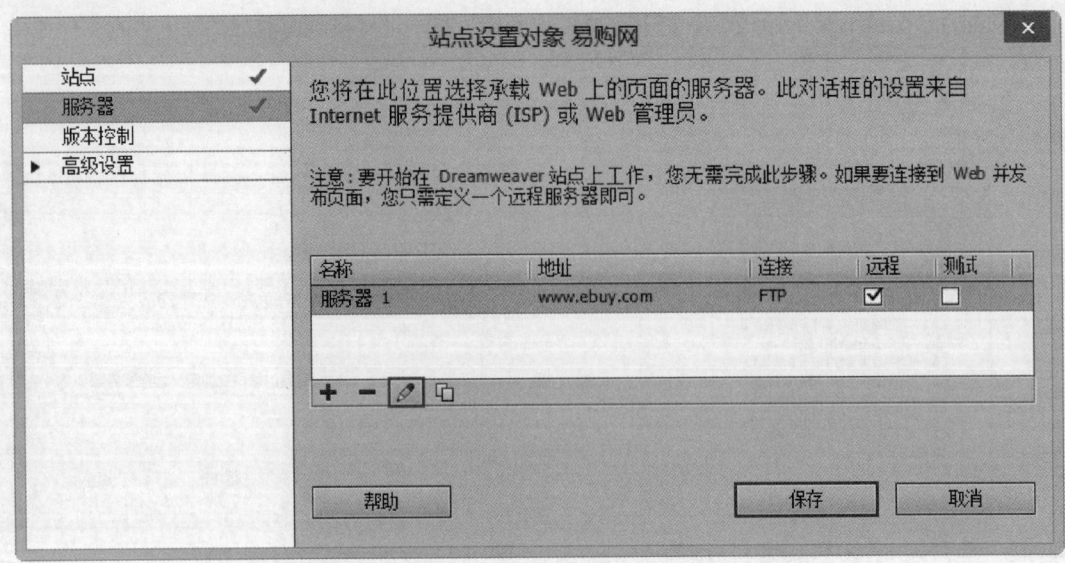

图8-22　在【站点设置对象】对话框中完成服务器的添加与设置

（2）使用CuteFTP上传文件

CuteFTP是容易使用且很受欢迎的FTP软件，下载文件支持续传，可下载或上传整个目录，可以上传下载队列，支持断点续传，还支持目录覆盖和删除等。

先从网上下载CuteFTP软件，该软件的安装与使用都非常方便。使用CuteFTP上传网页时，只需按照该软件提供的"向导"操作即可，由于篇幅的限制，本教材不予介绍，如读者有兴趣，可参考CuteFTP的帮助系统学习操作方法。

3. 获取文件

获取文件之前同样要连接远程服务器。获取文件的操作步骤如下。

① 在远程服务器浏览窗口中选择需要获取的文件或文件夹。

② 单击【获取文件】按钮 ，文件即会被下载到本地站点中。

对于上传文件和获取文件，Dreamweaver CC都会自动记录其各种操作，遇到问题时可以打开【FTP记录】窗口查看FTP记录。

任务 8-6　推广与维护网站

■ 任务描述

熟悉宣传与推广网站的途径和方法。

■ 任务实施

1. 宣传与推广网站

对网站进行宣传、推广的途径有多种，如到搜索引擎注册、广告交换、网络广告、友情链接、专业论坛宣传等。

（1）到搜索引擎注册

网站建成后，为了使更多的人能查询并访问到它，用户应到搜索引擎网站去注册，注册后搜索引擎网站将会提供中英文加注和有效的关键字搜索。用户不仅可以在国内的搜索引擎为站点注册,还可以在国外的相关搜索引擎为网站注册。注册到搜索引擎网站是一种极为方便的网站宣传方式。目前比较有名的搜索引擎网站有百度、搜狗、一搜、爱问、天网。

(2)参加广告交换组织

所谓"广告交换"就是在你的网站上放置其他站点的广告,作为回报,广告交换计划的组织者会根据你的主页中显示其他网站广告的次数,按一定比例在其他网站上显示你自己网站的广告。一般应该选择参加1~2家有规模的、能提供1:1广告交换率的广告交换组织,如同盟等。

(3)借助网络广告

在一些知名的网站做网络广告,让更多的人知道你的网站。在网页中常见到标题广告,即通常所说的"Banner Advertising",它属于旗帜广告。标题广告的大小通常为468×60像素或者120×60像素,一般都是GIF动画或Flash动画。当访问者被广告标题所吸引并点击时,即被链接到广告发布者的网站,所以广告做得越有特色,被点击的概率也就会越高。

(4)添加到网址导航网站

现在国内有大量的网址导航类站点,如hao123和谷歌265等,在这些网站的导航栏中添加超链接也能带来大量的访问量。

(5)通过邮件推广

邮件列表可以定期或不定期地向客户提供网站的更新信息、近期将会开展的活动等。不过,订阅邮件列表应出于访问者自愿,并且每期都要有能吸引人的东西,否则它有可能被当成垃圾邮件删除。

(6)利用友情链接

友情链接是相互建立的,要在别的网站加上自己的链接,自己也应该在网站上放置别的网站链接。友情链接包括文字链接和图片链接,文字链接一般就是网站名称,图片链接包括网站标志链接和广告条链接。链接图片的制作需要考虑怎样去吸引客户点击。如果空间允许,则应尽量使用图片链接,而且最好使用GIF图片或Flash动画,并将网站特征体现其中,让客户的印象深刻一些。

(7)专业论坛宣传

专业论坛的宣传效果非常好,最好选择潜在客户所在的论坛,或者人气较旺的论坛。但是要注意不要直接发布广告;应选择好的头像和签名,在签名中可以加入网站的介绍和链接;发帖质量要高,高质量的帖子可以变相宣传自己的网站。

(8)传统宣传方式

采用电视、广播、书报杂志、户外广告、移动电视和手机短信等传统的宣传方式也会有较好的效益。

网站宣传与推广的方法多种多样,上面介绍只是一些基本的方法。随着网络信息化的飞速发展,我们一定会在实践中找到更多、更适合自己的方法。

2. 网站的维护

(1)使用设计备注

设计备注给网站管理提供了新的方法,利用设计备注可以对整个站点或某一个文件夹甚至某一个文件添加备注信息,这样网站设计者就可以时刻跟踪、管理每一个文件,了解文件的开发信息、安全信息、状态信息等。

保存在设计备注中的设计信息是以文件形式存放的,这些文件都保存在一个名为"_notes"

的文件夹中，文件的扩展名为"mno"。使用记事本等文本编辑软件可以打开这类文件，从中可以看到记录的设计信息。添加设计备注的操作步骤如下所述。

在【文件】面板中选中要设置设计备注的文件，单击鼠标右键，然后在弹出的快捷菜单中选择【设计备注】命令。在弹出的【设计备注】对话框的"基本信息"选项卡中选择文件的状态并填写说明文字等，如图8-23所示。

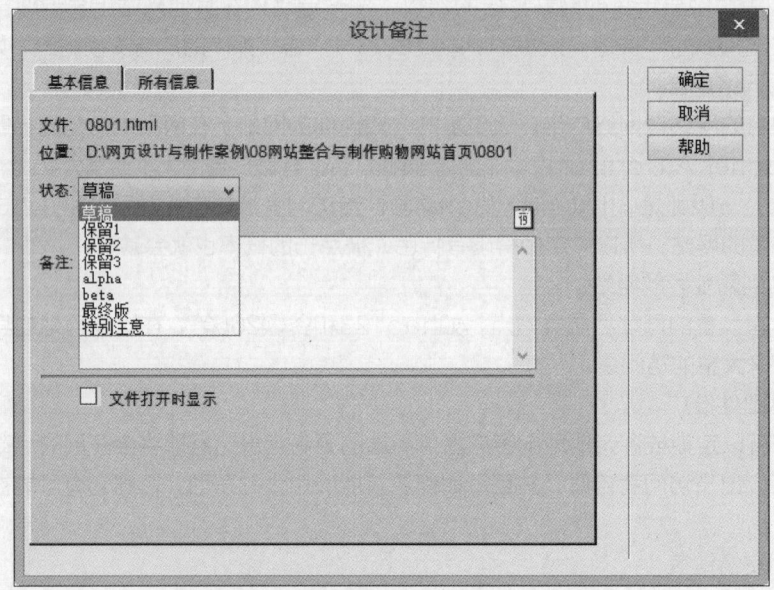

图8-23 【设计备注】对话框中的"基本信息"选项卡

切换到"所有信息"选项卡中进行设计，在"名称"文本框中填写关键字，在"值"文本框中填写关键字对应的值，然后单击【添加】按钮⊞，将设置的这对"名称－值"添加到"信息"窗格中，如图8-24所示。

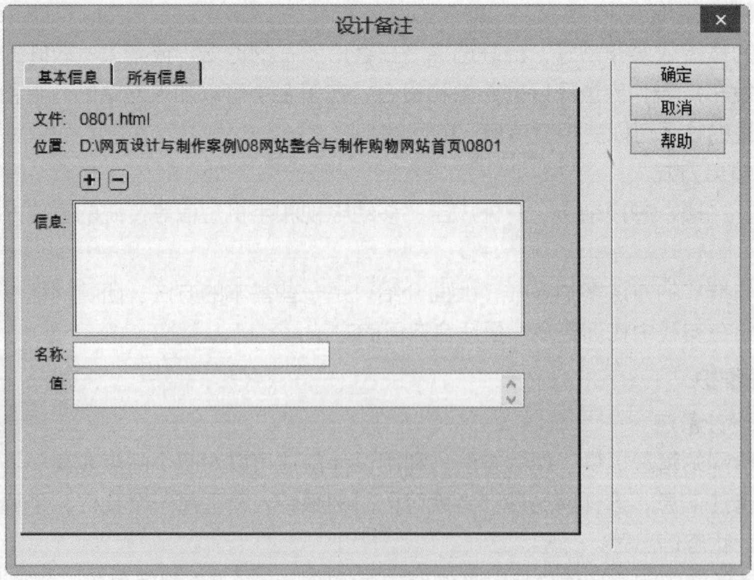

图8-24 【设计备注】对话框中的"所有信息"选项卡

设置完成后，单击【确定】按钮，将结果保存。

（2）使用遮盖

对网站中某一类型的文件或者某些文件夹使用遮盖功能，可以在上传或下载的时候排除这一类文件或文件夹。对于一些较大的压缩文件，如果不希望每次都上传，也可以将其遮盖。

默认情况下，网站的遮盖都处于激活状态。关闭网站遮盖或激活网站遮盖的方法是：在站点管理器下，切换到要关闭遮盖或激活遮盖的网站，单击鼠标右键，在弹出的快捷菜单中选择菜单命令【遮盖】→【启用遮盖】，如图8-25所示。如果【启用遮盖】命令左侧出现了标识 ✔ 则表示遮盖已被激活，否则表示已关闭遮盖。如果要取消整个网站的遮盖，在图8-25所示的快捷菜单中选择【全部取消遮盖】命令即可。

Dreamweaver CC中不能对个别文件使用遮盖，但可以对某一类型的文件使用遮盖。设置遮盖某一类型的文件可以单击图8-25所示的快捷菜单中的【设置】命令，在弹出的【站点设置对象】对话框的【遮盖】设置窗口中进行设置，如图8-26所示。

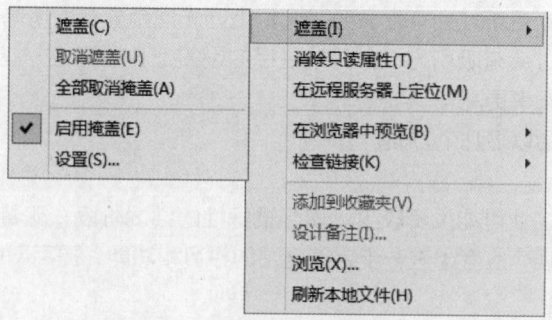

图8-25　【遮盖】的级联菜单

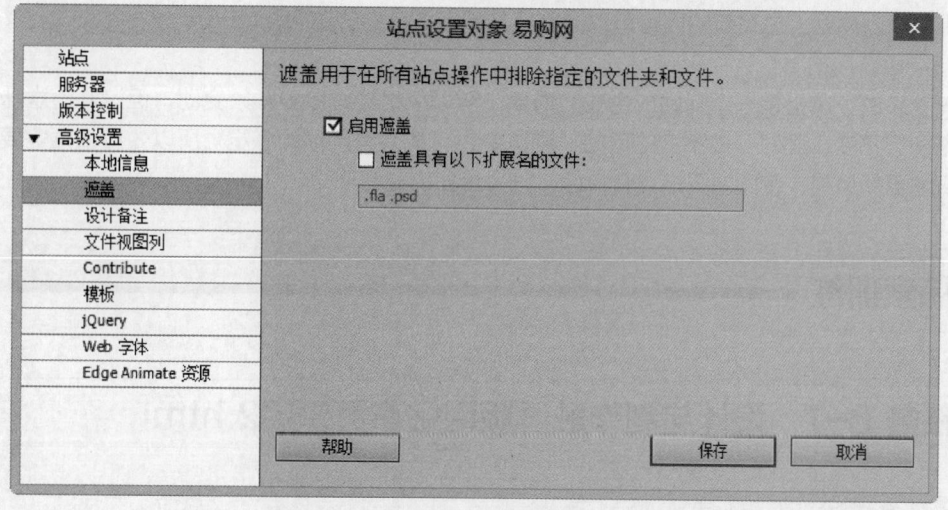

图8-26　【站点设置对象】对话框"高级设置"选项卡中的【遮盖】设置窗口

（3）取出文件和存回文件

当一个网站由多人小组共同开发时，"取出文件"和"存回文件"的功能就显得非常重要。当对一个文件"取出"时，该文件只能被执行取出的网页开发人员一个人使用，其他人不能对该网页进行修改。这时Dreamweaver会在文件前做一个标记，绿色的标记表示该文件由自己"取出"，红色标记表示该文件由小组的其他成员"取出"。将鼠标指针放到经过"取出"的文件之上时，会看到"取出"文件的名称。

"存回"有两个主要功能：一是将"取出"的文件恢复正常，使其他人也可以对这个文件进行修改；二是将本地站点的文件进行只读保护，防止误修改。但是服务器上的文件被"取出"后，Dreamweaver不会将文件的属性设置为只读。

"取出文件"和"存回文件"后，Dreamweaver会在被"取出"文件的同级目录下产生一个"lck"文件，该文件是隐藏文件，用来记录"取出"信息，可将其删除。

取出文件的方法很简单，在站点管理器的【文件】面板中选中一个或多个文件，单击站点管理器上方的【取出文件】按钮，文件即被取出。

存回文件的操作与此类似，先选择已经被取出的文件，然后单击站点管理器上方的【存回文件】按钮即可。

3. 网站的更新

一个网站，只有不断更新才会有生命力。人们上网无非是要获取所需，一个网站只有不断提供人们所需要的内容，才会有吸引力。在网站栏目的设置上，最好将一些可以定期更新的栏目放在首页，使首页的更新频率更高些。

网站的更新主要包括以下几个方面。

（1）完善内容

建站初期，中、小企业可能投资较少，属于试探性的尝试阶段，随着网站的发布和推广，网站所发挥的作用日益显现，应考虑进一步完善网站的栏目和功能，提高网站的访问率和知名度。

（2）更新内容

随着企业的发展壮大，新理念、新产品、新服务都会逐步进入宣传阶段，同时网站上的某些内容会随着时间的流逝而失去效用，这就需要不断更新网站内容。网站内容的不断更新，可以让浏览者感觉到网站上总有新的内容可以浏览，从而提高网站的访问量。

（3）更新风格

一般来说，风格是一个网站或企业的形象，所以风格最好不要频繁变动，但这并不意味着网站风格永远不变。面对一成不变的网站，浏览者也可能会有厌烦的感觉。所以，应根据需要，不失时机地更新风格，使网站风格更有特色，符合企业的经营理念。

📖 探索训练

任务 8-7 设计与制作触屏版网站首页0802.html

■ 任务描述

设计与制作触屏版网站首页0802.html，其浏览效果如图8-27所示。

■ 任务实施

1. 创建文件夹

在站点"易购网"的文件夹"08网站整合与制作购物网站首页"中创建文件夹"0802"，

并在文件夹"0802"中创建子文件夹"CSS"和"image"，将所需的图片文件复制到"image"文件夹中。

图8-27　触屏版网站首页0802.html的浏览效果

2. 编写CSS代码

在文件夹"CSS"中创建通用样式文件base.css，并在该样式文件中编写样式代码，如表8-37所示。

表8-37　网页0802.html中的样式文件base.css的CSS代码

序号	CSS代码	序号	CSS代码
01	* {	13	.wbox {
02	margin: 0;	14	display: -webkit-box
03	padding: 0;	15	}
04	}	16	
05		17	.sticky {
06	html {	18	position: -webkit-sticky!important
07	color: #000;	19	}
08	font-size: 12px;	20	
09	background: #F2F2F2;	21	.wbox-flex {
10	overflow-y: scroll;	22	-webkit-box-flex: 1!important;
11	}	23	word-wrap: break-word;
12		24	word-break: break-all;

续表

序号	CSS代码	序号	CSS代码
25	}	46	
26		47	.w {
27	.pr {	48	max-width: 640px;
28	position: relative;	49	margin: 0 auto;
29	}	50	}
30		51	
31	input,img {	52	ul,ol,li {
32	vertical-align: middle;	53	list-style: none
33	}	54	}
34	a {	55	
35	color: #333;	56	img {
36	text-decoration: none;	57	border: 0;
37	}	58	max-width: 100%;
38		59	}
39	em,i {	60	
40	font-style: normal;	61	.tr {
41	}	62	text-align: right;
42		63	}
43	.hide {	64	.tc {
44	display: none;	65	text-align: center;
45	}	66	}

3. 创建网页文档0802.html与链接外部样式表

在文件夹"0802"中创建网页文档0802.html，切换到网页文档0802.html的【代码】视图，在标签"</head>"的前面输入链接外部样式表的代码，如下所示。

```
<link rel="stylesheet" type="text/css" href="css/base.css" />
<link rel="stylesheet" type="text/css" href="css/main.css" />
```

4. 编写网页主体布局结构的HTML代码

网页0802.html主体布局结构的HTML代码如表8-38所示。

表8-38 网页0802.html主体布局结构的HTML代码

序号	HTML代码
01	<div class="index-nav wbox sticky" id="searchFixed"> </div>
02	<div class="index-wrap hide" id="indexWrap">
03	<div class="floor w" id="floor">
04	<div class="app01">
05	<div class="w nav-carousel pr" id="navCarousel_box"> </div>
06	</div>
07	<div class="app02 lazyimg"> </div>
08	<div class="app03 lazyimg"> </div>
09	</div>
10	</div>
11	<footer class="footer"> </footer>

5. 设计与实现网站首页的顶部搜索版块内容

网站首页的顶部搜索版块内容对应的HTML代码如表8-39所示，对应的CSS代码如表8-40所示。

表8-39　网页0802.html的顶部搜索版块内容对应的HTML代码

序号	HTML代码
01	`<div class="index-nav wbox sticky" id="searchFixed">`
02	`    <div class="wbox-flex search-bar pr">`
03	`        <form>`
04	`            <input type="search" placeholder="搜索" autocomplete="off" />`
05	`        </form>`
06	`    </div>`
07	`    <div class="my-cart pr">`
08	`        <a id="cartnum" name="shouye_none_toubu_head0003" href="">`
09	`          <span class="count"><em>2</em></span>`
10	`        </a>`
11	`    </div>`
12	`</div>`

表8-40　网页0802.html的顶部搜索版块内容对应的CSS代码

序号	CSS代码	序号	CSS代码
01	`.index-nav {`	25	`.my-cart a {`
02	`    height: 45px;`	26	`    display: block;`
03	`    background: #FF7701;`	27	`    width: 40px;`
04	`    top: 0;`	28	`    height: 40px;`
05	`    width: 100%;`	29	`    margin-top: -7px`
06	`    margin: 0 auto;`	30	`}`
07	`    z-index: 100;`	31	
08	`    position: fixed;`	32	`.my-cart .count {`
09	`}`	33	`    position: absolute;`
10		34	`    right: -5px;`
11	`.search-bar{`	35	`    top: -5px;`
12	`    margin:8px 8px 0;`	36	`    width: 15px;`
13	`}`	37	`    height: 15px;`
14		38	`    border-radius: 5px;`
15	`.search-bar input[type=search] {`	39	`    background: red;`
16	`    width: 100%;`	40	`    line-height: 15px;`
17	`    background: #FF9334;`	41	`    color: #FFF;`
18	`    height: 30px;`	42	`    font-size: 10px;`
19	`    border: none;`	43	`    text-align: center`
20	`    border-radius: 15px;`	44	`}`
21	`    padding: 5px 15px 5px 25px;`	45	`.my-cart .count em {`
22	`    color: #fff;`	46	`    display: block;`
23	`    font-size: 12px`	47	`    -webkit-transform: scale(0.7)`
24	`}`	48	`}`

6. 设计与实现网站首页的中部主体内容

网站首页的中部主体内容对应的HTML代码如表8-41所示，对应的CSS代码如表8-42所示。

表8-41 网页0802.html的中部主体内容对应的HTML代码

序号	HTML代码
01	`<div class="index-wrap hide" id="indexWrap">`
02	`<div class="floor w" id="floor">`
03	`<div class="app01">`
04	`<div class="w nav-carousel pr" id="navCarousel_box">`
05	`<div class="nav-carousel-box" id="navCarousel">`
06	`<ul class="slide_ul">`
07	`<li>`
08	`<a href=""><img alt="" src="images/t01.jpg" /><span>商品分类</span></a>`
09	`<a href=""><img alt="" src="images/t02.jpg" /><span>我的订单</span></a>`
10	`<a href=""><img alt="" src="images/t03.jpg" /><span>彩票</span></a>`
11	`<a href=""><img alt="" src="images/t04.jpg" /><span>购物车</span></a>`
12	`<a href=""><img alt="" src="images/t05.jpg" /><span>我的易购</span></a>`
13	`<a href=""><img alt="" src="images/t06.jpg" /><span>物流查询</span></a>`
14	`<a href=""><img alt="" src="images/t07.jpg" /><span>易付宝充值</span></a>`
15	`<a href=""><img alt="" src="images/t08.jpg" /><span>客户端下载</span></a>`
16	`</li>`
17	`</ul>`
18	`</div>`
19	`</div>`
20	`</div>`
21	`<div class="app02 lazyimg">`
22	`<a href=""><img alt="" width="100%" src="images/t17.jpg" /></a>`
23	`</div>`
24	`<div class="app03 lazyimg">`
25	`<div class="floor-title pr">热门精选<a href="">更多</a></div>`
26	`<ul class="app03-pic01">`
27	`<li>`
28	`<a href=""><img alt="" src="images/t18.jpg" /></a>`
29	`<a href=""><img alt="" src="images/t19.jpg" /></a>`
30	`</li>`
31	`<li>`
32	`<a href=""><img alt="" src="images/t20.jpg" /></a>`
33	`<a href=""><img alt="" src="images/t21.jpg" /></a>`
34	`</li>`
35	`<li>`
36	`<a href=""><img alt="" src="images/t22.jpg" /></a>`
37	`<a href=""><img alt="" src="images/t23.jpg" /></a>`
38	`</li>`
39	`</ul>`
40	`</div>`
41	`</div>`
42	`</div>`

表8-42　网页0802.html的中部主体内容对应的CSS代码

序号	CSS代码	序号	CSS代码
01	index-wrap {	44	#navCarousel .slide_ul img {
02	margin-top: 50px;	45	width: 45px
03	display: block;	46	}
04	opacity: 1;	47	}
05	-webkit-transform-origin: 0px 0px;	48	.floor a {
06	-webkit-transform: scale(1, 1);	49	display: block
07	}	50	}
08		51	.nav-carousel .slide_ul li a {
09	.app01{	52	display: inline-block;
10	background: #FFF;	53	text-align: center;
11	-webkit-transform: translate3d(0px,0,0);	54	width: 25%;
12	border-width: 1px;	55	margin-bottom: 10px;
13	border-style: solid;	56	overflow: hidden
14	border-color: #e0e0e0;	57	}
15	border-width: 0 0 1px 0;	58	.nav-carousel .slide_ul li a span {
16	overflow: hidden;	59	display: block;
17	}	60	margin: 5px 0 0 0;
18		61	font-size: 12px;
19	.nav-carousel {	62	color: #707070;
20	background: #FFF;	63	height: 18px;
21	overflow: hidden;	64	overflow: hidden
22	}	65	}
23		66	.app02,.app03{
24	.nav-carousel .slide_ul {	67	background: #FFF;
25	overflow: hidden	68	-webkit transform:translate3d(0px,0,0);
26	}	69	overflow: hidden;
27		70	border-width: 1px;
28	.nav-carousel .slide_ul li {	71	border-style: solid;
29	position: relative;	72	border-color: #e0e0e0;
30	float: left;	73	border-width: 1px 0;
31	padding: 10px 0 0 0;	74	margin-top: 5px!important;
32	width: 100%;	75	}
33	overflow: hidden;	76	
34	-webkit-box-sizing: border-box;	77	.floor img {
35	font-size: 0	78	width: 100%
36	}	79	}
37		80	
38	#navCarousel .slide_ul img {	81	.app02 img {
39	width: 65px;	82	min-height: 70px
40	-webkit-transition: all .5s ease-in-out	83	}
41	}	84	
42		85	.floor-title {
43	@media screen and (max-width:480px) {	86	height: 40px;

续表

序号	CSS代码	序号	CSS代码
87	line-height: 40px;	109	width: 100%;
88	background: #fff;	110	overflow: hidden;
89	padding-left: 15px;	111	border-top: 1px solid #e0e0e0;
90	font-size: 16px;	112	}
91	border-width: 1px;	113	
92	border-style: solid;	114	.app03-pic01 li:first-child {
93	border-color: #e0e0e0;	115	border-top: 0 none
94	border-width: 0 0 1px 0;	116	}
95	}	117	
96		118	.app03-pic01 li a {
97	.floor-title a {	119	display: table-cell;
98	position: absolute;	120	vertical-align: top;
99	right: 10px;	121	width: 50%;
100	top: 0;	122	}
101	height: 40px;	123	
102	width: 30%;	124	.app03-pic01 li a:first-child {
103	text-align: right;	125	border-right: 1px solid #e0e0e0
104	font-size: 14px	126	}
105	}	127	
106		128	.app03 img {
107	.app03-pic01 li {	129	min-height: 60px
108	display: table;	130	}

7. 设计与实现网站首页的底部导航版块内容

网站首页的底部导航版块内容对应的HTML代码如表8-43所示，对应的CSS代码如表8-44所示。

表8-43　网页0802.html的底部导航版块内容对应的HTML代码

序号	HTML代码
01	<footer class="footer">
02	<div class="tr">
03	<a href="JavaScript:void(0);" class="backTop" onclick="$(window).scrollTop(0);">回顶部</a>
04	</div>
05	<ul class="list-ui-index foot-list tc">
06	<li>
07	<a href="JavaScript:void(0)" id="footerLogin" class="foot1">登录</a>
08	<a href="JavaScript:void(0)" id="footerRegister" class="foot2">注册</a>
09	<a href="JavaScript:void(0)" id="shopCartTip" class="foot3">购物车</a>
10	</li>
11	<li>
12	<a href="JavaScript:void(0)" id="suningtopc" class="foot4">电脑版</a>
13	<a href="JavaScript:void(0)" id="suningapp" class="foot5">客户端</a>

序号	HTML代码
14	</li>
15	</ul>
16	<div class="copyright tc">
17	Copyright© 2014~2018 m.suning.com
18	</div>
19	</footer>

表8-44　网页0802.html的底部导航版块内容对应的CSS代码

序号	CSS代码	序号	CSS代码
01	.footer {	36	}
02	margin-top: 10px	37	.foot-list a:last-child {
03	}	38	border: none
04		39	}
05	.backTop {	40	.list-ui-index li a {
06	position: relative;	41	color: #776D61
07	display: inline-block;	42	}
08	width: 85px;	43	
09	height: 25px;	44	.foot-list li:last-child a {
10	line-height: 25px;	45	padding-left: 30px
11	color: #fff;	46	}
12	text-align: left;	47	
13	text-indent: 30px;	48	.foot-list a.foot1 {
14	background: #A9A9A9;	49	background-position: 1px 0;
15	margin: 0 10px 10px 0;	50	background-size: 19px 102px
16	border-radius: 2px;	51	}
17	font-size: 12px	52	
18	}	53	.foot-list a.foot2 {
19		54	background-position: -3px -54px;
20	.list-ui-index li {	55	background-size: 23px 122px
21	height: 40px;	56	}
22	line-height: 40px;	57	
23	border-bottom: 1px solid #e0e0e0;	58	.foot-list a.foot3 {
24	color: #313131;	59	background-position: 0 -84px;
25	background: #fff;	60	background-size: 19px 100px
26	font-size: 14px	61	}
27	}	62	
28		63	.foot-list a.foot4 {
29	.list-ui-index li:first-child {	64	background-position: 0 -75px;
30	border-top: 1px solid #e0e0e0	65	background-size: 22px 115px
31	}	66	}
32	.foot-list a {	67	
33	padding: 0 15px 0 25px;	68	.foot-list a.foot5 {
34	border-right: 1px solid #AFABA5;	69	background-position: -2px -27px;
35	margin: 0 7px	70	background-size: 22px 115px

序号	CSS代码	序号	CSS代码
71	}	75	padding: 5px 0;
72		76	background: #f2f2f2;
73	.copyright {	77	font-size: 12px
74	color: #707070;	78	}

8. 保存与浏览网页

保存网页文档0802.html，其在浏览器Google Chrome中的浏览效果如图8-27所示。

析疑解惑

【问题1】网页页面内容编排的基本原则有哪些？

网页页面内容主要包括文字和图像，文字又分为标题和正文。有的文字较大，有的文字较小；有的图像横排，有的图像竖排。页面内容的编排要充分利用有限的屏幕，力求做到布局合理化、有序化、整体化。页面内容编排的基本原则如下。

（1）主次分明、中心突出

首先将页面涵盖的内容根据整体布局的需要进行分组归纳，使版面的各构成元素成为丰富多彩而又简洁明确的统一整体。要求版面分布具有条理性，页面排版要符合浏览者的阅读习惯、逻辑认知顺序，如一般将导航栏或内容目录安排在页面的上面或左边，这就符合人们平时的阅读习惯。

当许多构成元素位于同一个页面上时，必须考虑浏览者的视觉中心，这个中心一般在屏幕的中央，或者在中间偏上的部位。因此，一些重要的文章和图片一般可以安排在这个部位，在视觉中心以外的地方就可以安排那些稍微次要的内容。这样在页面上就突出了重点，做到了主次有别。

（2）大小搭配、相互呼应

较长的文章或标题、较大的图片，不要编排在一起，要注意设定适当的距离，令其互相错开，使页面错落有致，避免重心偏离形成的不稳定状态。

（3）图文并茂、相得益彰

网页中的文字和图片具有一种相互补充的视觉关系。如果页面上文字太多，网页将显得沉闷且缺乏生气；如果页面上图片太多而文字较少，网页中的信息容量将不足。所以，网页制作时应将文字与图片进行合理编排。

（4）适当留空、清晰易读

留空是指空白的、没有任何信息、仅有背景色填充的区域。留空区域面积较大时会给人一种高雅、时尚的感觉。页面内容过于繁杂则会产生反作用，削弱整体的可读性，无法让浏览者抓住重点。页面内容的行距、字距、段间、段首的留空都是为了易读。

【问题2】对网页页面内容分块有哪些方法？

方法一：利用留空和划线进行分块

利用留空和划线对版面内容进行分块，能丰富网页的视觉表现力，呈现较好的艺术效果。直线条能体现挺拔、规矩、整齐的视觉效果，运用直线分块可达到井井有条、泾渭分明的视觉效果；曲线能体现流动、活跃、动感的视觉效果，运用曲线分块可达到流畅、轻快、富有活力的视觉效果。

方法二：利用色块进行分块

利用色块进行分块不必占用有限的空间，在没有空白的版面上，也可以达到分组的目的。色块对于版面分块十分有效，同时其自身也传达出某种信息。使用色块进行分块时，对网页整体色彩印象要有所规划。将色块与空白一起使用进行版面分块，效果最佳。

方法三：利用线框分块

线框多用于需对版面个别内容进行着重强调时。线框在页面中通常都起强调和限制作用，使页面中的各元素获得稳定与流动的对比关系，反衬出页面的动感。

【问题3】网页页面色彩的搭配有哪些技巧？

不同的颜色给人以不同的感觉，颜色靠设计者的眼光和审美观点做出恰当的选择。色彩选择的总原则是"总体协调、局部对比"，即网页的整体色彩效果和谐，局部或小范围可以有一些强烈色彩的对比。选择页面色彩时应考虑以下因素：文化、流行趋势、浏览群体、个人偏好等。网页页面色彩的搭配有以下技巧。

（1）特色鲜明

一个网站中颜色的运用必须要有其自身独特的风格，因为只有这样才能使网站显得个性鲜明并给浏览者留下深刻的印象。

（2）搭配合理

网站中色彩合理搭配的目的是使用户在第一时间和访问整个网站的过程中都能获得一种和谐、愉快的视觉感受。

（3）讲究艺术性

网站色彩方案的设计，既要符合网站的主题要求，与内容相协调，也要有一定的艺术特色和良好的视觉效果。应用红色、橙色、黄色等暖色调颜色可使网页呈现出热情、和煦的视觉氛围；应用青色、绿色、紫色等冷色调颜色可使网页呈现出宁静、清凉的视觉氛围。

（4）合理使用邻近色

所谓邻近色，就是在色带上相邻近的颜色，如绿色和蓝色、红色和黄色就互为邻近色。采用邻近色设计网页可以使网页避免色彩杂乱，易于达到页面的和谐统一。

（5）合理使用对比色

所谓对比色，就是指颜色视觉差异十分明显的颜色，如红色与绿色的搭配、橙色与蓝色的搭配。在网站的色彩方案设计中，合理使用对比色可突出重点并产生强烈的视觉效果。在设计时一般以一种颜色为主色调，对比色作为点缀，起到画龙点睛之功效。

（6）巧妙使用背景色

背景色一般采用素淡清雅的色彩，避免采用花纹复杂的图片和纯度很高的色彩作为背景色，同时在设计中应使背景色与网页中的文字产生强烈的色彩对比，其目的是最大限度地突出显示文字。

（7）严格控制色彩的数量

一般情况下，在同一网页中颜色数量应控制在3种以内，必要时可以通过调整色彩的色相、纯度和饱和度等属性来获取其他的颜色。

【问题4】如何设计网页的页面标题？

网页的页面标题相当于商店的招牌，它通常位于页面的上端或中央，清楚、明确地表示出来。

（1）标题大小和粗细合适

与其他文字相比，标题的字号大一些为宜。在大小相同的情况下，加粗文字也能产生强化的效果。但是标题也不能过度放大，应该选择与主页风格相和谐的字号、粗细及配色。

（2）标题使用鲜艳的色彩

标题使用鲜艳的色彩可以起到强化的作用，当基于特定风格的要求而不得不将文字缩小时，鲜艳的色彩能够有效地保持文字的强度，使标题得到强化，使其效果清晰、引人瞩目。

（3）利用空间突出标题

标题周围留出一定的空间，使标题文字具有更加强烈而醒目的效果。

【问题5】如何设计网页中的页面文字？

网页最基本的作用是传递信息，信息最好的载体就是文字。网页主要通过文字来传递给浏览者一定的信息。要合理地将文字和图像结合起来，使整个网页更加有吸引力。

（1）选择文字字体

网页中正文文本一般可使用系统默认的中文字体和西文字体，若需要使用特殊字体，一般把使用了特殊字体的对象制作成图片。常用的中文字体有宋体、黑体、楷体、仿宋体、行书、隶书、魏碑等，常用的英文字体有Times New Roman、Arial、Impact等。不同的字体有不同的视觉效果，可以适用于不同的网页文字内容，以下列举了几种常见字体的特点及适用场合。

宋体的横细竖粗，字型工整、结构匀称、清晰明快，根据粗细程度的不同可用于网页正文或标题等。

黑体的横竖粗细相同，笔法自然、工整肃目、庄重严谨、美观实用，一般可用于各类标题等。

圆体写法圆润饱满，构体丰满自然、艺术性强，根据粗细程度的不同可用于网页正文、标题及装饰等。

美术体美观实用、设计精巧、装饰效果好，一般用于广告、装饰等。

书法体常有隶书、行楷、魏碑等几种，其笔法自然、飘逸洒脱，一般用于标题、广告、装饰等。

（2）确定文字粗细

文字变细会显得十分优美，反之会显得有力。看到细字标题，会感觉页面更纤细，倾向于女性风格；粗而明快的标题带来精力充沛的感觉，更倾向于男性风格。

对于网页正文，最好使用标准的正文文字，以增强可读性。

（3）确定文字字号

文字字号的大小决定了页面的形象，大些的文字给人以有力量、自信的印象，小些的文字给人以紧凑的印象。将标题的字号变大，使之和正文的比率变大，这样会使画面更活跃。

对于网页中的正文文本，其字号一般设置为10～12磅；对于网页中的版权声明等文本，其字号一般设置为9～10磅；对于网页中的标题文本，其字号一般设置为12～18磅。

（4）确定字间距和行间距

网页中文本的字间距和行间距在某种程度上会改变访问者的阅读心理，例如，适当加大文字的行间距可以体现轻松和舒展的情绪，适用于娱乐和抒情内容的网页。另外，通过精心安排文本的字间距和行间距，可增强网页版面的空间感和层次感。

【问题6】网页中使用图像应注意哪些事项？

网页中使用图像应注意以下几点。

① 网站的首页中最好有醒目的标题文字、LOGO标志、主题图像等，令人过目不忘应该是制

作网页永远的目标。

② 网页中的图像最好有一定的实际作用，尽量减少只有装饰作用的图像在页面中所占的比例，以便突出页面主题。

③ 页面中的图像要力求清晰可见、意义简洁。对于图形内包含的文字，应注意不要因压缩而导致无法识别。

④ 图像设计时不要过多使用运用了渲染、渐变层、光影等特殊效果的图像，因为这样会使图像文件量变大。设计时应该多替浏览者考虑，尽量采用压缩设计。

⑤ 为了节省传输时间，许多浏览者会采用"不显示图像"的模式浏览网页，所以在放置图像时，一定要为每个图像加上不显示时的替代文字，这样，当页面中没有显示图像时，浏览者也能看到该图像所表达的内容。

单元小结

本单元以"购物网站"为例全面介绍了网站的开发流程，重点对网站的功能、主题、风格、栏目结构、版式结构、链接结构、目录结构、内容版块等方面进行了规划。还介绍了网页布局结构和功能的设计、网站模板的制作、首页和二级页面的制作等。

一个网站开发完成后必须经过认真的测试才能发布，以免浏览网站时出现一些错误。一个网站要发布到服务器上去，才能被他人浏览。本单元还介绍了测试网站、申请网站域名和网站空间、发布网站、宣传与推广网站等相关知识。

单元习题

（1）关于网站的设计和制作，下列说法中错误的是 _____ 。
　　A. 设计是一个思考的过程，而制作只是将思考的结果表现出来
　　B. 设计是网站的核心和灵魂
　　C. 一个相同的设计可以有多种制作表现形式
　　D. 设计与制作是同步进行的

（2）影响网站风格最重要的因素是 _____ 。
　　A. 色彩和窗口　　B. 特效和架构　　　　C. 色彩和布局　　　　D. 内容和布局

（3）规划网站的目录结构时，下列说法中正确的是 _____ 。
　　A. 尽量用中文名来命名目录　　　　B. 整个网站只需要一个images目录
　　C. 目录层次不要太深　　　　　　　D. 使用长的名称命名目录

（4）为突出重点，产生强烈的视觉效果，可以使用的是 _____ 。
　　A. 邻近色　　　　B. 同一种色彩　　　C. 对比色　　　　D. 黑色

（5）下列颜色中，属于互补色的是 _____ 。
　　A. 红、橙　　　　B. 黄、绿　　　　　C. 红、绿　　　　D. 蓝、紫

（6）不同的颜色会给人不同的心理感受。一般绿色给人的心理感受是 _____ 。
　　A. 热情、奔放、庄严、喜庆　　　　B. 高贵、富有、灿烂、活泼

C．严肃、神秘、沉着、寂静　　　　　　D．宁静、希望、生机、自然

（7）和任何颜色搭配都比较恰当的颜色是 _____ 。

A．粉色　　　　　B．黄色　　　　　C．白色　　　　　D．灰色

（8）设计网页时为了避免色彩杂乱，达到页面和谐统一，下列方法中正确的是 _____ 。

A．使用邻近色　　B．使用对比色　　C．使用互补色　　D．使用黑色

（9）非彩色是指 _____ 。

A．黑色　　　　　B．白色　　　　　C．黑、白　　　　D．黑、白、灰

（10）获取网站空间的主要方法有3种，下列选项中不属于这3种的是 _____ 。

A．申请免费主页空间　　　　　　　　B．申请付费空间

C．申请虚拟主机　　　　　　　　　　D．自己架设服务器

（11）关于免费域名的申请及网站空间的获得，下列说法中正确的是_____ 。

A．只要申请了免费域名，就获得了相应的网站空间

B．免费域名其实就是免费网站空间

C．当网站地址发生变化时，只需修改免费域名转向地址，就可以访问新的网站地址

D．可以申请任何名称的免费域名

（12）以下文件名不能用来作为首页的是_____ 。

A．default．html　　　　　　　　　B．index．html

C．index．aspx　　　　　　　　　　D．first．html

附录
HTML5的常用标签及其属性

1. 语义和结构标签

HTML5的基础标签与元信息标签如表A-1所示。

表A-1 HTML5的基础标签与元信息标签

标签名称	标签描述	标签名称	标签描述
<!DOCTYPE>	定义文档类型	<head>	定义关于文档的有关信息
<html>	定义HTML文档	<meta>	定义关于HTML文档的元信息
<title>	定义文档的标题	<base>	定义页面中所有链接的默认地址或默认目标
<body>	定义文档的主体	<!--...-->	定义注释

HTML5的结构标签与编程标签如表A-2所示。

表A-2 HTML5的结构标签与编程标签

标签名称	标签描述	标签名称	标签描述
<header>	定义section或page的页眉	<div>	定义文档中的节
<section>	定义section	<p>	定义段落
<article>	定义文章	<span>	定义文档中行内的小块或区域
<aside>	定义页面内容之外的内容	<dialog>	定义对话框或窗口
<footer>	定义section或page的页脚	<script>	定义客户端脚本
<style>	定义文档的样式信息	<noscript>	定义针对不支持客户端脚本的用户的替代内容

HTML5标签的核心属性（Core Attributes）如表A-3所示。以下标签不提供下面的属性：base、head、html、meta、param、script、styles及title元素。

表A-3 HTML5标签的核心属性

属性名称	取值	属性描述
class	classname	规定元素的类名（classname）
id	id	规定元素的唯一id
style	style_definition	规定元素的行内样式（inlinestyle）
title	text	规定元素的额外信息（可在工具提示中显示）

2. 文本和格式标签

HTML5的文本和格式标签如表A-4所示。

表A-4　HTML5的文本和格式标签

标签名称	标签描述	标签名称	标签描述
\<abbr\>	定义缩写	\<mark\>	定义有记号的文本
\<b\>	定义粗体文本	\<pre\>	定义预格式文本
\<address\>	定义文档作者或拥有者的联系信息	\<progress\>	定义任何类型任务的进度
\<bdo\>	定义文字方向	\<q\>	定义短的引用
\<big\>	定义大号文本	\<meter\>	定义预定义范围内的度量
\<cite\>	定义引用（citation）	\<rt\>	定义ruby注释的解释
\<del\>	定义被删除文本	\<small\>	定义小号文本
\<details\>	定义元素的细节	\<summary\>	为\<details\>元素定义可见的标题
\<dfn\>	定义项目	\<strong\>	定义语气更为强烈的强调文本
\<em\>	定义强调文本	\<sup\>	定义上标文本
h1,h2,h3,h4,h5,h6	定义HTML标题	\<sub\>	定义下标文本
\<hr\>	定义水平线	\<time\>	定义日期/时间
\<i\>	定义斜体文本	\<tt\>	定义打字机文本
\<ins\>	定义被插入文本	\<var\>	定义文本的变量部分
\<wbr\>	定义换行符	\<br\>	定义简单的换行

3. 图像标签

HTML5的图像标签如表A-5所示。

表A-5　HTML5的图像标签

标签名称	标签描述	标签名称	标签描述
\<img\>	定义图像	\<figcaption\>	定义figure元素的标题
\<map\>	定义图像映射	\<figure\>	定义媒介内容的分组，以及它们的标题
\<area\>	定义图像地图内部的区域		

HTML5的area标签的属性如表A-6所示。

表A-6　HTML5的area标签的属性

属性名称	取值	属性描述
alt	text	定义此区域的替换文本
coords	坐标值	定义可单击区域（对鼠标敏感的区域）的坐标
href	URL	定义此区域的目标 URL
nohref	nohref	从图像映射排除某个区域
shape	default、rect、circ、poly	定义区域的形状
target	_blank、_parent、_self、_top	规定在何处打开href属性指定的目标URL

4. 表格标签

HTML5的表格标签如表A-7所示。

表A-7 HTML5的表格标签

标签名称	标签描述	标签名称	标签描述
\<table>	定义表格	\<thead>	定义表格中的表头内容
\<caption>	定义表格标题	\<tbody>	定义表格中的主体内容
\<th>	定义表格中的表头单元格	\<tfoot>	定义表格中的表注内容（脚注）
\<tr>	定义表格中的行	\<col>	定义表格中一个或多个列的属性值
\<td>	定义表格中的单元	\<colgroup>	定义表格中供格式化的列表

5. 链接标签

HTML5的链接标签如表A-8所示。

表A-8 HTML5的链接标签

标签名称	标签描述	标签名称	标签描述
\<a>	定义超链接	\<nav>	定义导航链接
\<link>	定义文档与外部资源的关系		

HTML5中\<a>标签的新属性如表A-9所示。

表A-9 HTML5中\<a>标签的新属性

属性名称	取值	属性描述
download	filename	规定被下载的超链接目标
href	URL	规定链接指向的页面的 URL
hreflang	language_code	规定被链接文档的语言
media	media_query	规定被链接文档是为何种媒介/设备所优化的
rel	text	规定当前文档与被链接文档之间的关系
target	_blank、_parent、_self、_top、framename	规定在何处打开链接文档
type	MIME type	规定被链接文档的MIME 类型

6. 列表标签

HTML5的列表标签如表A-10所示。

表A-10 HTML5的列表标签

标签名称	标签描述	标签名称	标签描述
\<ul>	定义无序列表	\<dt>	定义列表中的项目
\<ol>	定义有序列表	\<dd>	定义列表中项目的描述
\<li>	定义列表的项目	\<menu>	定义命令的菜单/列表
\<dl>	定义列表	\<menuitem>	定义用户可以从弹出菜单调用的命令/菜单项目

7. 表单标签

HTML5的表单标签如表A-11所示。

表A-11　HTML5的表单标签

标签名称	标签描述	标签名称	标签描述
<form>	定义供用户输入的HTML表单	<option>	定义选择列表中的选项
<input>	定义输入控件	<label>	定义input元素的标注
<textarea>	定义多行的文本输入控件	<fieldset>	定义围绕表单中元素的边框
<button>	定义按钮	<legend>	定义fieldset元素的标题
<select>	定义选择列表（下拉列表）	<datalist>	定义下拉列表
<optgroup>	定义选择列表中相关选项的组合	<output>	定义输出的一些类型

HTML5的表单元素事件（FormElementEvents）如表A-12所示，仅在表单元素中有效。

表A-12　HTML5的表单元素事件

属性名称	取值	属性描述	属性名称	取值	属性描述
onchange	脚本	当元素改变时执行脚本	onselect	脚本	当元素被选取时执行脚本
onsubmit	脚本	当表单被提交时执行脚本	onblur	脚本	当元素失去焦点时执行脚本
onreset	脚本	当表单被重置时执行脚本	onfocus	脚本	当元素获得焦点时执行脚本
onmouseover	脚本	鼠标指针移动到指定的对象上时执行脚本	onmouseout	脚本	鼠标指针移出指定的对象时执行脚本
onkeydown	脚本	按下键盘按键时执行脚本	onclick	脚本	对象被单击时执行脚本